AI驱动创意制造与设计

AI赋能 SolidWorks 机械与产品造型设计

（SolidWorks 2024）（视频教学版）

金大玮 朱建新 华欣 编著

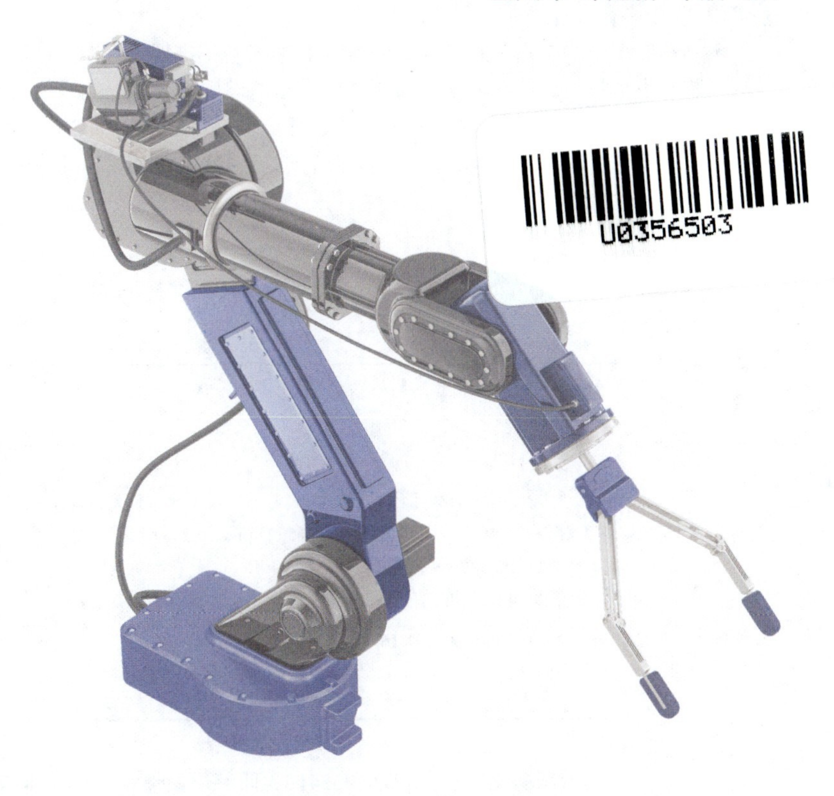

人民邮电出版社
北京

图书在版编目（CIP）数据

AI赋能SolidWorks机械与产品造型设计 : SolidWorks 2024 : 视频教学版 / 金大玮, 朱建新, 华欣编著. -- 北京 : 人民邮电出版社, 2025. -- (AI驱动创意制造与设计). -- ISBN 978-7-115-66174-6

Ⅰ. TH122; TB472-39

中国国家版本馆CIP数据核字第20257JZ670号

内 容 提 要

本书以SolidWorks 2024为基础，全面而系统地介绍软件的基础知识、建模精髓及人工智能（Artificial Intelligence，AI）辅助设计的创新应用，旨在引领读者迅速掌握SolidWorks，并借助AI技术在设计上跃升至新高度。

本书精心编排为7章，始于SolidWorks软件的基础框架，逐步介绍软件基本操作、建模技巧、装配设计等，进而深入探讨曲面建模、造型设计等高阶议题。值得一提的是，本书还特辟章节，详尽介绍如何利用AI技术赋能设计，包括AI辅助产品方案设计和造型设计。

本书不仅可以作为机械设计、模具设计、产品设计等相关课程的教材，也可以作为广大制造业爱好者的自学教程。

◆ 编　　著　金大玮　朱建新　华　欣
责任编辑　李永涛
责任印制　王　郁　胡　南

◆ 人民邮电出版社出版发行　　北京市丰台区成寿寺路11号
邮编　100164　　电子邮件　315@ptpress.com.cn
网址　https://www.ptpress.com.cn
临西县阅读时光印刷有限公司印刷

◆ 开本：700×1000　1/16
印张：13　　　　2025年4月第1版
字数：252千字　　　　2025年4月河北第1次印刷

定价：59.90元

读者服务热线：(010) 81055410　印装质量热线：(010) 81055316
反盗版热线：(010) 81055315

前言

SolidWorks 是工业设计领域内享有盛誉的计算机辅助设计（Computer-Aided Design，CAD）软件，随着 SolidWorks 2024 的推出，该软件在几何建模功能上实现了飞跃性的提升，并创新性地融合了 AI 辅助功能。这一变革不仅极大地提高了设计效率，更为用户带来了无限的创新潜能与灵感。

对于初学者而言，掌握 SolidWorks 的基本操作固然重要，但洞悉其设计机制与建模逻辑更为关键。唯有深刻理解 SolidWorks 的设计机制，方能游刃有余地运用各类建模技巧，从而充分挖掘软件的潜能。对于具有一定基础的用户而言，高效整合 AI 技术以助力设计，无疑是提升设计境界的有效方法。

本书共 7 章，各章内容简要介绍如下。

- 第 1 章：循序渐进地介绍 SolidWorks 2024 的用户界面、AI 基础应用、视图基本操作、参考几何体的创建等入门内容。
- 第 2 章：主要介绍 SolidWorks 2024 的草图绘制功能，包括几何图形的绘制、编辑和约束等内容。
- 第 3 章：主要介绍 SolidWorks 2024 的实体特征建模工具、特征编辑及建模操作的详细流程。
- 第 4 章：主要介绍 SolidWorks 2024 的曲面特征建模工具及其应用技巧，以及曲面控制方法。曲面是三维实体造型的基础，在实际工作中会经常用到，因此要熟练掌握相关操作。
- 第 5 章：主要介绍 SolidWorks 的装配模块、装配的约束设置、装配的设计修改、爆炸视图等内容。
- 第 6 章：主要介绍将 AI 技术应用于产品方案设计的各个环节。在概念设计环节，AI 可生成具有创意的内容，提出设计方案；在细节设计环节，AI 可模拟用户体验，优化产品功能和交互。AI 技术大幅提升了产品方案设计的效率、增强了创新性。
- 第 7 章：主要介绍如何将 AI 融入 SolidWorks，在产品造型设计的过程中实现智能化与自动化。

本书旨在帮助广大 SolidWorks 用户全面掌握软件的基础技能和高级技能，同时深入探索 AI 在设计领域的应用，从而实现从入门到精通。对于任何想要提升自身设计水平的读者来说，本书无疑是一本值得拥有的“宝典”。

本书由珠海科技学院的金大玮老师及中国人民解放军空军航空大学的朱建新和华欣老师共同编著。

感谢你选择本书，希望我们的努力对你的工作和学习有所帮助。由于编著者水平有限，书中不足之处在所难免，恳请各位朋友和专家批评指正！联系邮箱：shejizhimen@163.com。

编著者

2024 年 10 月

资源与支持

资源获取

本书提供如下资源。

- 本书思维导图。
- 异步社区 7 天 VIP 会员。
- 本书实例的素材文件、结果文件及实例操作的视频教学文件。

要获得以上资源，您可以扫描右侧二维码，根据指引领取。

提交勘误

作者和编辑尽最大努力来确保书中内容的准确性，但难免会存在疏漏。欢迎您将发现的问题反馈给我们，帮助我们提升图书的质量。

当您发现错误时，请登录异步社区（https://www.epubit.com），按书名搜索，进入本书页面，单击“发表勘误”，输入勘误信息，单击“提交勘误”按钮即可（见下图）。本书的作者和编辑会对您提交的勘误进行审核，确认并接受后，您将获赠异步社区的 100 积分。积分可用于在异步社区兑换优惠券、样书或奖品。

图书勘误 发表勘误

页码：1 页内位置（行数）：1 勘误印次：1

图书类型：纸书 电子书

添加勘误图片（最多可上传4张图片）

+

提交勘误

与我们联系

我们的联系邮箱是 liyongtao@ptpress.com.cn。

如果您对本书有任何疑问或建议，请您发邮件给我们，并请在邮件标题中注明本书书名，以便我们更高效地做出反馈。

如果您有兴趣出版图书、录制教学视频，或者参与图书翻译、技术审校等工作，可以发邮件给我们。

如果您所在的学校、培训机构或企业想批量购买本书或异步社区出版的其他图书，也可以发邮件给我们。

如果您在网上发现有针对异步社区出品图书的各种形式的盗版行为，包括对图书全部或部分内容的非授权传播，请您将怀疑有侵权行为的链接发邮件给我们。您的这一举动是对作者权益的保护，也是我们持续为您提供有价值的内容的动力之源。

关于异步社区和异步图书

“异步社区”（www.epubit.com）是由人民邮电出版社创办的 IT 专业图书社区，于 2015 年 8 月上线运营，致力于优质内容的出版和分享，为读者提供高品质的学习内容，为作译者提供专业的出版服务，实现作译者与读者在线交流互动，以及传统出版与数字出版的融合发展。

“异步图书”是异步社区策划出版的精品 IT 图书的品牌，依托于人民邮电出版社在计算机图书领域 40 多年的发展与积淀。异步图书面向 IT 行业以及各行业使用 IT 的用户。

目录

第 5 章 装配设计 129

第 6 章 AI 辅助产品方案设计 156

第 7 章 AI 辅助产品造型设计 175

第 1 章　SolidWorks 与 AI 辅助设计入门

在当今这个日新月异的科技时代，CAD 软件已成为推动工业创新与进步的重要工具。在工业设计领域，SolidWorks 作为一款功能强大、用户界面友好的三维 CAD 软件，早已赢得了全球设计师和工程师的广泛赞誉。然而，随着 AI 技术的飞速发展，SolidWorks 与 AI 技术的结合正逐步开启一个全新的设计时代—— AI 辅助设计时代。

1.1　SolidWorks 2024 概述

SolidWorks 2024 是达索系统（Dassault Systèmes）旗下的核心产品，广泛应用于机械制造、航空航天、汽车、电子、医疗器械等多个领域。无论是复杂的机械设备设计、电子产品开发，还是创新性的产品原型制作，SolidWorks 2024 都能提供全方面、有效的设计支持。

1.1.1　SolidWorks 2024 的用户界面

初次启动 SolidWorks 2024 时，会弹出欢迎界面，如图 1-1 所示。在欢迎界面的【欢迎 -SOLIDWORKS】对话框中选择要创建的 SolidWorks 文件类型或打开已有的 SolidWorks 文件，即可进入 SolidWorks 2024 的用户界面。

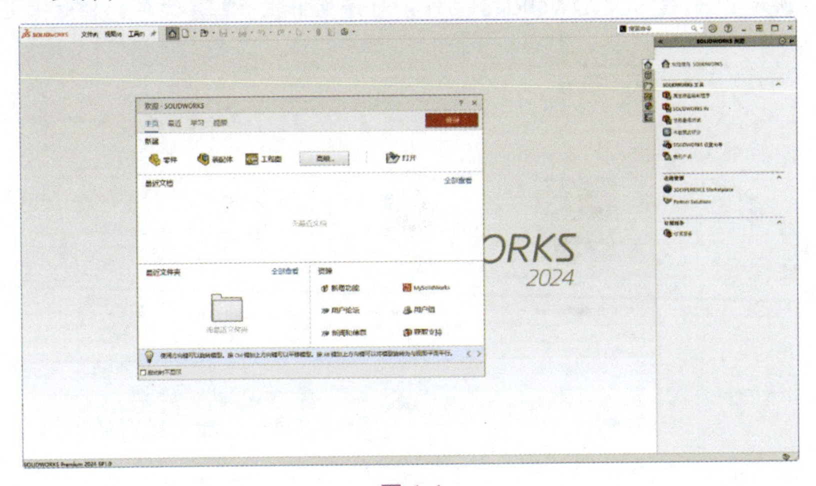

图 1-1

SolidWorks 2024 的用户界面友好，智能化操作简便。图 1-2 所示为 SolidWorks 2024 的用户界面。

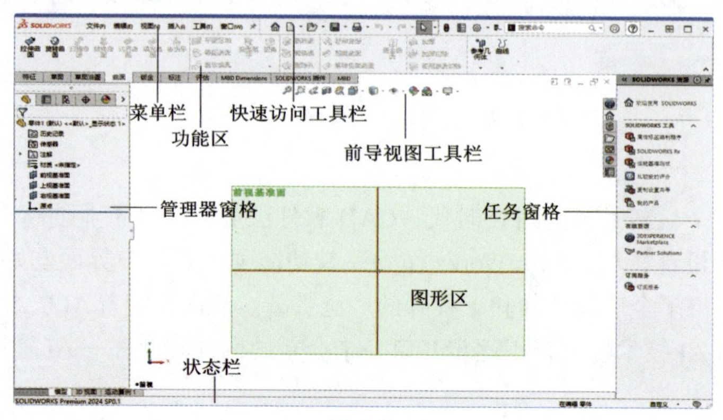

图 1-2

SolidWorks 2024 的用户界面由菜单栏、快速访问工具栏、功能区、前导视图工具栏、任务窗格、管理器窗格、图形区及状态栏等组成。

1.1.2 SolidWorks 2024 的文件管理

文件管理对设计者而言，是进入软件建模界面、存储模型文件及结束模型文件处理的关键环节。下面介绍 SolidWorks 2024（下文简称 SolidWorks）在文件管理方面的几个重要内容，如新建文件、打开文件、保存文件和关闭文件。

一、新建文件

1. 在 SolidWorks 的欢迎界面中单击快速访问工具栏中的【新建】按钮，或者在菜单栏中执行【文件】/【新建】命令，将弹出【新建 SOLIDWORKS 文件】对话框，如图 1-3 所示。【新建 SOLIDWORKS 文件】对话框中包含零件文件、装配体文件和工程图文件。

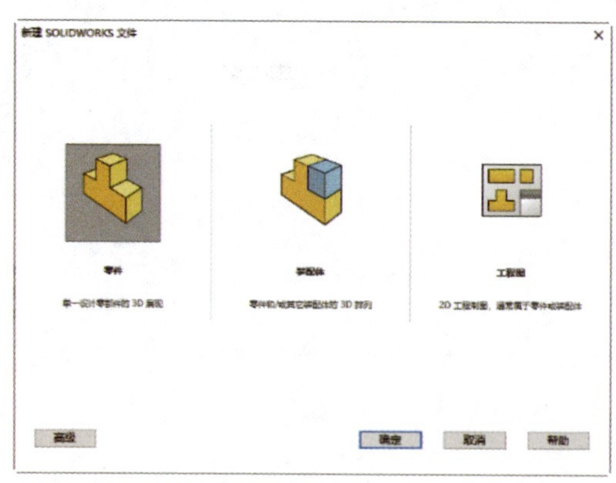

图 1-3

> **提示：** 在 SolidWorks 的用户界面顶部单击右三角按钮▸，便可展开菜单栏，如图 1-4 所示。

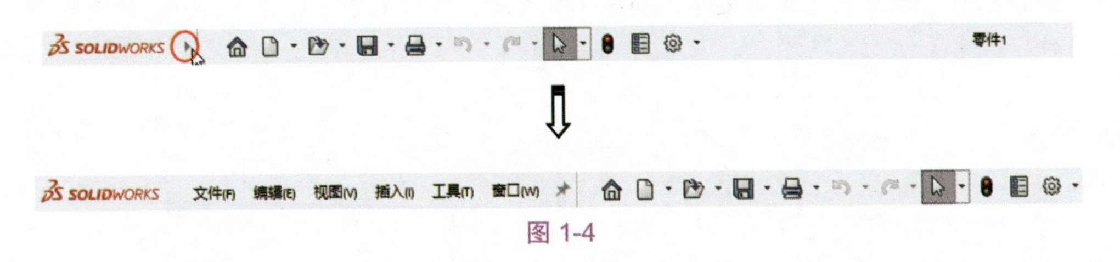

图 1-4

2. 单击对话框左下角的【高级】按钮，用户可以在弹出的【模板】选项卡或【Tutorial】选项卡中选择符合 GB 标准或 ISO 标准的模板。

- 【模板】选项卡：显示的是符合 GB 标准的模板，如图 1-5 所示。
- 【Tutorial】选项卡：显示的是符合 ISO 标准的通用模板，如图 1-6 所示。

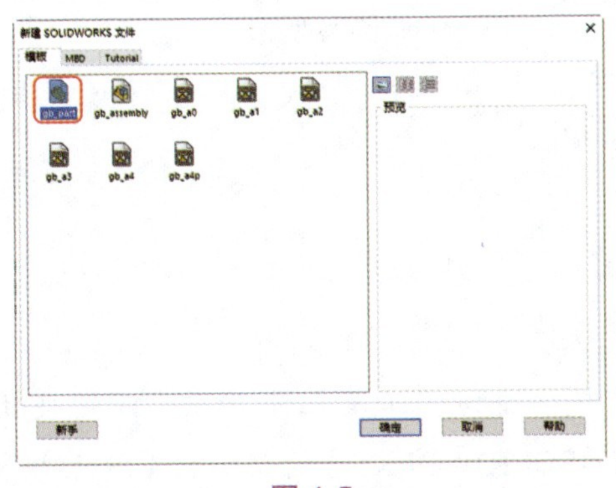

图 1-5

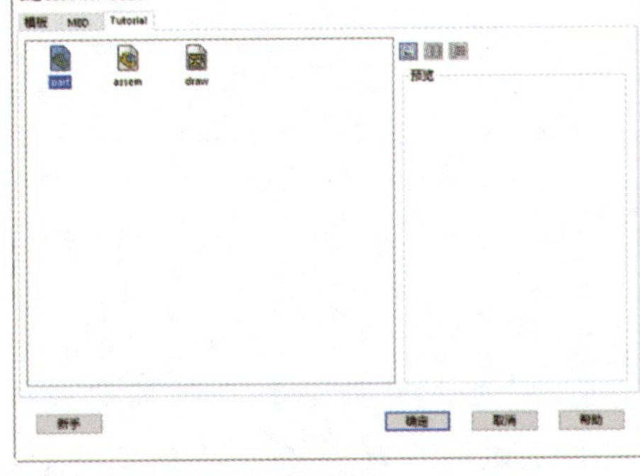

图 1-6

3. 选择一个符合 GB 标准的模板后，单击【确定】按钮即可进入相应的设计环境。若选择【gb_part】模板，将进入 SolidWorks 零件设计环境；若选择【gb_assembly】模板，将创建装配体文件并进入装配设计环境；若选择【gb_a0】模板，将创建工程图文件并进入工程制图设计环境。

> **提示：** 除了使用 SolidWorks 提供的标准模板，用户还可以通过设置系统选项来自定义模板，并将定义的模板另存为零件模板（.prtdot）、装配体模板（.asmdot）或工程图模板（.drwdot）。

二、打开文件

打开文件的方式如下。

1. 直接双击 SolidWorks 文件（包括零件文件、装配体文件和工程图文件）。
2. 在 SolidWorks 的用户界面中，在菜单栏中执行【文件】/【打开】命令，弹出【打开】对话框。通过该对话框打开 SolidWorks 文件。

3. 在快速访问工具栏中单击【打开】按钮，弹出【打开】对话框。找到文件的所在位置，选择要打开的文件，如图 1-7 所示，然后单击【打开】按钮，即可打开文件。

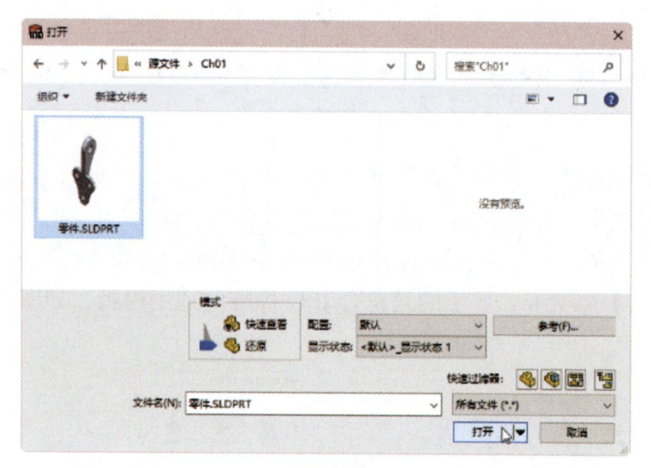

图 1-7

> **提示：** 在 SolidWorks 中可以打开属性为“只读”的文件，也可以将“只读”文件插入装配体中并建立几何关系，但不能保存“只读”文件。

4. 若要打开最近打开过的文件，可在快速访问工具栏中单击【欢迎使用 SOLIDWORKS】按钮，在弹出的【欢迎 -SOLIDWORKS】对话框的【最近】界面的【文件】选项卡中选择最近打开过的文件，如图 1-8 所示。用户也可以在菜单栏的【文件】菜单中直接选择最近打开过的文件。

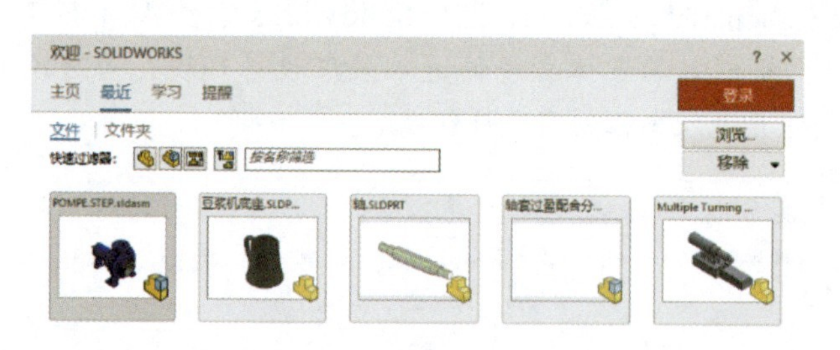

图 1-8

5. 在 SolidWorks 中用户可以打开其他软件格式的文件，如 UG、CATIA、Creo、Rhino、AutoCAD 等，如图 1-9 所示。

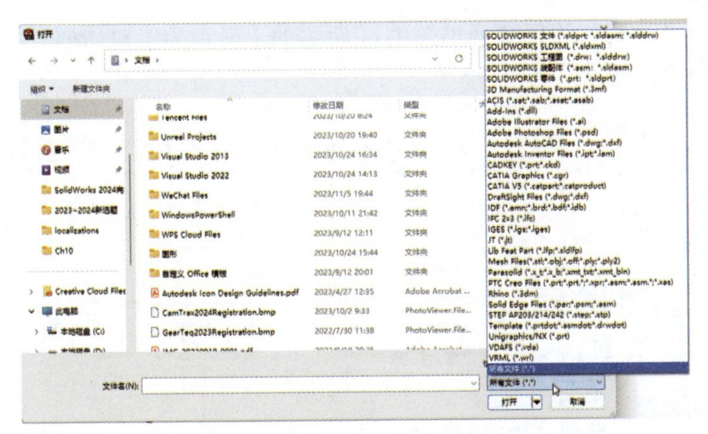

图 1-9

> **提示：** SolidWorks 有修复其他软件格式文件的“输入诊断”功能。通常，不同软件格式的文件在转换时可能会因公差的不同而产生“错误面”或“面之间的缝隙”等问题。如图 1–10 所示，打开 CATIA 格式的文件后，SolidWorks 将自动诊断输入的模型，并列出要修复的问题。

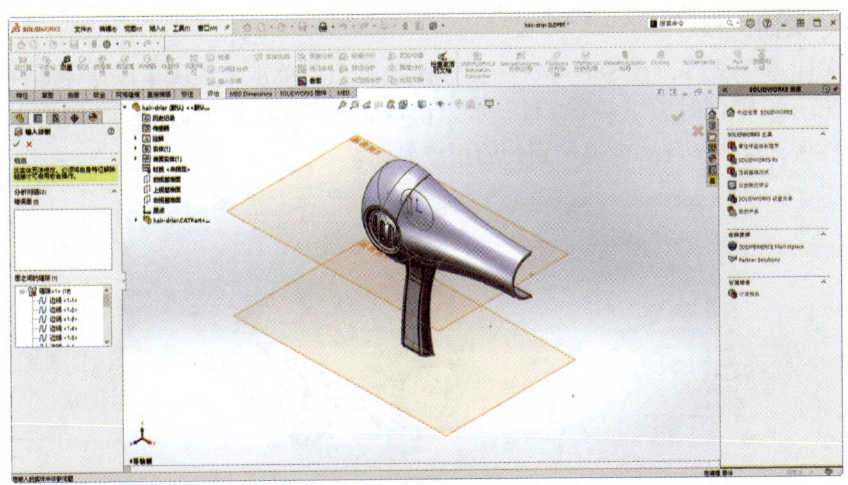

图 1-10

三、保存文件

SolidWorks 提供了 4 种文件保存方法：保存、另存为、全部保存和出版 eDrawings 文件。

- 保存：将修改的文件保存在当前文件夹中。
- 另存为：将文件作为备份，另存在其他文件夹中。
- 全部保存：将图形区中存在的多个文件修改后全部保存在各自文件夹中。
- 出版 eDrawings 文件：eDrawings 是 SolidWorks 集成的出版程序，通过该程序可以将文件保存为 .eprt 文件。

初次保存文件时，程序会弹出图 1-11 所示的【另存为】对话框。用户可以更改文件名，也可以沿用原有名称。

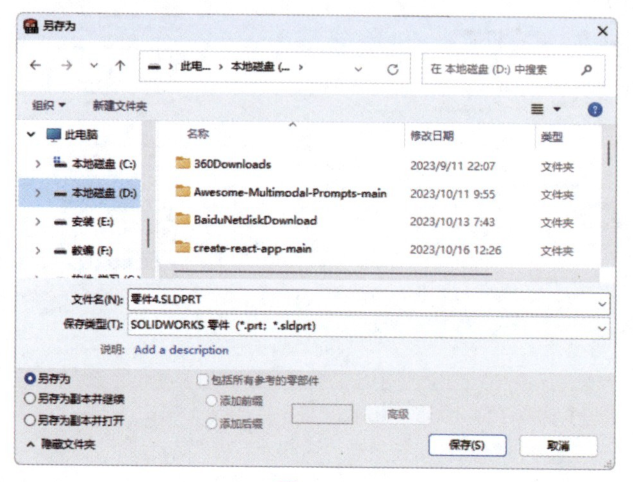

图 1-11

四、关闭文件

要关闭单个文件，在 SolidWorks 图形区的右上角单击【关闭】按钮 即可，如图 1-12 所示。要同时关闭多个文件，可以在菜单栏中执行【窗口】/【关闭所有】命令。关闭文件后，SolidWorks 会退回到初始用户界面。

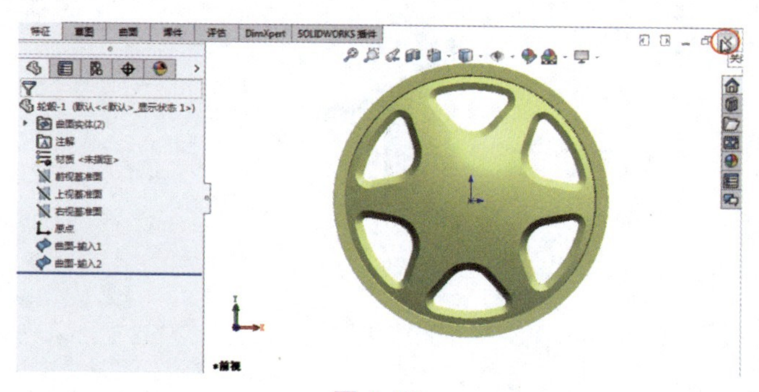

图 1-12

> **提示**：SolidWorks 的用户界面右上方的【关闭】按钮 是用于关闭软件的按钮。

1.2　AI 在设计中的应用

AI 是一种模拟人类智能的技术和系统，它可以使计算机具备感知、学习、推理、决策和交流等能力，以模拟类似于人类的行为。

1.2.1 AI 的分类与应用

一、AI 的分类

AI 可以分为弱 AI 和强 AI。弱 AI 是指专注于特定任务的 AI 系统，如语音识别系统、图像识别系统和自然语言处理系统等，它们在特定领域内表现出色，但在其他领域可能无法胜任工作，如图 1-13 所示。强 AI 是指能够在各种任务上表现出与人类相似或超越人类的智能水平的 AI 系统，如 AI 机器人，如图 1-14 所示。

图 1-13

图 1-14

二、AI 的应用

AI 在各个领域都有广泛的应用。在医疗领域，AI 可以帮助医生进行疾病诊断和提供治疗决策；在金融领域，AI 可以用于风险评估和投资决策；在交通领域，AI 可以用于自动驾驶汽车和交通信号处理智能系统的研发；在娱乐领域，AI 可以用于游戏开发和虚拟现实应用实现等。

然而，AI 也面临一些挑战和争议。其中之一是 AI 的伦理和道德问题，如隐私保护、数据安全和算法偏见等。另外，AI 的发展可能对就业市场产生影响，可能导致某些工作消失。

目前，AI 应用十分广泛的表现形式是 AI 大语言模型，它可以帮助用户完成办公文案生成、普通文本生成、智能搜索、图像生成、模型生成、数据预测和分析、行业分析和计算等。而本书侧重于文本生成、图像生成及模型生成等任务的介绍。接下来介绍几种常用的 AI 大语言模型。

1.2.2 常用的 AI 大语言模型

AI 大语言模型是 AI 应用领域的一种工具，它主要用于生成智能的交互式文本、图像及 3D 模型（在某些情况下）。这种模型能够理解输入的文本，并据此生成相应的、具有连贯性的文本。这种模型的核心技术是深度学习，特别是变换器（Transformer）架构，该架构在处理和生成文本方面表现出色。

一、ChatGPT

ChatGPT 是由美国 OpenAI 公司开发的 AI 大语言模型，它基于 GPT-3.5 和 GPT-4 架构，被训练用于生成自然语言文本，可以用于多种对话和文本生成任务。ChatGPT 可以理解输入的文本并生成连贯的、有意义的文本，在对话系统、客服聊天、写作辅助等方面具有广泛的应用。

图 1-15 所示为 ChatGPT 的官方平台界面。

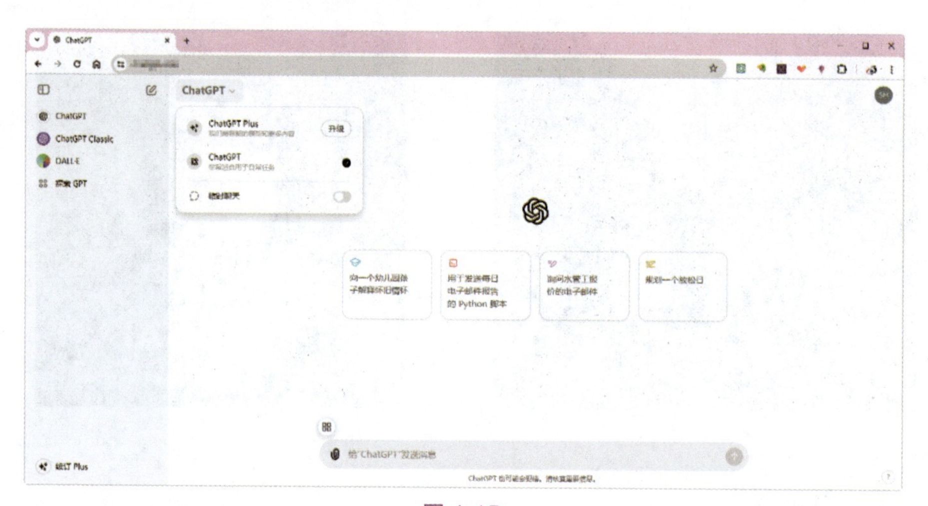

图 1-15

使用 ChatGPT 辅助工作时，需遵循以下几点指导原则。遵循这些指导原则将帮助用户与 ChatGPT 进行更有效的交互，并获得更有意义和准确的回答。

- 提出清晰的问题：尽量提出清晰的问题，以便 ChatGPT 理解需求。避免使用模糊的描述或提出含糊不清的问题，这有助于 ChatGPT 更准确地回答。
- 提供必要的上下文信息：如果问题涉及特定情境或背景，应尽量提供上下文信息，这有助于 ChatGPT 更好地理解问题并提供更准确的回答。
- 详细的问题描述：尽量提供详细的问题描述，避免使用过于模糊或简略的问题描述，这有助于 ChatGPT 提供更有深度的回答。
- 提出具体的问题：尽量提出具体的问题，而不是泛泛地提问。针对具体的问题，ChatGPT 通常更容易提供准确的回答。
- 使用关键词：在问题中使用关键词有助于 ChatGPT 更好地理解问题并提供相关的回答。
- 适度限制回答范围：如果希望 ChatGPT 给出特定类型或领域的回答，可以通过明确指定限制条件来帮助它更好地理解问题。

- 利用多轮对话：如果问题复杂或需要进一步追问或澄清，可以尝试进行多轮对话，逐步提供更多信息或进一步提出问题。
- 提供反馈和修正：如果 ChatGPT 的回答与期望不符，可以提供明确的反馈来引导它的回答，并尝试以不同的方式重新表达问题。
- 检查合格验证：ChatGPT 提供的回答不一定总是正确的。在决策或重要问题上，最好自行核实信息，并谨慎考虑 ChatGPT 的建议。
- 确保合理的期望：ChatGPT 是一种强大的语言模型，但仍有一定的限制。因此应确保期望是合理的，并认识到它可能无法提供完全准确或完美的答案。
- 文明交流：确保交互是文明和相互尊重的。ChatGPT 在设计时被要求遵守社会准则和法律法规，并不应该恶意使用或用于不当用途。在使用 ChatGPT 时，应确保交互遵守社会准则和法律法规。
- 探索功能：ChatGPT 不仅可以回答问题，还可以进行创造性的文本生成、编程辅助、写作建议等。可以尝试不同的用途，发掘其多功能性。

二、文心一言

文心一言（ERNIE Bot）是百度发布的知识增强型大语言模型，它能够与人类对话、互动，回答问题，协助创作，还可以高效、便捷地帮助人们获取信息、知识和灵感。文心一言基于飞桨深度学习平台和文心大模型，可以持续从海量数据和大规模知识中融合学习，具备知识增强、检索增强和对话增强等技术特色。

1. 进入文心一言官方网站。图 1-16 所示为文心一言的网页端用户界面。

图 1-16

2. 在使用文心一言的过程中，如果用户发现使用问题，可单击左侧面板中的按钮及时反馈给平台方，以便平台开发者修改和升级。

3. 如果新用户不清楚在文心一言中如何与文心大模型进行对话，可以在用户界面左侧面板中单击【百宝箱】按钮，进入【一言百宝箱】界面，查看并使用适合用户使用场景的指令，如图 1-17 所示。

图 1-17

4. 例如，用户想编写一个科幻小故事，可在【场景】选项卡的【创意写作】选项类别中选择【短篇故事创作】指令，然后文心大模型会自动填写关键词进行创意写作，如图 1-18 所示。

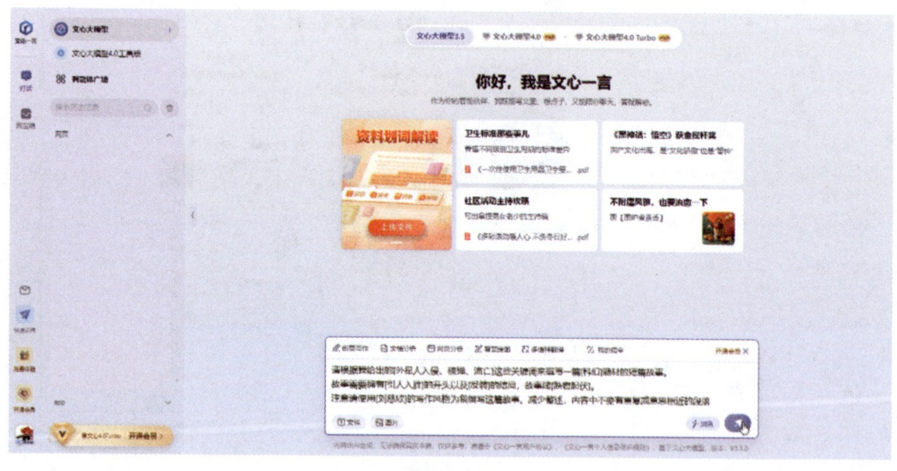

图 1-18

5. 在与文心大模型进行对话时，用户可使用聊天文本框上方的辅助工具来完成创意写作、文档分析、网页分析、智慧绘图、多语种翻译等工作。还可以单击【我的指令】按钮，一键调用自定义的指令（提示词），如图 1-19 所示。

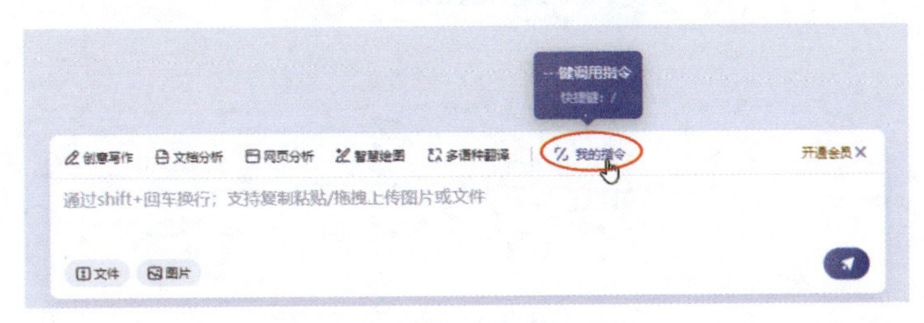

图 1-19

6. 如果用户事先没有创建任何指令，单击【我的指令】按钮后在弹出的【我创建的】选项卡中再单击【创建指令】按钮，会弹出【创建指令】对话框。输入指令标题和指令内容后，单击【保存】按钮即可完成指令的创建，如图 1-20 所示。

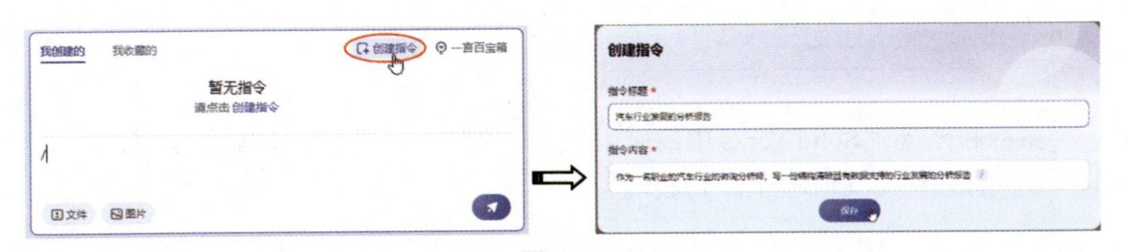

图 1-20

三、国内其他 AI 大语言模型

除前面介绍的两款 AI 大语言模型，国内还有很多互联网企业推出的商业 AI 大语言模型，例如阿里巴巴的通义千问、科大讯飞的讯飞星火、360 的 360 智脑、腾讯的腾讯混元、华为的盘古等。

尤其值得一提的是华为的盘古大模型，其应用场景十分广泛，致力于行业服务，打造金融、政务、制造、矿山、气象、铁路等领域的行业大模型和能力集，将行业知识与大模型能力相结合，重塑千行百业，成为各组织、企业、个人的专家助手。华为的盘古大模型目前仅对企业客户邀请测试，个人客户无法公测，所以无法详细介绍华为的盘古大模型。

通义千问是基于 Qwen-7B 大语言模型（LLM）和 Qwen-VL（Qwen 的视觉语言模型）的 AI 大语言模型，其交互式平台界面如图 1-21 所示。通义千问的使用方式与文心一言的使用方式基本相同，而其他 AI 大语言模型与文心一言和通义千问类似，这里不赘述。

图 1-21

1.3　视图操控技巧

鼠标和键盘在 SolidWorks 中的应用频率非常高，可以用其实现平移、缩放、旋转、绘制几何图元及创建特征等操作。

1.3.1　键盘、鼠标及快捷键

基于 SolidWorks 的特点，建议读者使用三键滚轮鼠标，在设计时可以有效地提高设计效率。表 1-1 列出了三键滚轮鼠标的使用方法。

表 1-1

鼠标按键	作用	操作说明
左键	选择命令、单击按钮，以及绘制几何图元等	单击或双击鼠标左键，可执行不同的操作
中键（或滚轮）	放大或缩小视图（相当于）	按住 Shift 键和鼠标中键并上下移动鼠标指针，可以放大或缩小视图；直接滚动鼠标滚轮，也可以放大或缩小视图
	平移（相当于）	按住 Ctrl 键和鼠标中键并移动鼠标指针，可将模型按鼠标指针移动的方向平移
	旋转（相当于）	按住鼠标中键并移动鼠标指针，即可旋转模型

续表

鼠标按键	作用	操作说明
右键	按住鼠标右键，可以通过【指南】在零件或装配体环境中设置上视图、下视图、左视图和右视图4个基本定向视图	
	按住鼠标右键，可以通过【指南】在工程图环境中设置8个工程图指南	

1.3.2 鼠标笔势

鼠标笔势可作为执行命令的快捷键，类似于键盘快捷键。在不同的文件环境，按住鼠标右键并拖动鼠标指针会弹出不同的鼠标笔势。

1. 在零件或装配体环境中，当用户按住鼠标右键并拖动鼠标指针时，会弹出图1-22所示的包含4个定向视图的笔势指南。

2. 当将鼠标指针移动至一个方向的笔势时，该笔势会高亮显示。

3. 如图1-23所示，在工程图环境中，按住鼠标右键并拖动鼠标指针时，会弹出包含4个工程图命令的笔势指南。

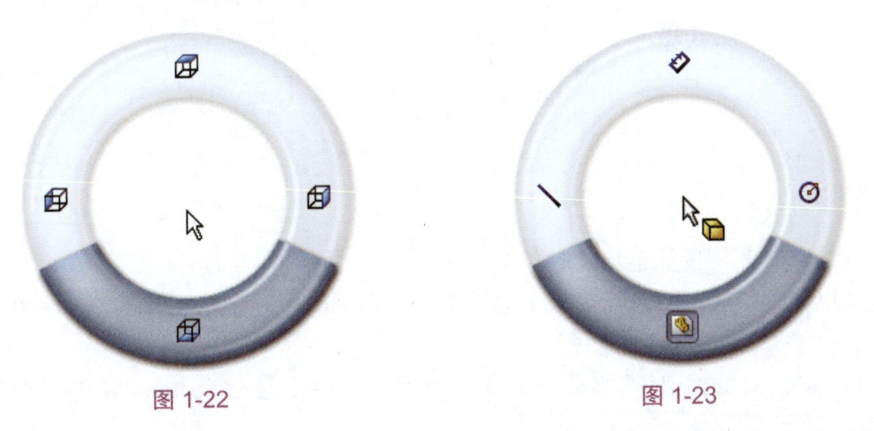

图 1-22　　图 1-23

4. 用户可以为笔势指南添加其余笔势。通过执行菜单栏中的【工具】/【自定义】命令，在【自定义】对话框的【鼠标笔势】选项卡的【笔势】下拉列表中选择笔势选项即可。例如，选择【4笔势】选项，将显示4笔势指南，如图1-24所示。

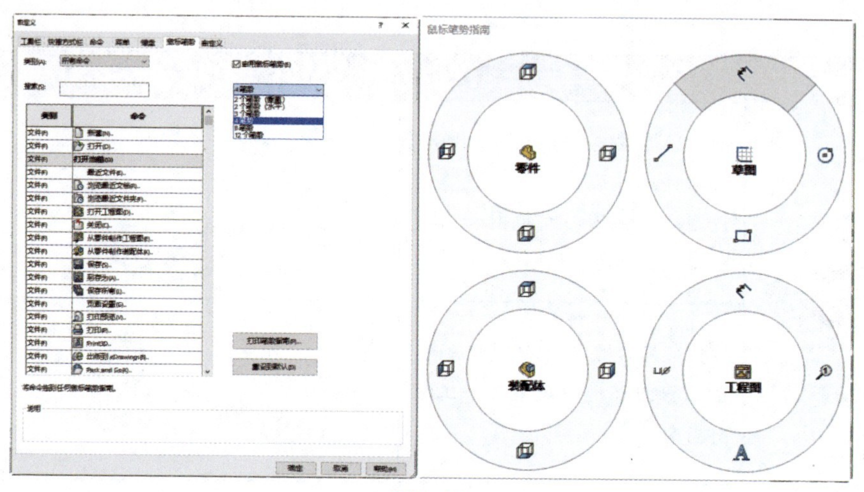

图 1-24

5. 当选择【8 笔势】选项后，再在零件或装配图环境、工程图环境中按住鼠标右键并拖动鼠标指针，则会弹出图 1-25 所示的 8 笔势指南。

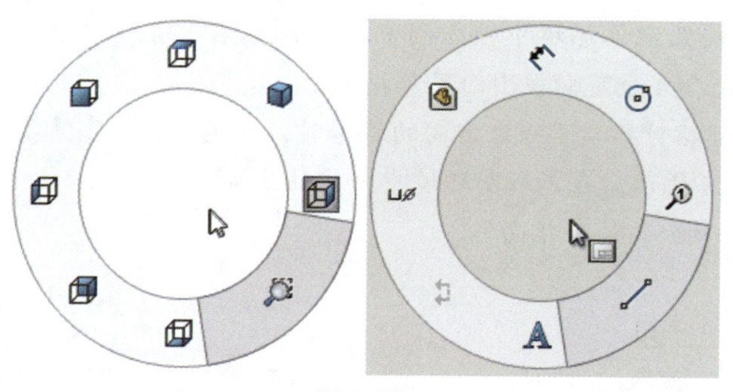

图 1-25

> **提示：**在选择一个笔势后，笔势指南会自动消失。

【例 1-1】利用鼠标笔势绘制草图。

这里介绍如何利用鼠标笔势来辅助作图。本例的任务是绘制图 1-26 所示的零件草图。

1. 启动 SolidWorks，在欢迎界面中单击【零件】按钮，新建零件文件，并进入零件设计环境。

2. 在菜单栏中执行【工具】/【自定义】命令，打开【自定义】对话框，在【鼠标笔势】选项卡中设置鼠标笔势为“8 笔势”。

3. 在功能区的【草图】选项卡中单击【草图绘制】按钮，选择上视基准面作为草图平面，并进入草图环境，如图 1-27 所示。

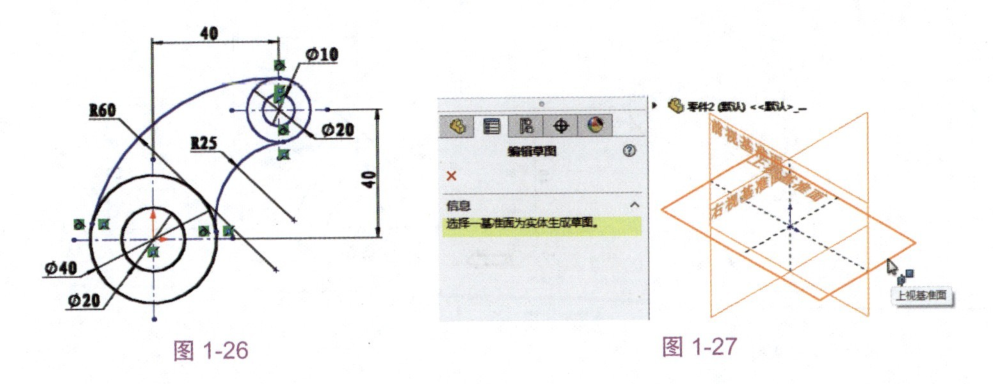

图 1-26　　图 1-27

4. 在图形区中按住鼠标右键显示鼠标笔势，并将鼠标指针移动至【绘制直线】笔势上，如图 1-28 所示。

5. 绘制草图的定位中心线，如图 1-29 所示。

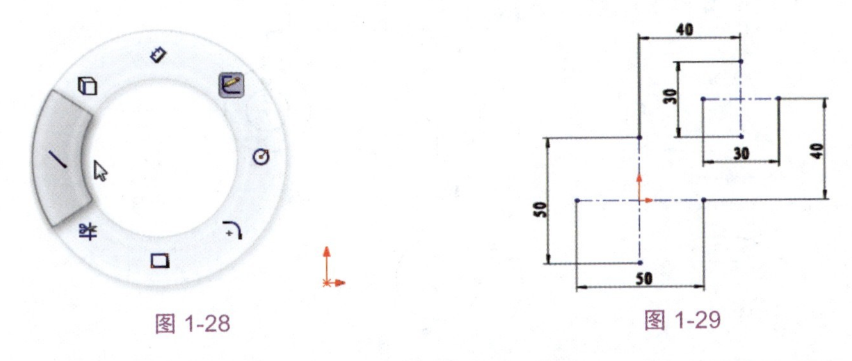

图 1-28　　图 1-29

6. 按住鼠标右键并将鼠标指针移动至【绘制圆】笔势上，然后绘制图 1-30 所示的 4 个圆。

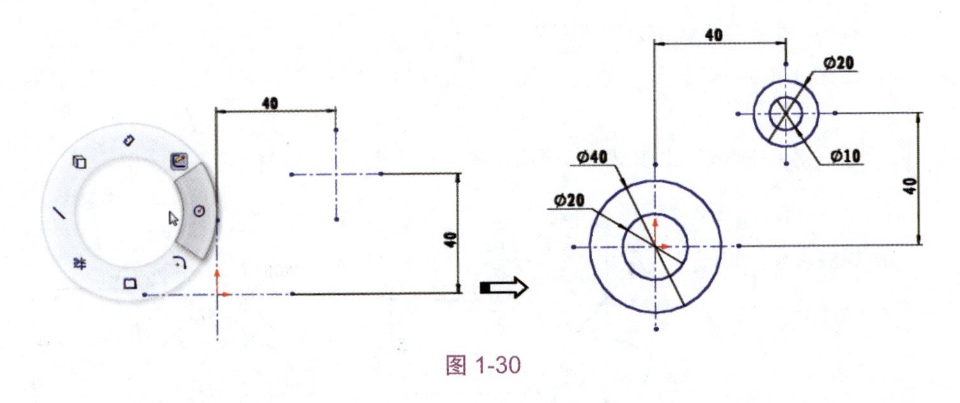

图 1-30

7. 单击【草图】选项卡中的【3 点圆弧】按钮，然后在直径为 40 的圆和直径为 20 的圆上分别取点，绘制圆弧，如图 1-31 所示。

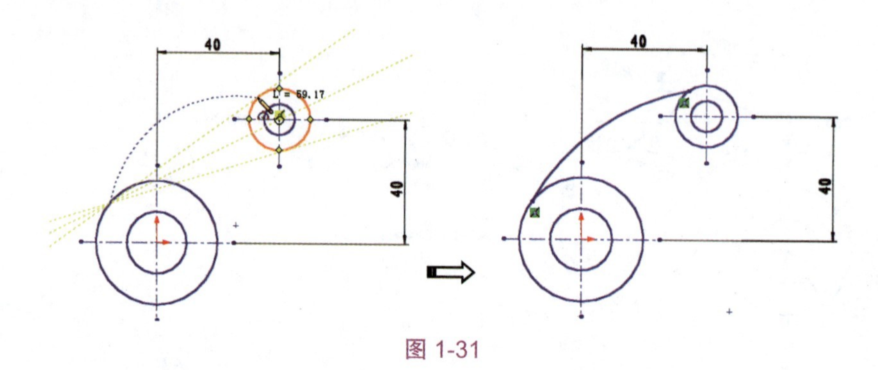

图 1-31

8. 在【草图】选项卡中选择【添加几何关系】命令，打开【添加几何关系】属性面板。选择圆弧和直径为 40 的圆进行几何约束，几何关系为“相切”，如图 1-32 所示。

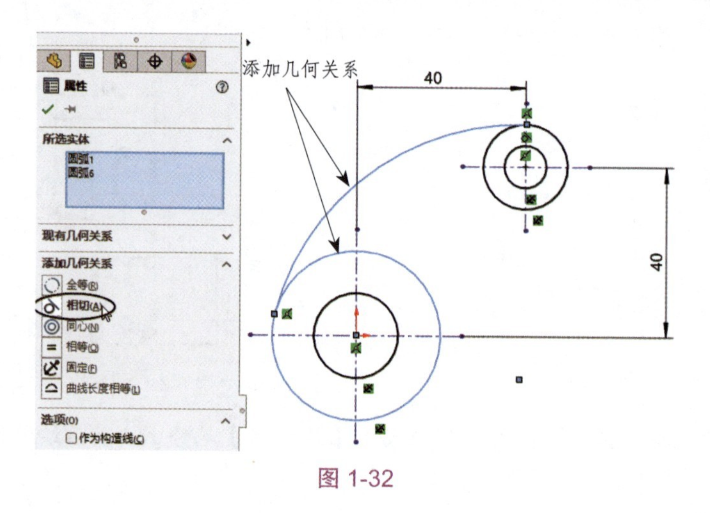

图 1-32

9. 为圆弧与直径为 20 的圆也进行相切约束。

10. 运用【智能尺寸】笔势，为圆弧添加尺寸约束，半径取值为 60，如图 1-33 所示。

11. 绘制另一圆弧，并且添加几何约束和尺寸约束，如图 1-34 所示。

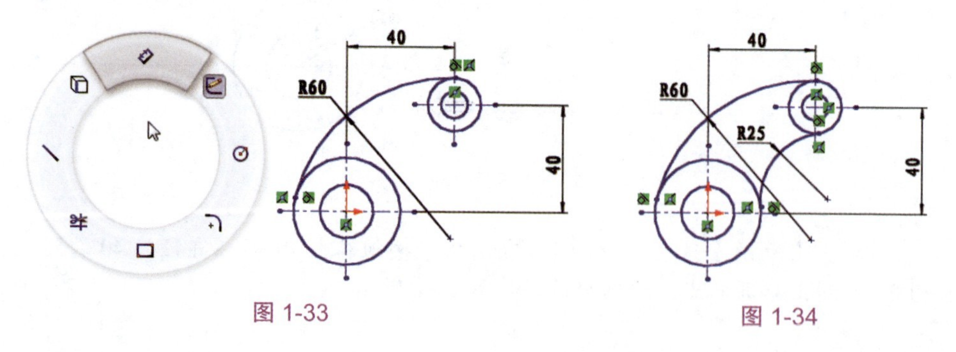

图 1-33　　　　图 1-34

1.4 参考几何体

在 SolidWorks 中，参考几何体用于定义曲面或实体的形状或组成。参考几何体也称设计基准，包括基准面、基准轴、坐标系和点。

1.4.1 基准面

基准面是用于草绘曲线、创建特征的参照平面。SolidWorks 向用户提供了 3 个基准面：前视基准面、右视基准面和上视基准面，如图 1-35 所示。

除了可以使用 SolidWorks 提供的 3 个基准面来绘制草图，还可以在零件或装配体文件中创建基准面。图 1-36 所示为以零件表面为参考创建的基准面。

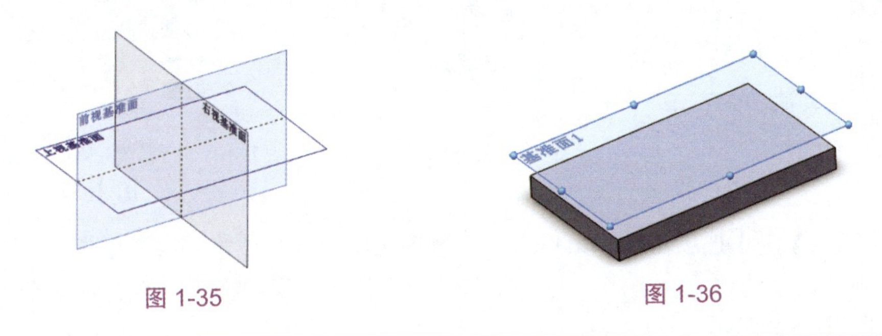

图 1-35　　图 1-36

> **提示：** 在一般情况下，SolidWorks 提供的 3 个基准面呈隐藏状态。要想显示基准面，在快捷菜单中单击【显示】按钮即可，如图 1–37 所示。

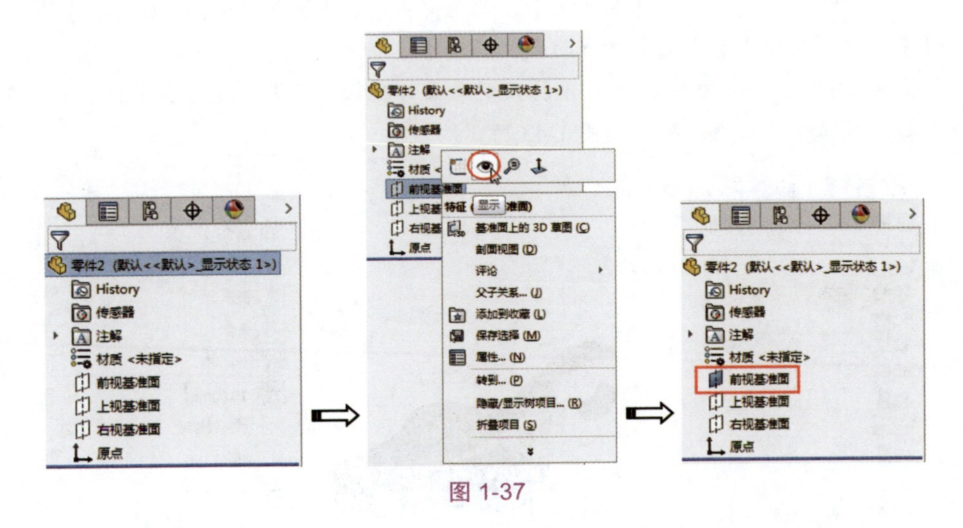

图 1-37

1. 在功能区的【特征】选项卡的【参考几何体】下拉菜单中选择【基准面】命令，

在设计树的属性管理器中显示【基准面】属性面板，如图 1-38 所示。

2. 当选择的参考为平面时，【第一参考】选项区将显示图 1-39 所示的约束选项。

3. 当选择的参考为实体圆弧表面时，【第一参考】选项区将显示图 1-40 所示的约束选项。

图 1-38

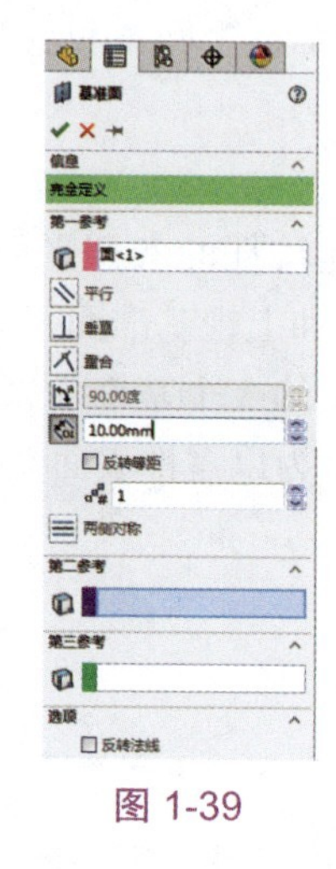

图 1-39

图 1-40

【第二参考】选项区与【第三参考】选项区中包含与【第一参考】选项区中相同的选项，具体选项取决于用户的选择和模型几何体。可根据需要设置这两个参考来创建所需的基准面。

【例 1-2】创建基准面。

1. 打开本例的源文件“零件 .sldprt”。

2. 在功能区的【特征】选项卡的【参考几何体】下拉菜单中选择【基准面】命令，属性管理器中显示【基准面】属性面板，如图 1-41 所示。

3. 在图形区中选择图 1-42 所示的模型表面作为第一参考。随后在【基准面】属性面板中显示平面约束选项，如图 1-43 所示。

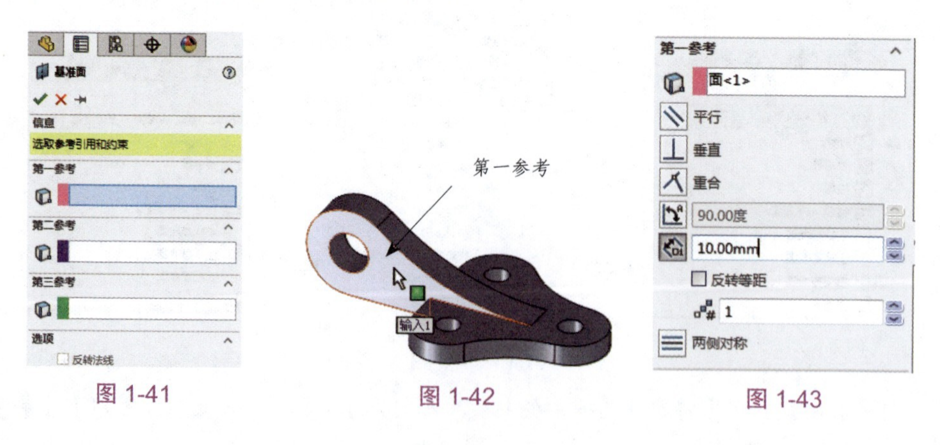

图 1-41　　图 1-42　　图 1-43

4. 选择参考后，图形区中自动显示基准面预览，如图 1-44 所示。

5. 在【第一参考】选项区的【偏移距离】数值微调框中输入值 50，然后单击【确定】按钮✓，完成新基准面的创建，如图 1-45 所示。

> **提示：** 在 SolidWorks 中，在属性面板中输入长度、角度等数值时，无须带单位和小数位数，系统会自动补齐单位与小数位数。

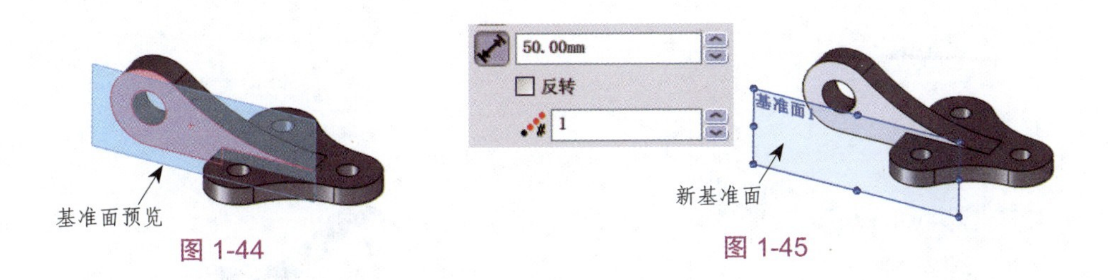

图 1-44　　图 1-45

> **提示：** 在 SolidWorks 中，无论用户选择的是 ISO 模板还是 GB 模板，其长度单位默认为 mm。因此，除有特殊说明，在本书中所有的 SolidWorks 输入值的单位均为 mm。

1.4.2 基准轴

通常在创建几何体和阵列特征时会使用基准轴。当用户创建旋转特征或孔特征后，SolidWorks 会自动在其中心显示临时轴，如图 1-46 所示。通过在菜单栏执行【视图】/【临时轴】命令，或者在前导视图工具的【隐藏 / 显示项目】下拉菜单中单击【观阅临时轴】按钮，可以即时显示或隐藏临时轴。

用户可以创建参考轴（也称构造轴）。在功能区的【特征】选项卡的【参考几何体】下拉菜单中选择【基准轴】命令，在属性管理器中显示【基准轴】属性面板，如图 1-47 所示。

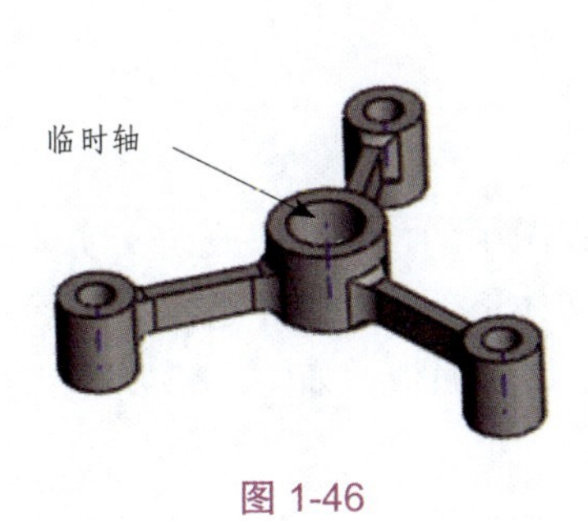

图 1-46

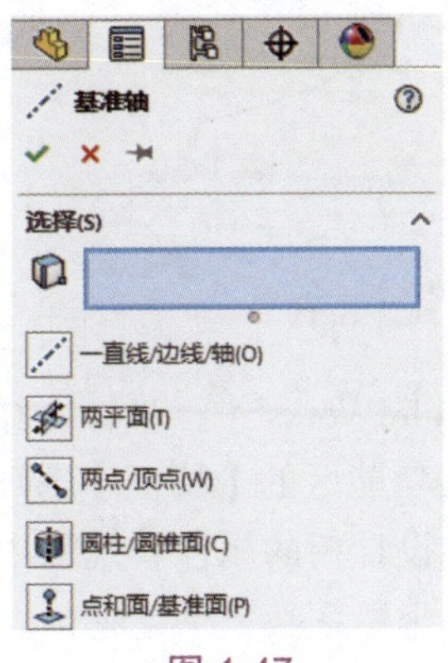

图 1-47

【例 1-3】创建基准轴。

1. 在功能区的【特征】选项卡的【参考几何体】下拉菜单中选择【基准轴】命令，在属性管理器中显示【基准轴】属性面板。接着在【选择】选项区中单击【圆柱/圆锥面】按钮，如图 1-48 所示。

2. 在图形区中选择图 1-49 所示的圆柱孔表面作为参考实体。随后在圆柱孔中心显示基准轴预览，如图 1-50 所示。

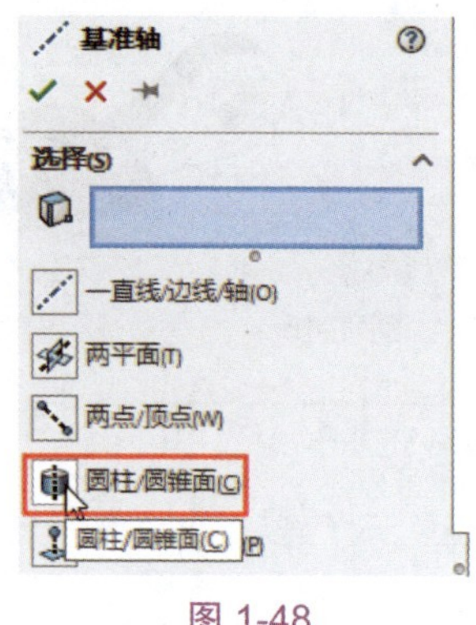

图 1-48

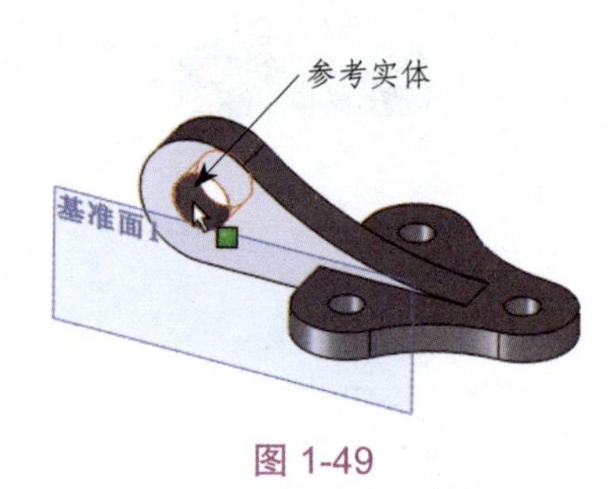

图 1-49

3. 单击【基准轴】属性面板中的【确定】按钮，完成基准轴的创建，如图 1-51 所示。

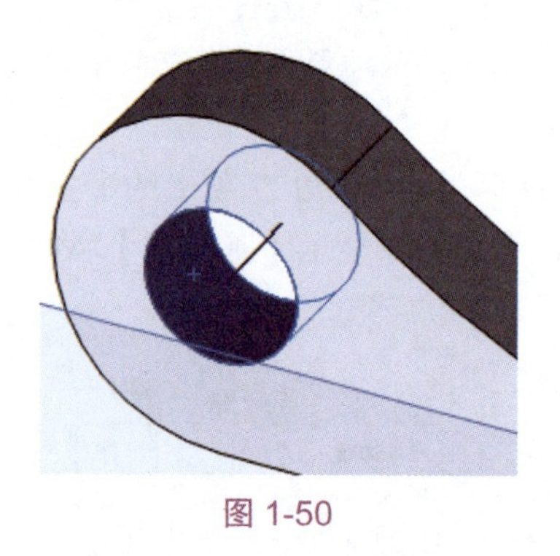

图 1-50

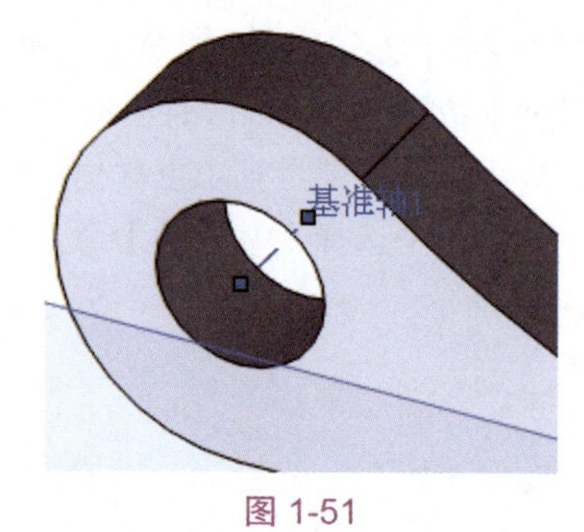

图 1-51

1.4.3 坐标系

在 SolidWorks 中，坐标系用于确定模型在视图中的位置，以及定义实体的坐标参数。在功能区的【特征】选项卡的【参考几何体】下拉菜单中选择【坐标系】命令，在设计树的属性管理器中显示【坐标系】属性面板，如图 1-52 所示。在默认情况下，坐标系基于原点建立，如图 1-53 所示。

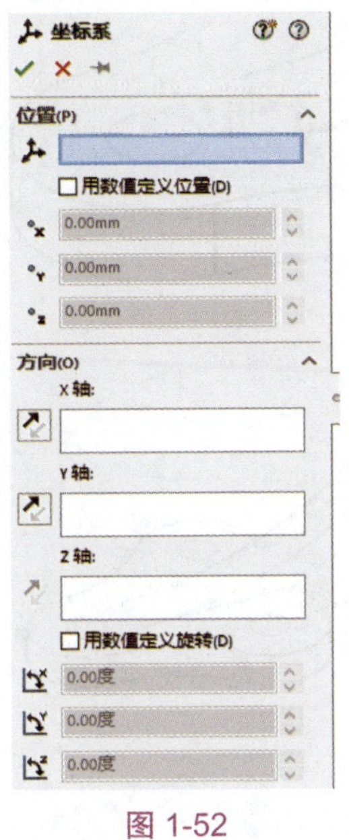

图 1-52

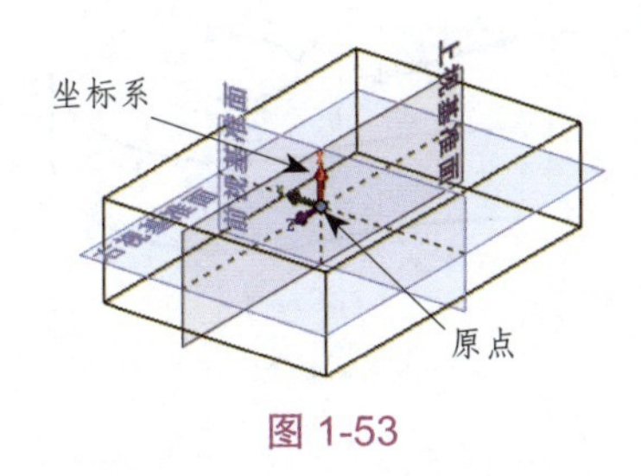

图 1-53

【例 1-4】创建坐标系。

1. 在功能区的【特征】选项卡的【参考几何体】下拉菜单中选择【坐标系】命令，在属性管理器中显示【坐标系】属性面板，图形区中显示默认的坐标系（即绝对坐标系），如图 1-54 所示。

2. 在图形区的模型中选择一个点作为坐标系原点，如图 1-55 所示。

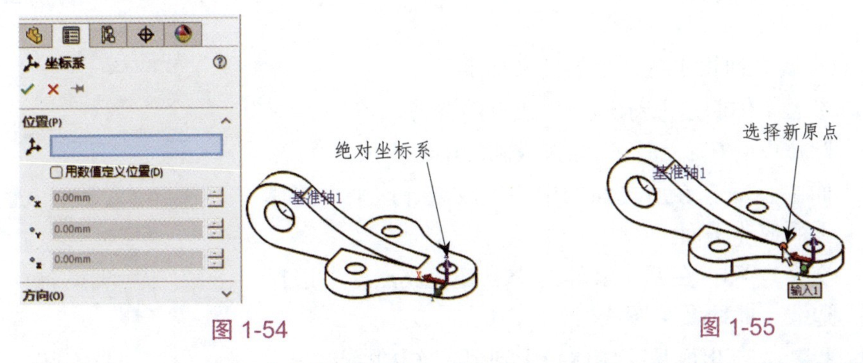

图 1-54　　图 1-55

3. 选择新原点后，绝对坐标系移动至新原点上，如图 1-56 所示。接着激活属性面板中的【X 轴方向参考】列表，然后在图形区中选择图 1-57 所示的模型边线作为 *X* 轴方向参考。新坐标系的 *X* 轴与所选模型边线重合，如图 1-58 所示。

4. 单击【坐标系】属性面板中的【确定】按钮✓，完成新坐标系的创建，如图 1-59 所示。

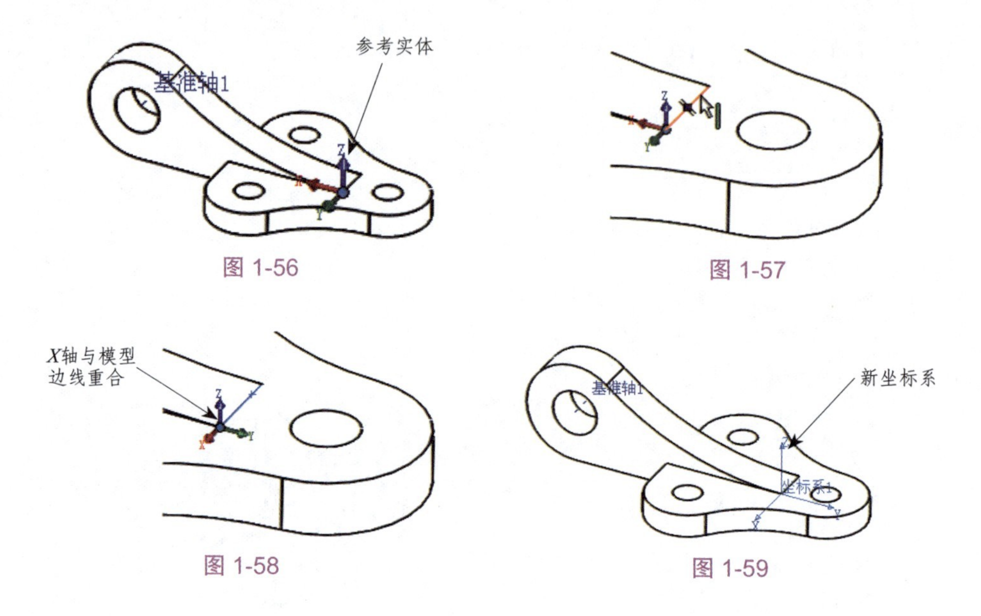

图 1-56　图 1-57

图 1-58　图 1-59

1.4.4　点

SolidWorks 中的点可以用作构造对象，例如用作直线起点、标注参考位置、测量参考位置等。

用户可以通过多种方法来创建点。在功能区的【特征】选项卡的【参考几何体】下拉菜单中选择【点】命令，在属性管理器中将显示【点】属性面板，如图 1-60 所示。

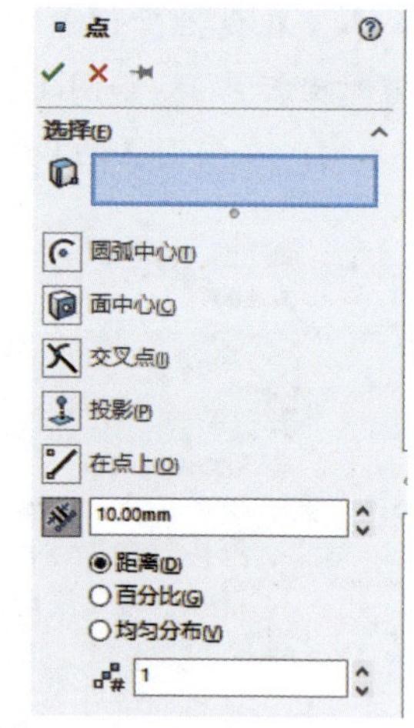

图 1-60

【点】属性面板中各选项的含义如下。

- 参考实体：显示用来生成点的参考。
- 圆弧中心：在所选圆弧或圆的中心生成点。
- 面中心：在所选面的中心生成点。这里可选择平面或非平面。
- 交叉点：在两个实体的交点处生成点。可选择边线、曲线及草图线段。
- 投影：生成从一实体投影到另一实体的点。
- 在点上：选择草图中的点来生成点。
- 沿曲线距离或多个参考点：沿边线、曲线或草图线段生成一组点。可通过“距离”“百分比”“均匀分布”3 种方式来放置点。其中，“距离”是指按用户设定的距离放置点；“百分比”是指按用户设定的百分比放置点；“均匀分布”是指在实体上以均匀分布的形式放置点。

【例 1-5】创建点。

1. 在功能区的【特征】选项卡的【参考几何体】下拉菜单中选择【点】命令，在属性管理器中显示【点】属性面板。然后在属性面板中单击【圆弧中心】按钮，如图 1-61 所示。

2. 在图形区显示的模型中选择图 1-62 所示的孔边线作为参考实体。

3. 单击【点】属性面板中的【确定】按钮，自动完成点的创建，如图 1-63 所示。

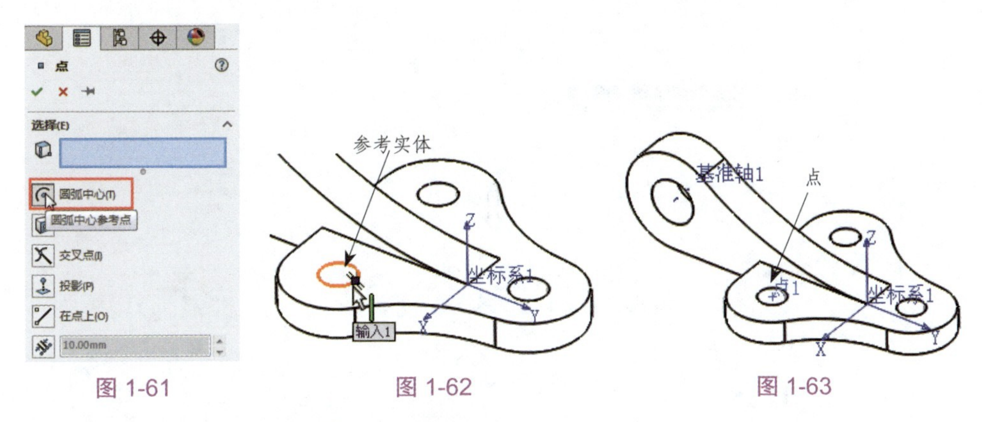

图 1-61　　图 1-62　　图 1-63

4. 单击【保存】按钮，将结果保存。

1.5　入门案例：利用 AI 进行零件分析

本例要进行零件分析与设计的阀体零件如图 1-64 所示。

本例将运用免费的 AI 大语言模型——通义千问对要进行建模的阀体零件进行零件分析。

通义千问平台的首页界面如图 1-65 所示，用户首次使用通义千问时，需要使用手机注册账号以登录。

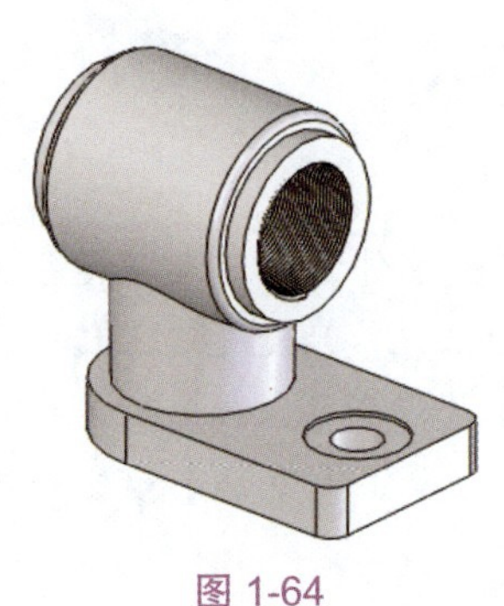

图 1-64

图 1-65

通义千问主要有文本翻译、模型推理、文本解析、代码编写、深度搜索、PPT 创作、图像处理等重要功能。AI 还在不断的探索过程中，有些功能还不能完全应用于实际工作，仅能辅助工作。本例将使用模型推理功能进行零件分析。

操作步骤如下。

1. 在通义千问的聊天文本框（也称提示词输入框）中单击【上传】/【上传图片】按钮，从本例的源文件夹中打开"阀体.png"图片文件，如图 1-66 所示。

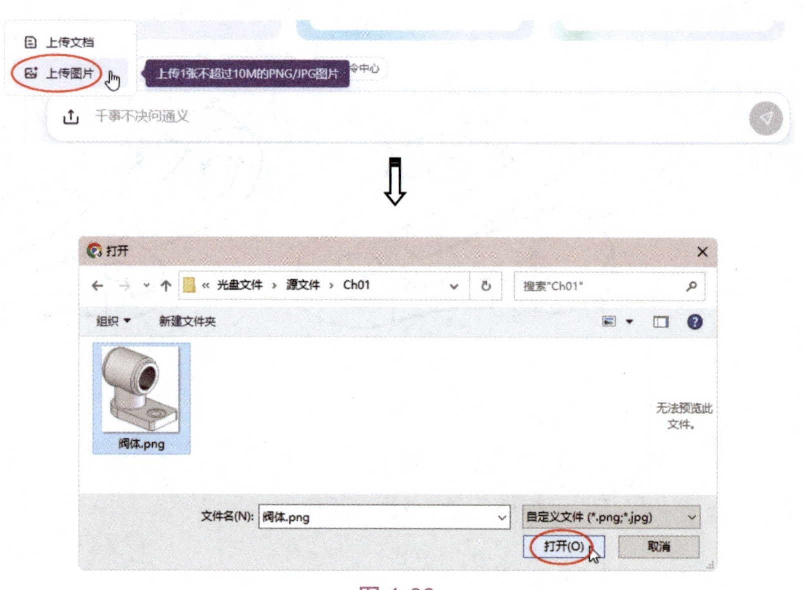

图 1-66

2. 输入"请帮我分析一下上传的图片"，再单击【发送】按钮，如图 1-67 所示。稍后通义千问生成答案，如图 1-68 所示。

图 1-67

3. 从答案来看，通义千问基本上理解了图片所展示的零件，但信息不是很完整，比如对图片中的零件形状与结构的理解有偏差。总的来说，只是通过上传一张图片，通义千问就能给出较多的信息，其模型推理能力还是很强的。接着输入"请根据分析结果，给出关于该零件的 SolidWorks 建模流程"，单击【发送】按钮发送信息后，通义千问生成答案，如图 1-69 所示。

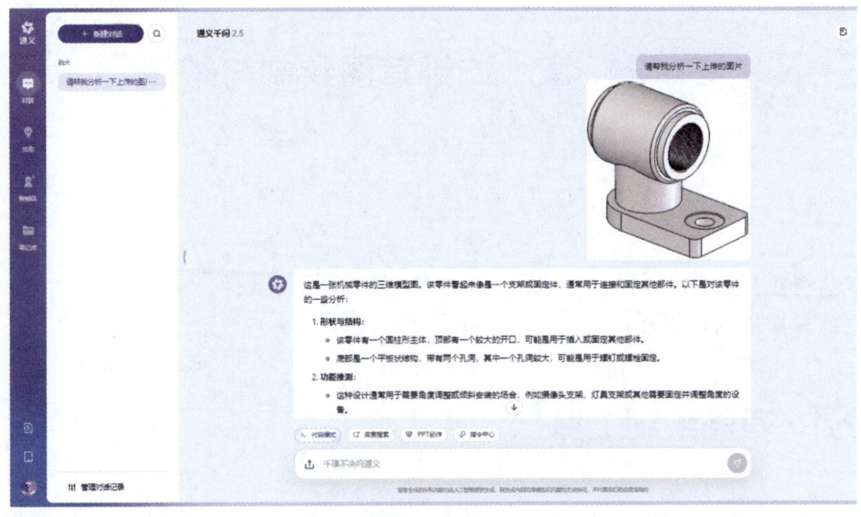

图 1-68

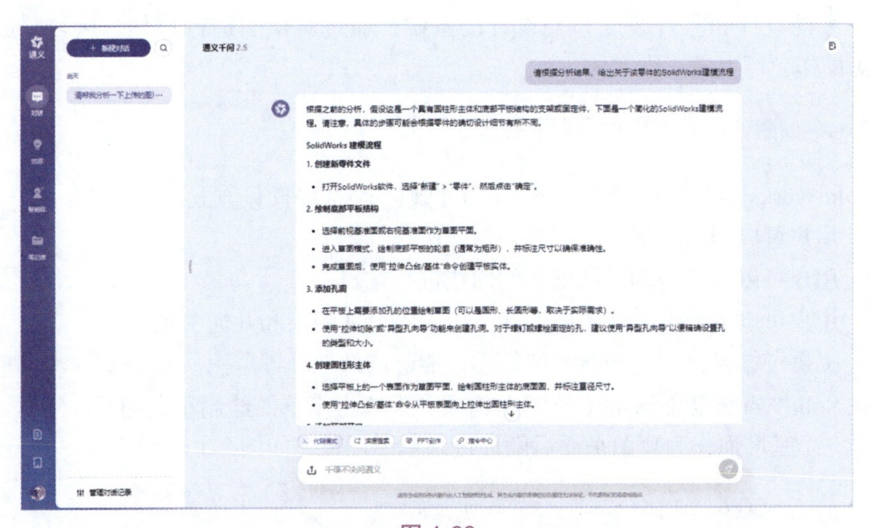

图 1-69

通义千问在零件的 SolidWorks 建模流程方面提供了详细的指导，其 AI 分析能力表现出色。为了获得更精准的答案，建议用户在上传图片时，进一步描述与该图片相关的细节信息。这样一来，通义千问能够更好地理解用户的需求，并提供更加完整和准确的答案。

第 2 章　二维草图绘制与编辑

本章将重点介绍如何绘制草图，并对草图进行几何变换、添加尺寸约束、添加几何关系等常规编辑操作。

2.1　草图绘制工具

在 SolidWorks 中绘制草图是设计三维模型的起点，草图二维平面上的图形，根据几何元素（如线、圆、弧、多边形等）和约束（如水平、垂直、等长等）生成。草图是零件设计和零件装配布局设计的基础，通过对草图进行拉伸、旋转、放样、扫描等操作，可生成三维实体。

2.1.1　SolidWorks 的草图环境

SolidWorks 的草图环境为用户提供了直观、便捷的操作方式。

- 用户可以利用草图绘制工具来创建曲线。
- 用户可以方便地选择已创建的曲线进行编辑。
- 用户可以轻松地为草图中的几何体添加尺寸约束和几何关系。
- 提供了修复草图等功能，使得用户能够高效地处理草图。

在 SolidWorks 功能区的【草图】选项卡中单击【草图绘制】按钮，在图形区中选择一个基准面作为草图平面后随即进入草图环境，如图 2-1 所示。

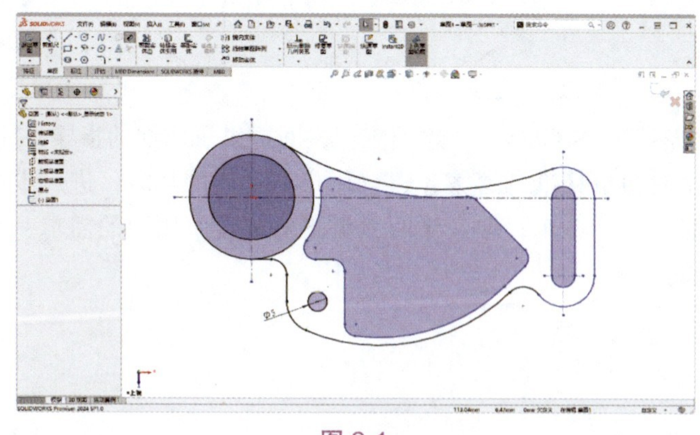

图 2-1

2.1.2 绘制草图基本曲线

SolidWorks 将草图曲线分为两种类型：基本曲线和高级曲线。本节介绍草图基本曲线（包括直线、中心线、圆、周边圆、圆弧、椭圆和部分椭圆等）的绘制方法。

一、直线与中心线

在 SolidWorks 中，直线与中心线是基本的图形实体。

1. 在功能区的【草图】选项卡中单击【草图绘制】按钮，选择前视基准面（也可选择上视基准面或右视基准面）作为草图平面后，自动进入草图环境中，如图 2-2 所示。

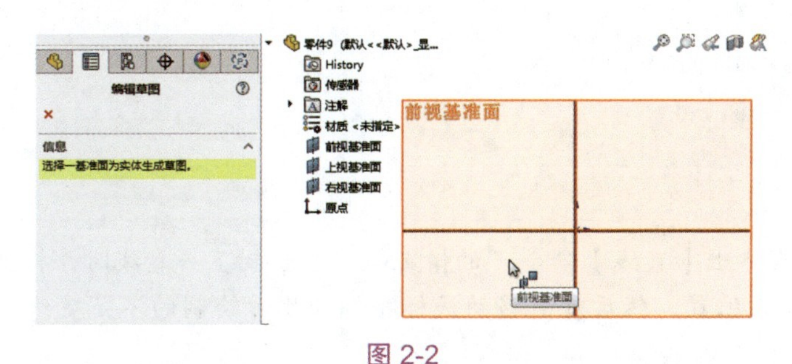

图 2-2

2. 单击【中心线】按钮，在【插入线条】属性面板中选中【水平】单选按钮，勾选【作为构造线】复选框，再输入长度参数 100，接着在原点位置单击以确定水平中心线的起点，向左拖动鼠标指针并单击以确定水平中心线的终点，即可完成水平中心线的绘制，如图 2-3 所示。

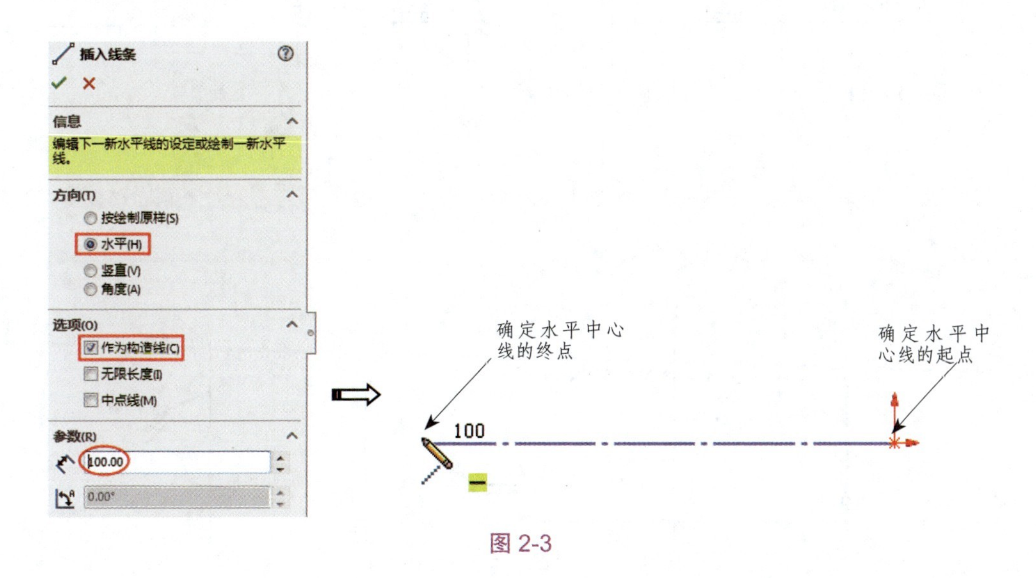

图 2-3

3. 继续绘制中心线，结果如图 2-4 所示。

4. 单击【直线】按钮，然后绘制图 2-5 所示的 3 条连续直线，但不要终止【直线】命令。

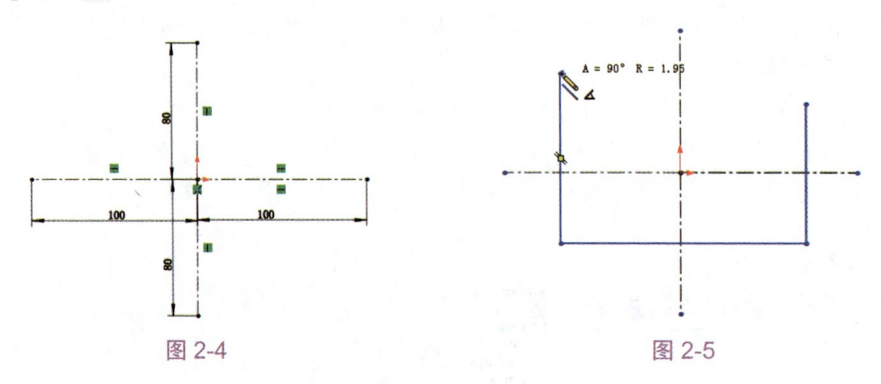

图 2-4　　图 2-5

> **提示：** 不终止【直线】命令是想将直线绘制自动转换为圆弧绘制。

5. 在没有终止【直线】命令的情况下，在绘制下一直线时，将鼠标指针移动到该直线的起点位置，然后重新移动鼠标指针，此时绘制的不是直线而是圆弧，如图 2-6 所示。

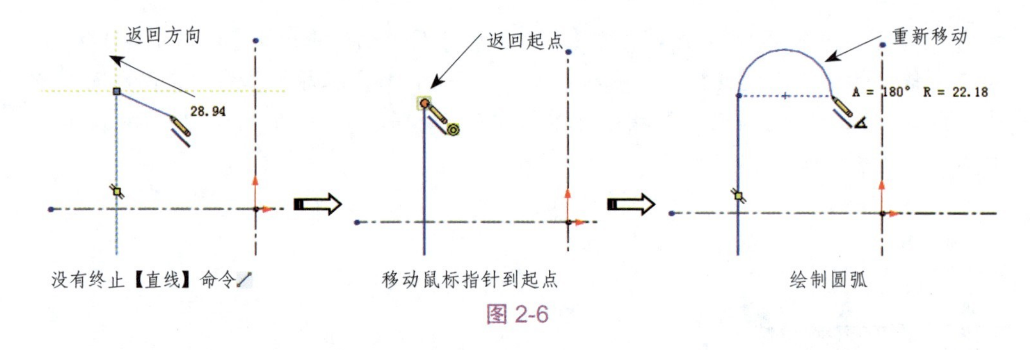

图 2-6

> **提示：** 当按住鼠标左键并拖动鼠标指针继续绘制直线时，新直线与原直线不再自动连接，如图 2–7 所示。

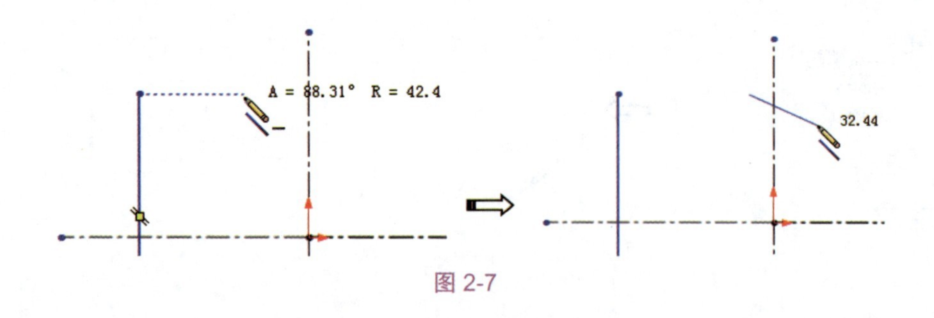

图 2-7

6. 当绘制完圆弧后又变为直线绘制，此时只需要再重复步骤 5 的操作，即可绘制出相切的连接圆弧，直至完成多个连续圆弧的绘制，结果如图 2-8 所示。

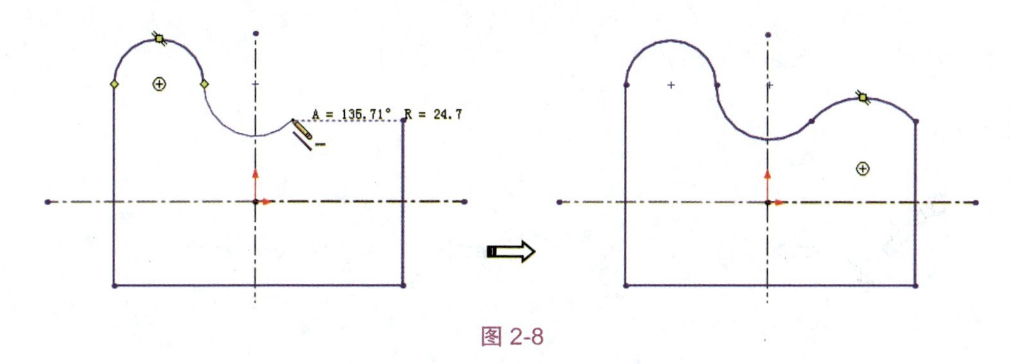

图 2-8

7. 单击【草图】选项卡中的【退出草图】按钮，或者直接在图形区右上角单击按钮，退出草图环境。

二、圆与周边圆

SolidWorks 在草图环境中提供了两种圆形工具：圆和周边圆。从绘制方法上看，圆可以分为两种类型：中心圆和周边圆。实际上，周边圆工具是圆工具中的一种。

1. 在功能区的【草图】选项卡中单击【圆】按钮，PropertyManager 选项卡中会显示【圆】属性面板。同时鼠标指针由变为。

2. 保留【圆】属性面板中默认的【圆】类型，在图形区中拾取一个点作为圆心，然后拖动圆以确定圆的半径，也可在【圆】属性面板中精确输入圆的半径。绘制圆后，【圆】属性面板变成图 2-9 所示的选项设置样式。

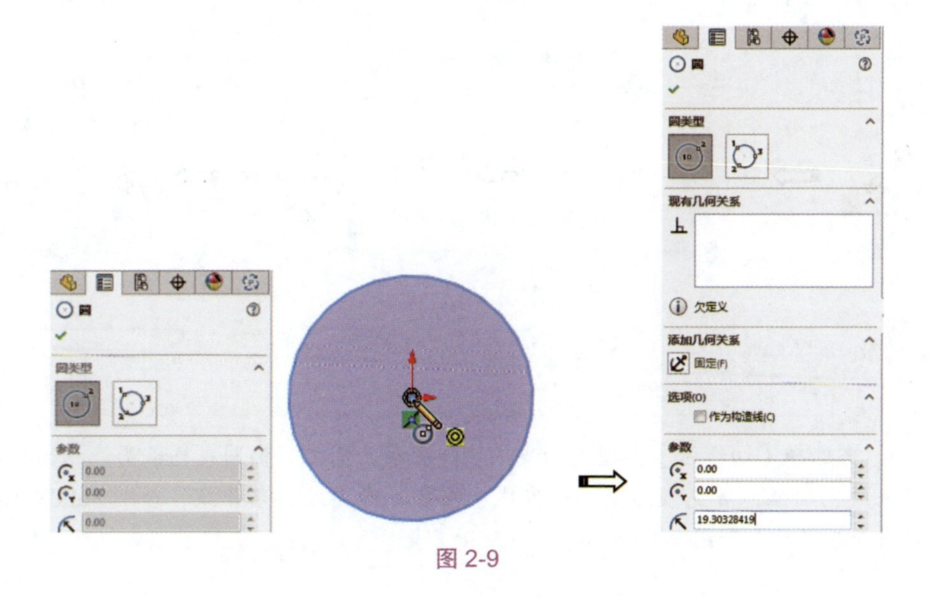

图 2-9

3. 如果在【圆】属性面板中选择【周边圆】类型，可通过设定圆上的 3 个点的位置或坐标来绘制圆。首先在图形区中指定一点作为圆上的第 1 点，拖动鼠标指针以指定圆上的第 2 点，单击后再拖动鼠标指针以指定圆上的第 3 点，最后单击完成圆的绘制，其过程如图 2-10 所示。

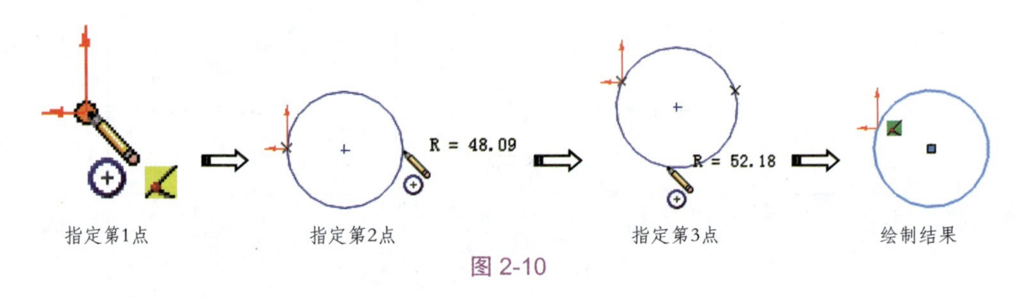

图 2-10

三、圆弧

圆弧为圆上的一段弧，SolidWorks 向用户提供了 3 种圆弧绘制方法：圆心 / 起 / 终点画弧、切线弧和 3 点圆弧。

1. 在【草图】选项卡中单击【圆心 / 起 / 终点画弧】按钮，属性管理器中显示【圆弧】属性面板，同时鼠标指针由变为。

2. 在【圆弧】属性面板中，包括 3 种圆弧的类型：【圆心 / 起 / 终点画弧】、【切线弧】和【3 点圆弧】。

3. 若选择【圆心 / 起 / 终点画弧】类型来绘制圆弧，首先指定圆心位置，然后拖动鼠标指针来指定圆弧的起点（同时确定圆的半径），再拖动鼠标指针指定圆弧的终点，如图 2-11 所示。

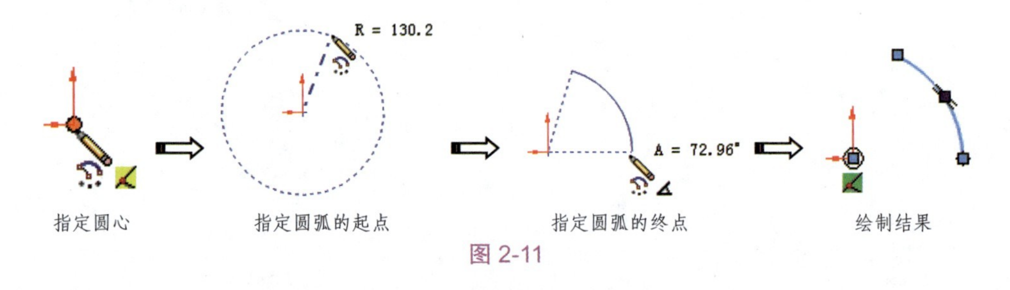

图 2-11

提示：在绘制圆弧的面板没有关闭的情况下，是不能使用鼠标指针来修改圆弧的。若要使用鼠标指针修改圆弧，须先关闭面板。

4. 若选择【切线弧】类型（切线弧是与直线、圆弧、椭圆或样条曲线相切的圆弧）来绘制圆弧，首先须绘制一段直线、圆弧、椭圆或样条曲线，否则 SolidWorks 会弹出警告提示，如图 2-12 所示。

图 2-12

5. 在绘制的直线终点上单击指定圆弧的起点，再拖动鼠标指针指定圆弧的终点，释放鼠标指针后完成一段切线弧的绘制，如图 2-13 所示。

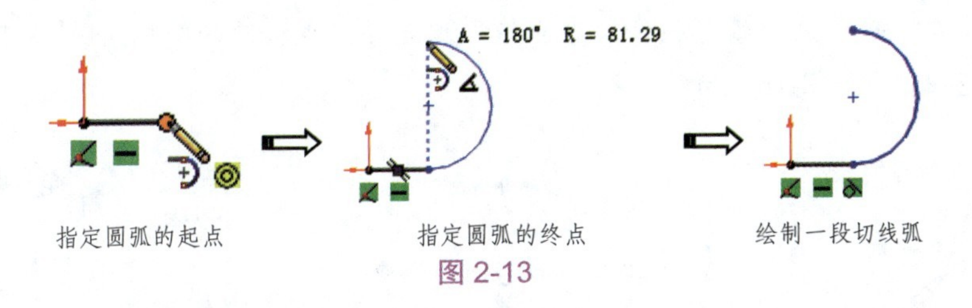

图 2-13

6. 当绘制完第 1 段切线弧后，圆弧绘制仍然处于激活状态。若用户需要绘制多段切线弧，在没有中断切线弧绘制的情况下继续绘制第 2、3……段切线弧，此时可按 Esc 键、双击或选择快捷菜单中的【选择】命令，以结束切线弧的绘制。图 2-14 所示为按用户需要绘制的多段切线弧。

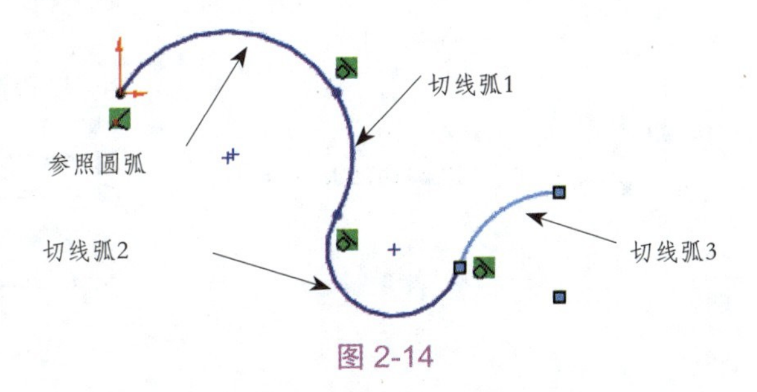

图 2-14

7. 若选择【3 点圆弧】类型绘制圆弧，首先指定圆弧起点，再拖动鼠标指针指定圆弧终点，最后拖动鼠标指针指定圆弧中点，如图 2-15 所示。

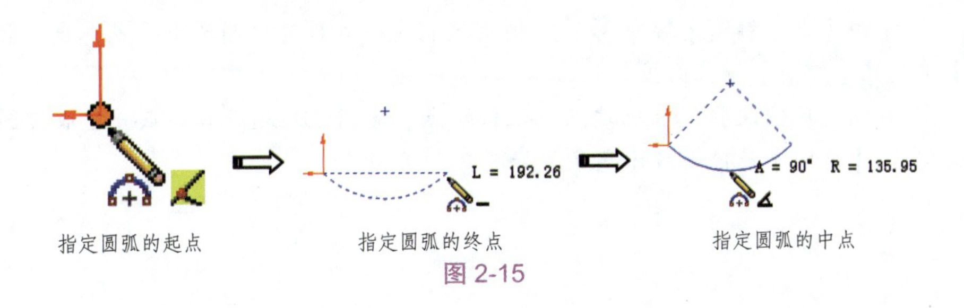

图 2-15

四、椭圆与部分椭圆

椭圆和部分椭圆是由两个轴和一个中心点定义的，椭圆的形状和位置由 3 个因素决定：中心点、长轴、短轴。椭圆的长轴和短轴决定了椭圆的形状，中心点决定了椭圆的位置。

（1）椭圆。

1. 在【草图】选项卡中单击【椭圆】按钮，鼠标指针由变成。

2. 在图形区指定一点作为椭圆的中心点，属性管理器中将灰显【椭圆】属性面板，直至在图形区依次指定长轴端点和短轴端点并完成椭圆的绘制后，【椭圆】属性面板才亮显，如图 2-16 所示。

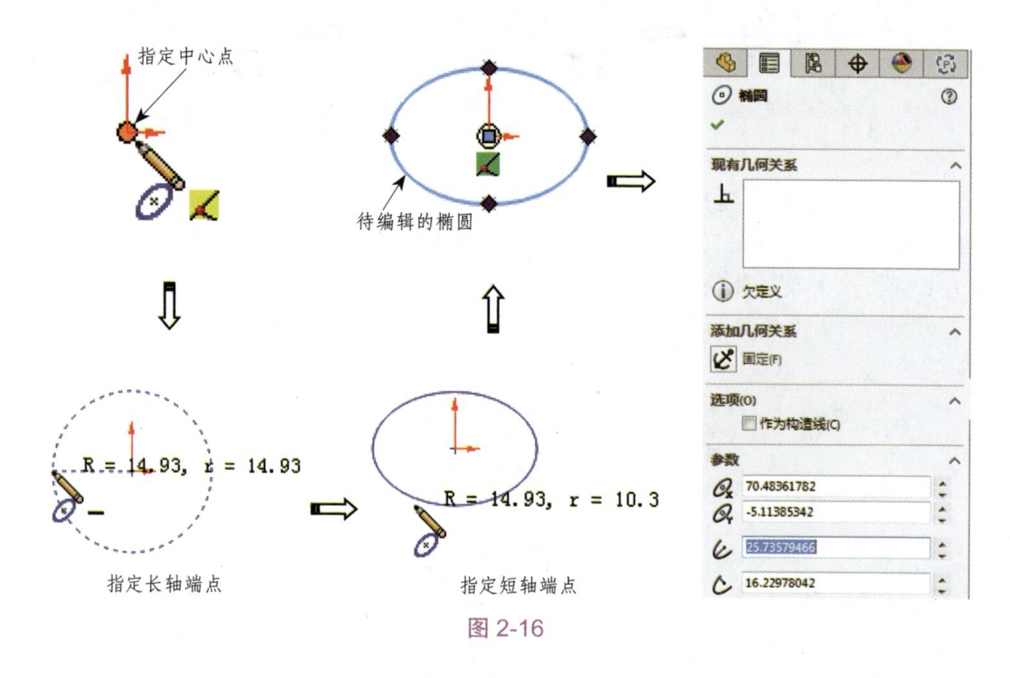

图 2-16

（2）部分椭圆。

与绘制椭圆的过程类似，绘制部分椭圆不但要指定中心点、长轴端点和短轴端点，还要指定椭圆弧的起点和终点。

1. 单击【部分椭圆】按钮，在图形区指定一点作为椭圆的中心点，属性管理器中将灰显【椭圆】属性面板。

2. 在图形区依次指定长轴端点、短轴端点、椭圆弧的起点和终点并完成椭圆弧的绘制后，【椭圆】属性面板才亮显，如图 2-17 所示。

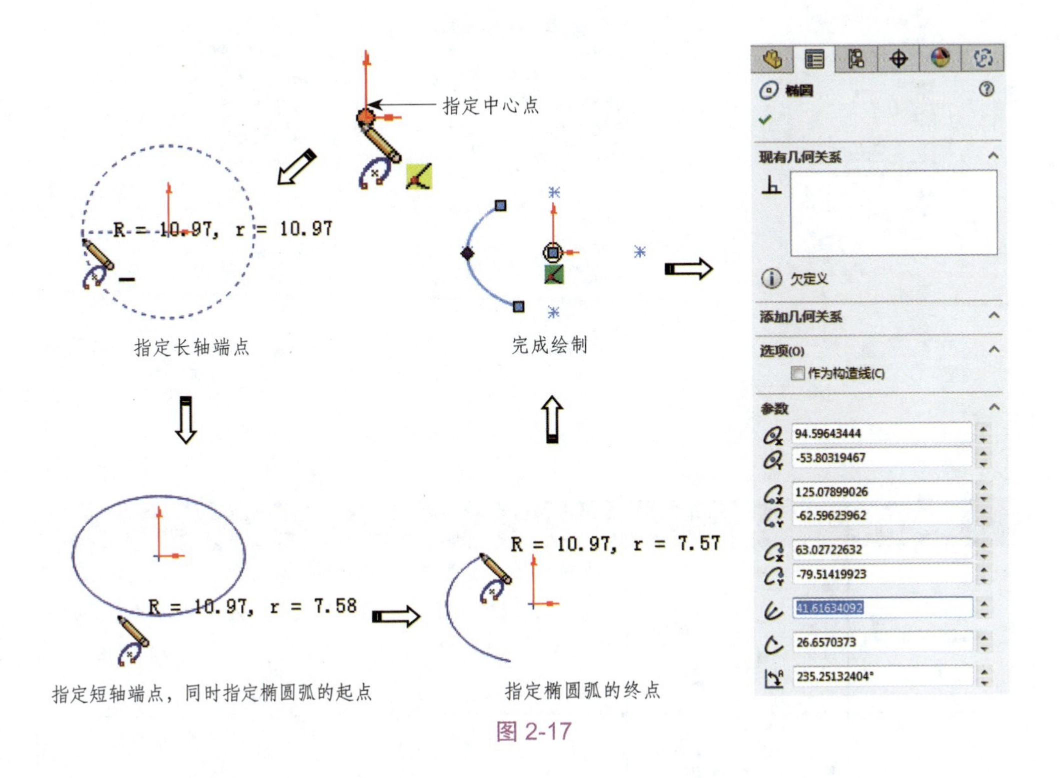

图 2-17

2.1.3 绘制草图高级曲线

草图高级曲线是指在 SolidWorks 设计过程中不常用的曲线，包括矩形、槽口曲线、多边形、样条曲线、圆角、倒角等。

一、矩形

SolidWorks 向用户提供了 5 种矩形绘制类型，包括边角矩形、中心矩形、3 点边角矩形、3 点中心矩形和平行四边形。

1. 单击【边角矩形】按钮，鼠标指针由变成，在属性管理器中显示【矩形】属性面板，但该属性面板中的【参数】选项区灰显，当绘制矩形后该属性面板完全亮显，如图 2-18 所示。

2. 通过该属性面板可以为绘制的矩形添加几何关系，【添加几何关系】选项区中的选项如图 2-19 所示。还可以通过参数设置对矩形重新进行定义，【参数】选项区中的选项如图 2-20 所示。

3. 【矩形】属性面板的【矩形类型】选项区包含 5 种矩形绘制类型，见表 2-1。

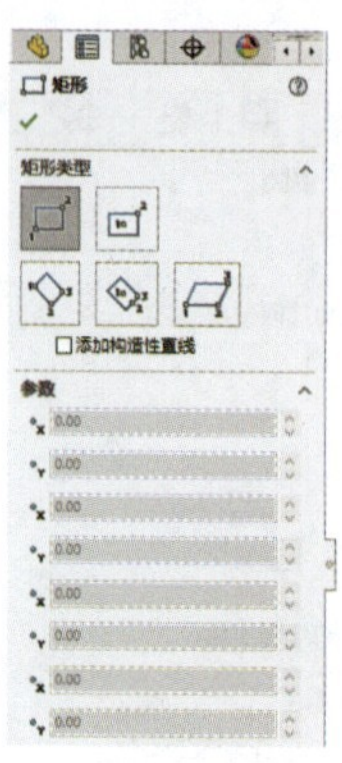

图 2-18

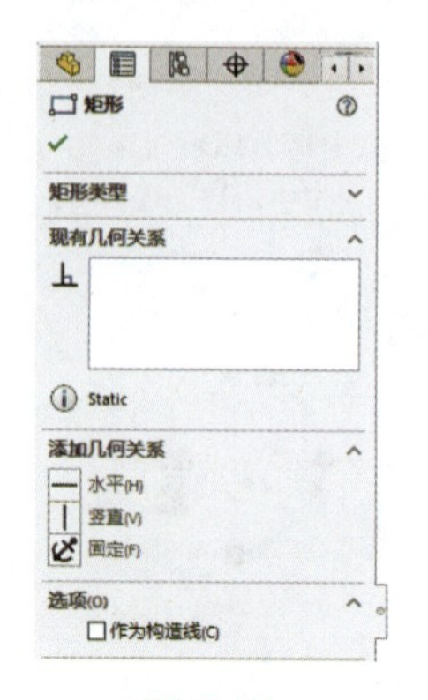

图 2-19

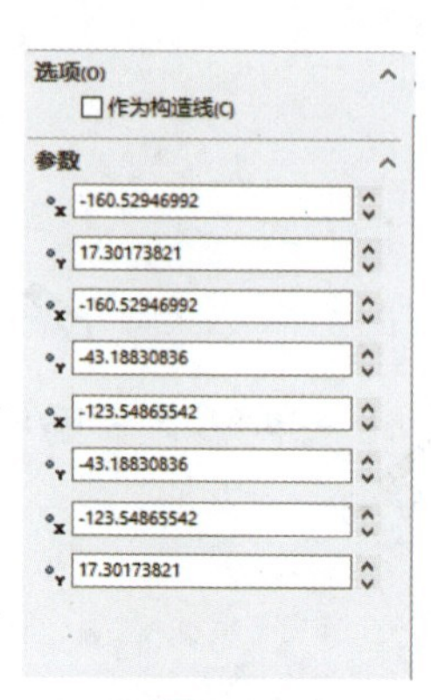

图 2-20

表 2-1

类型	图解	说明
边角矩形		“边角矩形”类型是指以指定矩形对角点来绘制标准矩形。其绘制过程是：在图形区指定一个位置以放置矩形的第 1 个角点，拖动鼠标指针使矩形的大小和形状正确，然后单击指定第 2 个角点，完成边角矩形的绘制
中心矩形		“中心矩形”类型是指以指定中心点与一个角点的方法来绘制矩形。其绘制过程是：在图形区指定一个位置以放置矩形中心点，拖动鼠标指针使矩形的大小和形状正确，然后单击指定矩形的一个角点，完成中心矩形的绘制
3 点边角矩形		“3 点边角矩形”类型是指以指定 3 个角点的方法来绘制矩形。其绘制过程是：在图形区指定一个位置作为第 1 角点，拖动鼠标指针指定第 2 角点，再拖动鼠标指针指定第 3 角点，3 个角点确定后立即生成矩形
3 点中心矩形		“3 点中心矩形”类型是指以所选的角度绘制带有中心点的矩形。其绘制过程是：在图形区指定一位置作为中心点，拖动鼠标指针在矩形平分线上指定中点，然后拖动鼠标指针以一定角度移动来指定矩形角点
平行四边形		“平行四边形”类型是指以指定 3 个角度的方法来绘制 4 条边两两平行且不相互垂直的平行四边形。其绘制过程是：首先在图形区指定一个位置作为第 1 角点，拖动鼠标指针指定第 2 角点，然后拖动鼠标指针以一定角度移动来指定第 3 角点，完成绘制

二、槽口曲线

槽口曲线是用来绘制机械零件的键槽特征的草图。SolidWorks 向用户提供了 4 种槽口曲线类型，包括直槽口、中心点槽口、3 点圆弧槽口和中心点圆弧槽口等。

1. 单击【直槽口】按钮，鼠标指针由变成，且属性管理器中显示【槽口】属性面板，如图 2-21 所示。

2.【槽口】属性面板中包含 4 种槽口类型，“3 点圆弧槽口”“中心点圆弧槽口”类型的选项设置与“直槽口”“中心点槽口”类型的选项设置不同，如图 2-22 所示。

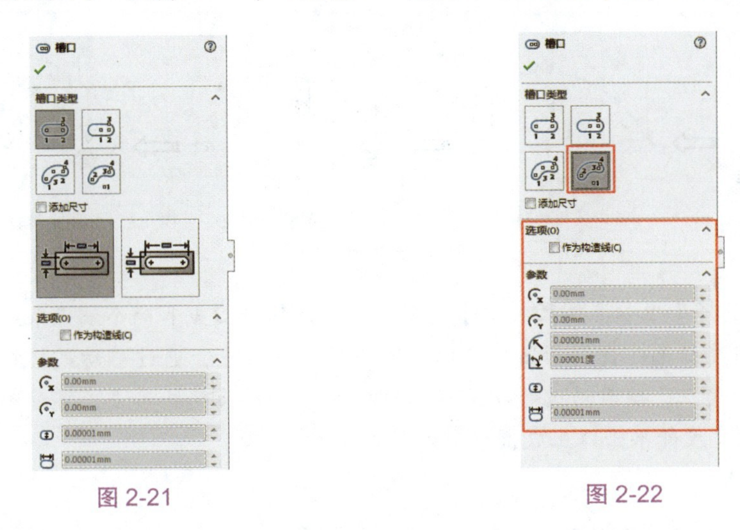

图 2-21　　图 2-22

3. 选择【直槽口】类型，以两个端点来绘制槽口，绘制过程如图 2-23 所示。

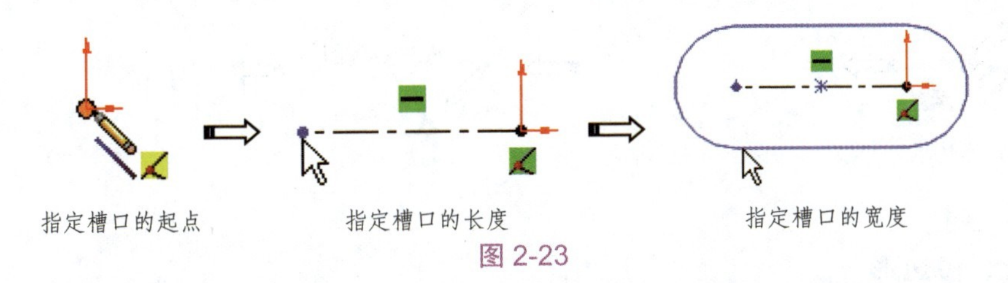

图 2-23

4. 选择【中心点槽口】类型，以中心点和槽口的一个端点来绘制槽口。其绘制过程是：在图形区中指定某位置作为槽口的中心点，然后移动鼠标指针以指定槽口的端点，在指定端点后再移动鼠标指针以指定槽口的宽度，如图 2-24 所示。

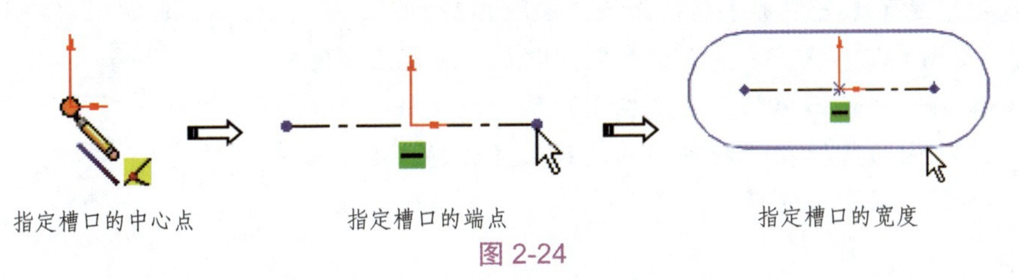

图 2-24

提示：在指定槽口的宽度时，鼠标指针无须停留在槽口曲线上，也可以在离槽口曲线很远的位置（只需要在宽度水平延伸线上即可）。

5. 选择【3点圆弧槽口】类型，在圆弧上用3个点绘制圆弧槽口。其绘制过程是：在图形区中单击以指定圆弧的起点，通过移动鼠标指针指定圆弧的终点并单击，接着移动鼠标指针指定圆弧的中点并单击，最后移动鼠标指针指定槽口的宽度，如图2-25所示。

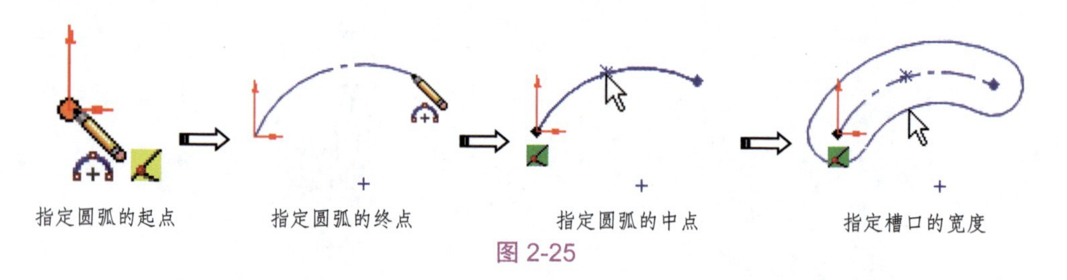

图 2-25

6. 若选择【中心点圆弧槽口】类型，以圆弧的中心点和两个端点来绘制圆弧槽口。其绘制过程是：在图形区单击以指定圆弧的中心点，通过移动鼠标指针指定圆弧的半径和起点，接着通过移动鼠标指针指定槽口的长度并单击，再移动鼠标指针指定槽口的宽度并单击以生成槽口，如图2-26所示。

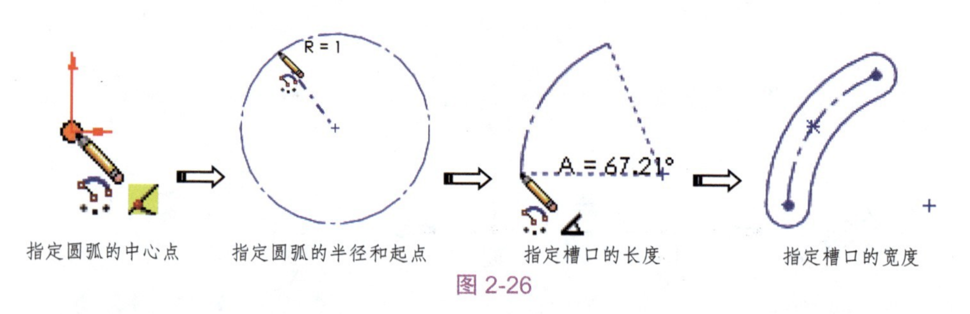

图 2-26

三、多边形

【多边形】工具可用来绘制与圆内切或外接的正多边形，边数为3～40。

1. 单击【多边形】按钮，鼠标指针由变成，且属性管理器中显示【多边形】属性面板，如图2-27所示。

2. 绘制多边形需要指定3个参数：中点、圆直径和角度。例如要绘制一个正三角形，首先在图形区中指定正三角形的中点，然后拖动鼠标指针指定圆的直径，并旋转正三角形使其符合要求，如图2-28所示。

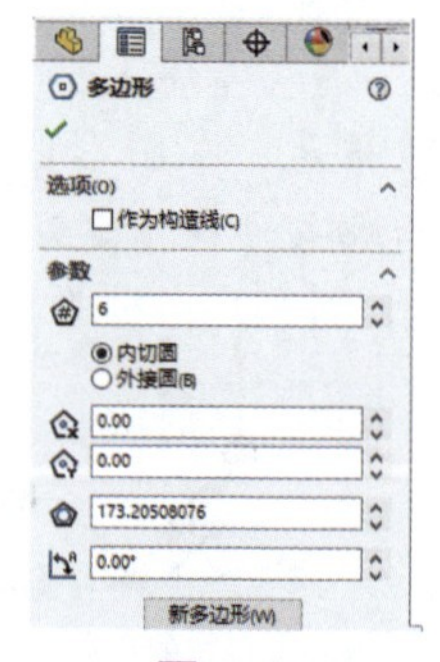

图 2-27

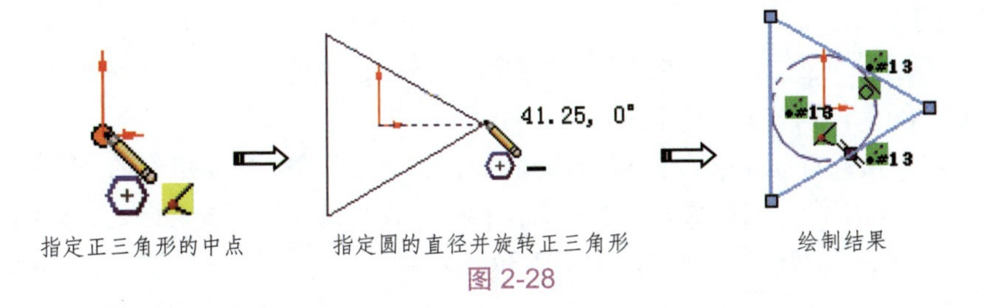

图 2-28

提示：多边形是不存在任何几何关系的。

四、样条曲线

样条曲线是使用诸如通过点或根据极点的方式来定义的曲线，也是方程式驱动的曲线。SolidWorks 向用户提供了 3 种样条曲线，即样条曲线、样式样条曲线和方程式驱动的曲线，见表 2-2。

表 2-2

类型		图解	说明
样条曲线			由两个或两个以上极点构成的样条曲线
样式样条曲线			带有控制点的样条曲线，其形状由控制点的位置决定
方程式驱动的曲线	显性方程式驱动的曲线		通过定义样条曲线的方程式来绘制的样条曲线。按方程式的输入不同可分为显性方程式驱动的曲线和参数性方程式驱动的曲线。 显性方程式驱动的曲线类型是通过定义曲线起点和终点的 X 值，并计算 Y 值在 X 值范围内的变化。显性方程主要包括代数显性方程、函数显性方程、线性显性方程、非线性显性方程和几何方程。 参数性方程式驱动的曲线类型是通过定义曲线的起点和终点的参数值 T 来表示。包括阿基米德螺线、渐开线、螺旋线、圆周曲线、星形线以及叶形曲线等
	参数性方程式驱动的曲线		

五、圆角

【绘制圆角】工具⌝用于在两个草图曲线的交叉处剪裁掉角部，从而生成一个圆角。此工具在二维草图和三维草图中均可使用。

要绘制圆角，首先得选择要进行圆角处理的草图曲线。要在矩形的一个顶点位置绘制圆角，利用鼠标选择的方法大致有两种：一种是选择矩形的两条边，如图 2-29 所示；另一种是选取矩形的顶点，如图 2-30 所示。

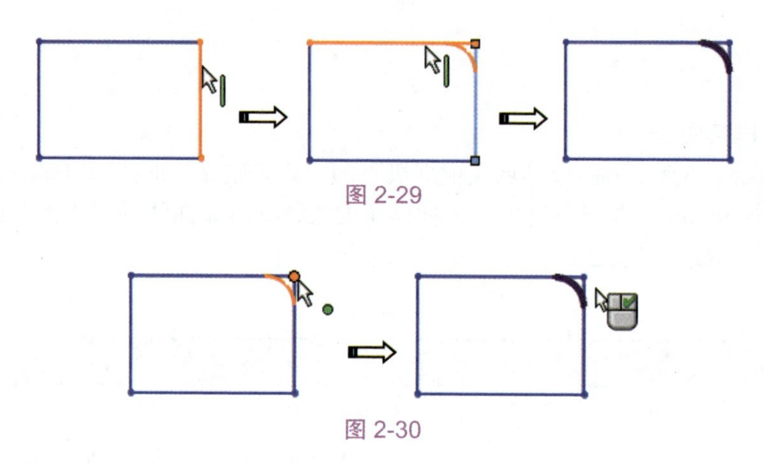

图 2-29

图 2-30

六、倒角

用户可以使用【绘制倒角】工具⌝在草图曲线中绘制倒角。SolidWorks 提供了 3 种倒角参数类型：角度 - 距离、距离 - 距离和相等距离。

- 角度 - 距离：按角度参数和距离参数来定义倒角，如图 2-31（a）所示。
- 距离 - 距离：按距离参数和距离参数来定义倒角，如图 2-31（b）所示。
- 相等距离：按相等的距离来定义倒角，如图 2-31（c）所示。

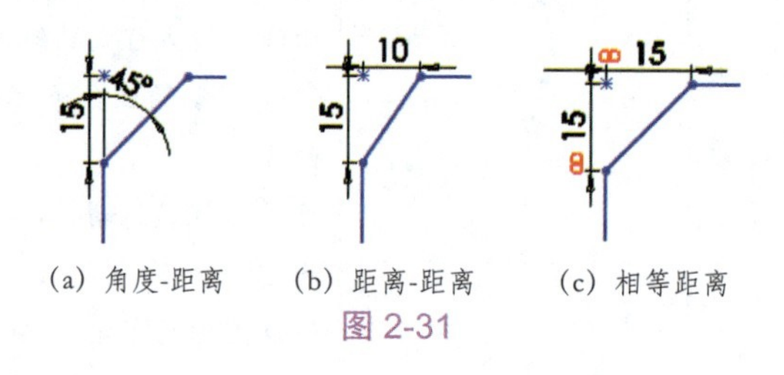

(a) 角度-距离　(b) 距离-距离　(c) 相等距离

图 2-31

2.2 草图修改工具

在 SolidWorks 中，草图修改工具是用来对草图曲线进行剪裁、延伸等修改操作的工具。

2.2.1 剪裁实体

【剪裁实体】工具用于剪裁或延伸草图曲线，此工具提供的多种剪裁类型适用于二维草图和三维草图。

1. 绘制要剪裁的图形。

2. 在【草图】选项卡中单击【剪裁实体】按钮，在属性管理器中显示【剪裁】属性面板，如图 2-32 所示。

3. 属性面板的【选项】选项区中包含 5 种剪裁类型：【强劲剪裁】、【边角】、【在内剪除】、【在外剪除】和【剪裁到最近端】。其中【强劲剪裁】类型较为常用，示例如图 2-33 所示。

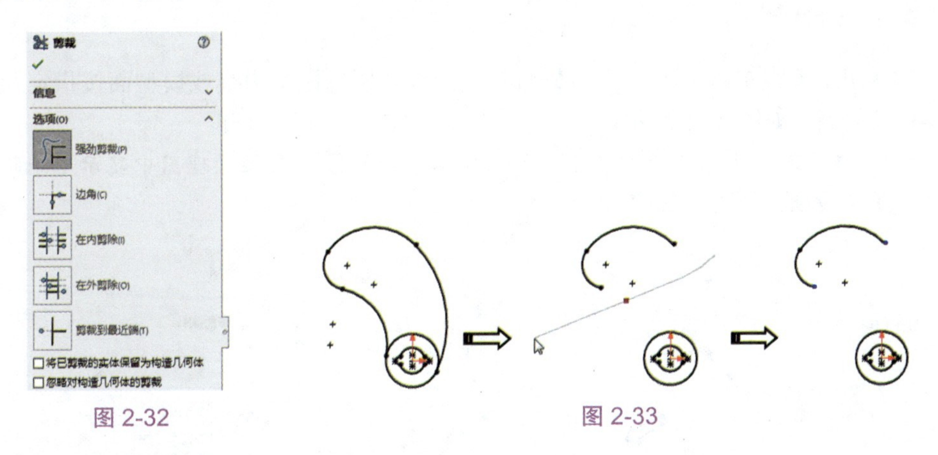

图 2-32　　图 2-33

2.2.2 延伸实体

使用【延伸实体】工具可以增加草图曲线（直线、中心线或圆弧）的长度，使要延伸的草图曲线延伸至与另一草图曲线相交。

1. 利用【直线】工具绘制两条不相交的直线。

2. 在【草图】选项卡中单击【延伸实体】按钮，鼠标指针由变为。

3. 在图形区中将鼠标指针靠近要延伸的曲线，随后将橙显延伸曲线的预览，单击曲线完成延伸操作，如图 2-34 所示。

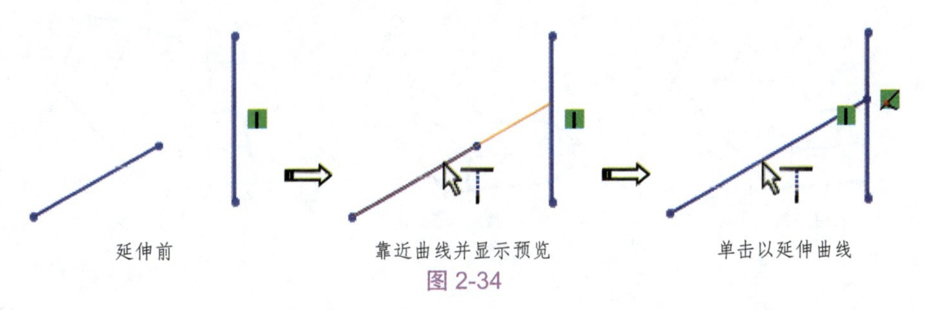

图 2-34

提示：若要将曲线延伸至与多条曲线相交，第一次单击要延伸的曲线可以将其延伸至第 1 相交曲线，再单击可以延伸至第 2 相交曲线。

2.3　草图变换工具

草图变换工具用于对草图图元进行等距偏移、移动、复制、镜像、旋转、缩放、伸展等常规动态操作，其作用是快速绘图并帮助用户提高工作效率。

2.3.1　等距实体

使用【等距实体】工具可以将草图曲线、所选模型边线或模型面按指定距离偏移、复制，如图 2-35 所示。

1. 在【草图】选项卡中单击【等距实体】按钮，属性管理器中显示【等距实体】属性面板，如图 2-36 所示。

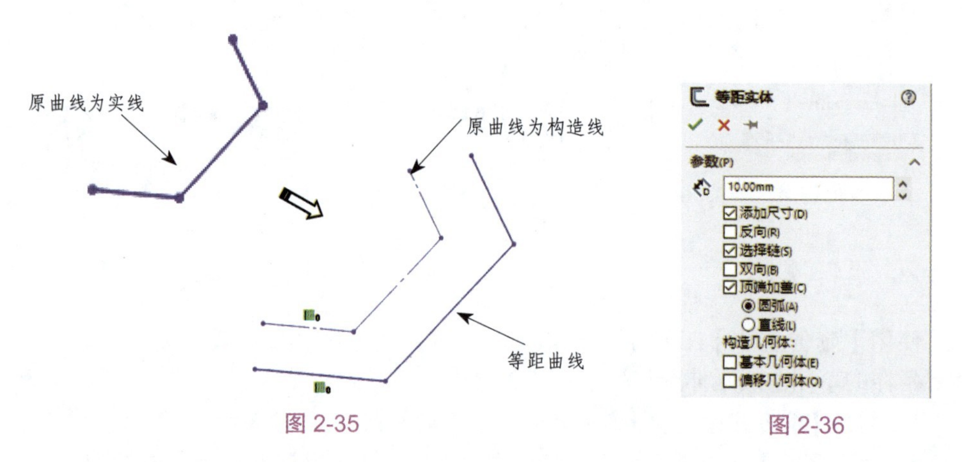

图 2-35　　　　图 2-36

2. 通过等距曲线生成封闭端曲线时，可选择【圆弧】和【直线】两种顶端加盖形式，如图 2-37 所示。

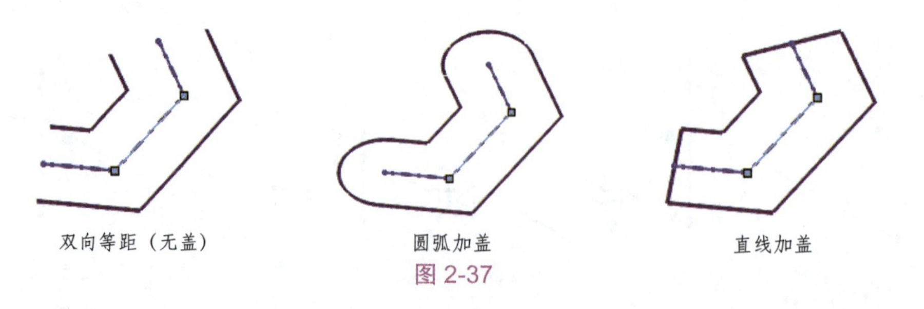

图 2-37

2.3.2 移动实体与复制实体

【移动实体】工具用于对草图曲线在基准面内按指定方向进行平移操作。【复制实体】工具用于对草图曲线在基准面内按指定方向进行平移操作，但会生成对象副本。

1. 在功能区的【草图】选项卡中单击【移动实体】按钮后，属性管理器中显示【移动】属性面板，如图 2-38 所示。

2. 单击【复制实体】按钮，显示【复制】属性面板，如图 2-39 所示。

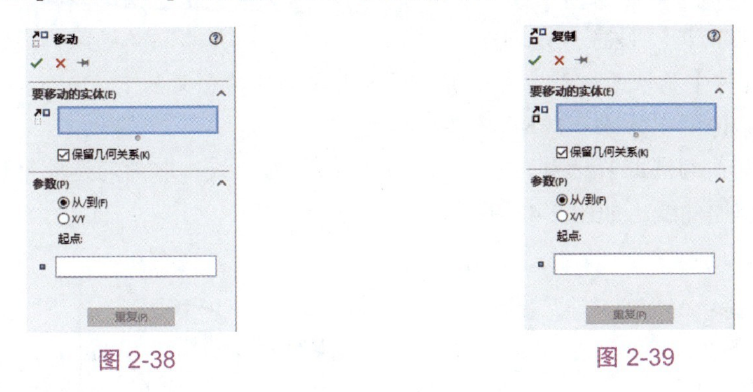

图 2-38　　　　图 2-39

3. 移动实体的过程如图 2-40 所示。

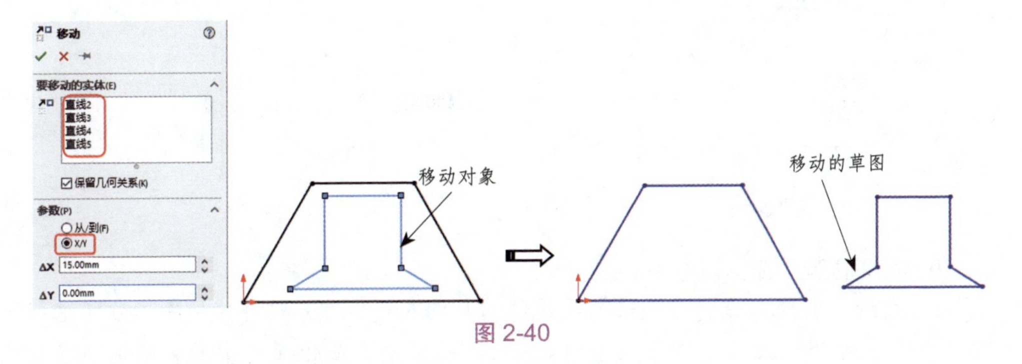

图 2-40

4. 复制实体的过程如图 2-41 所示。

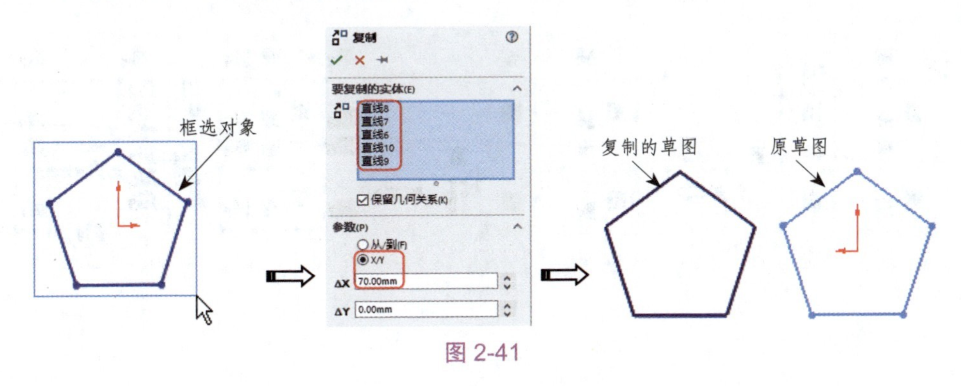

图 2-41

2.3.3　镜像实体

【镜像实体】工具用于以直线、中心线、模型实体边及线性工程图边线作为对称中心来镜像曲线。

> **提示：**软件中将“镜像”误写为“镜向”，本书以“镜像”为准。

1. 在功能区的【草图】选项卡中单击【镜像实体】按钮，属性管理器中显示【镜像】属性面板，如图 2-42 所示。

2. 【镜像】属性面板的【选项】选项区中各选项的含义如下。

- 要镜像的实体：选择要镜像的草图曲线。
- 复制：勾选此复选框，镜像曲线后仍保留原曲线；取消勾选此复选框，将不保留原曲线，如图 2-43 所示。

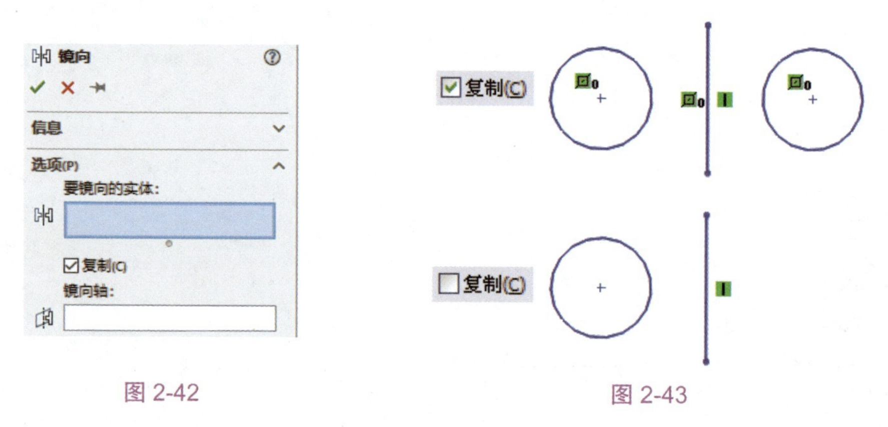

图 2-42　　　　图 2-43

- 镜像轴：选择镜像中心线。

3. 要绘制镜像曲线，需先选择要镜像的草图曲线，然后选择镜像中心线（选择镜像中心线时必须激活【镜像点】列表框），最后单击属性面板中的【确定】按钮完成镜像操作，如图 2-44 所示。

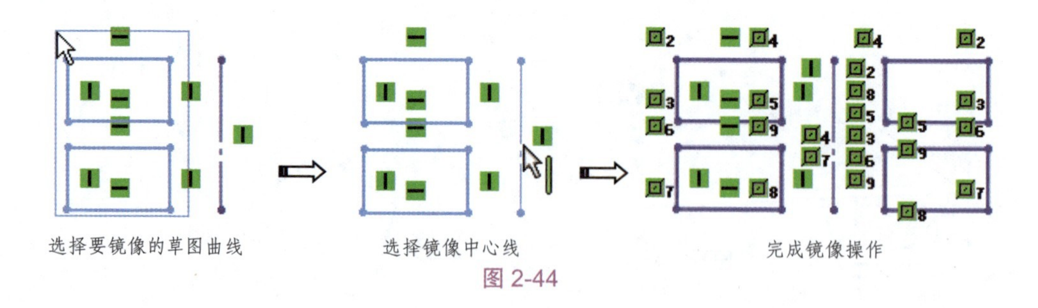

图 2-44

提示：若以工程图边线作为镜像中心线来绘制镜像曲线，则要镜像的草图曲线必须位于工程视图边界中，如图 2-45 所示。

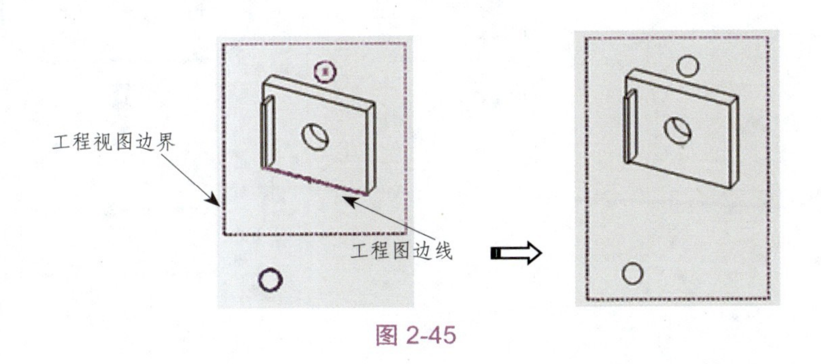

图 2-45

2.3.4 旋转实体

使用【旋转实体】工具可将选择的草图曲线绕旋转中心进行旋转，不生成副本。

1. 在【草图】选项卡中单击【旋转实体】按钮，属性管理器中显示【旋转】属性面板，如图 2-46 所示。

2. 通过【旋转】属性面板，为草图曲线指定旋转中心及旋转角度后，单击【确定】按钮即可完成旋转实体的操作，如图 2-47 所示。

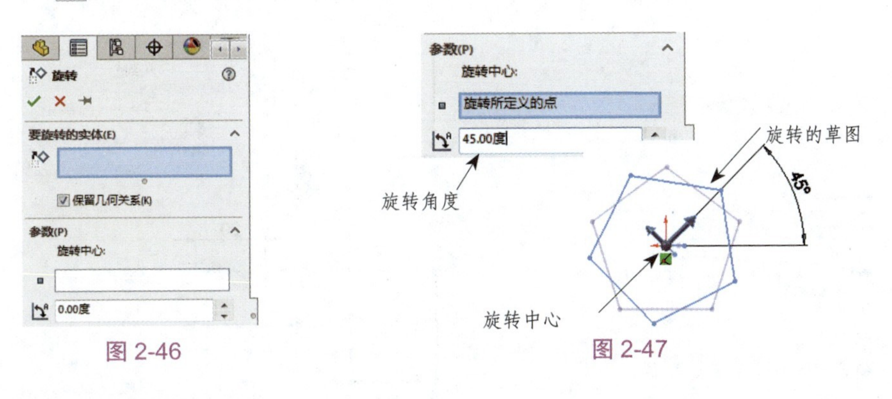

图 2-46　　图 2-47

2.3.5 缩放实体比例

【缩放实体比例】工具用于对草图曲线按设定的比例进行缩小或放大。通过【缩放实体比例】工具可以生成对象的副本。

1. 在【草图】选项卡中单击【缩放实体比例】按钮，属性管理器中显示【比例】属性面板，如图 2-48 所示。

2. 通过【比例】属性面板，选择缩放对象，并指定缩放基点，再设定比例，即可对缩放对象进行缩放，如图 2-49 所示。

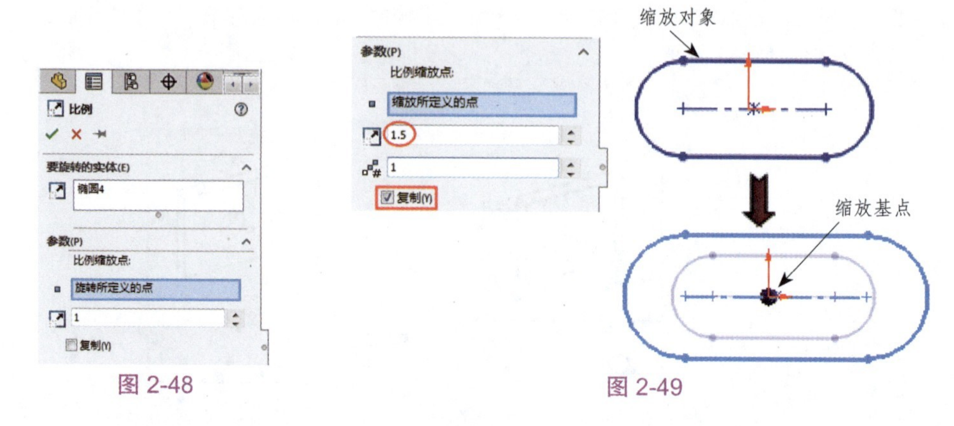

图 2-48　　图 2-49

2.3.6　伸展实体

【伸展实体】工具用于对草图中选定的部分曲线按指定的距离进行延伸，使整个草图被伸展。

1. 在【草图】选项卡中单击【伸展实体】按钮，属性管理器中显示【伸展】属性面板，如图 2-50 所示。

2. 通过【伸展】属性面板，在图形区选择伸展对象，并设定伸展距离，即可伸展选定的对象，如图 2-51 所示。

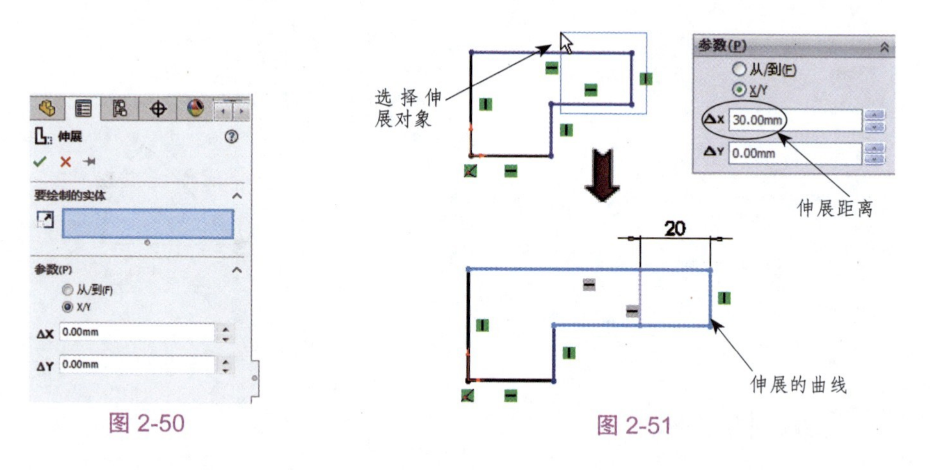

图 2-50　　图 2-51

2.3.7　草图阵列工具

草图的阵列是草图复制的过程，阵列的方式包括圆周草图阵列和线性草图阵列。通过草图阵列可以在圆形或矩形阵列上创建多个副本。

1. 在功能区的【草图】选项卡中单击【线性草图阵列】按钮，属性管理器中将显示【线性阵列】属性面板，如图 2-52 所示。

2. 单击【圆周草图阵列】按钮，鼠标指针由变为，属性管理器中将显示【圆周阵列】属性面板，如图 2-53 所示。

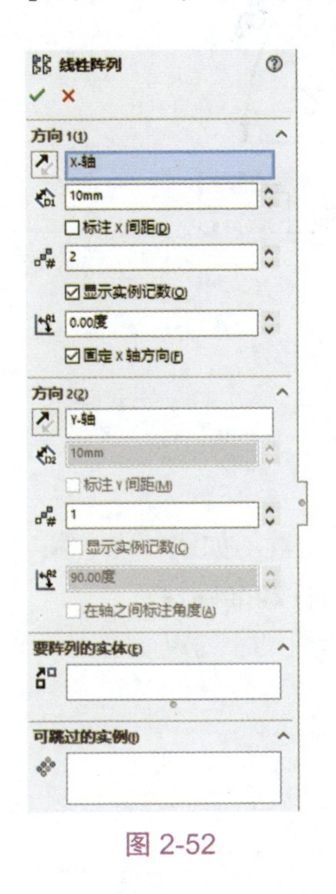

图 2-52

图 2-53

3. 使用【线性草图阵列】工具进行线性阵列的操作如图 2-54 所示。

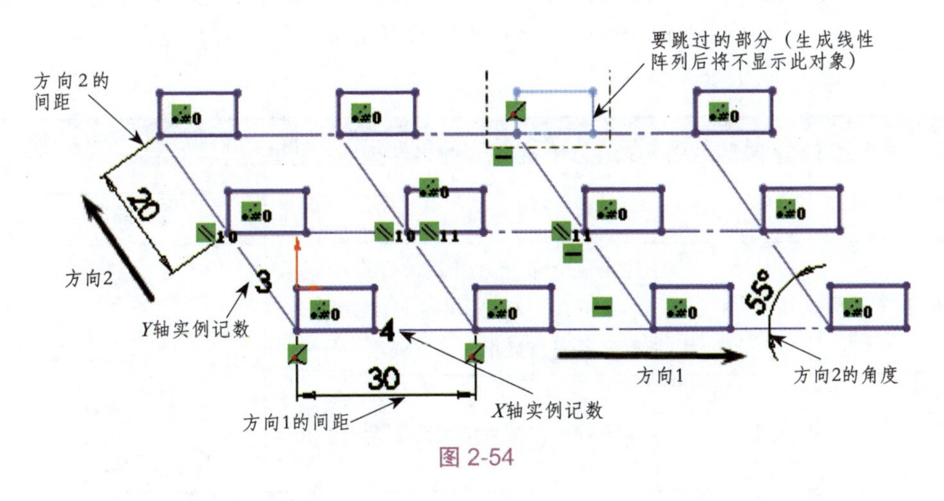

图 2-54

4. 使用【圆周草图阵列】工具进行圆周阵列的操作如图 2-55 所示。

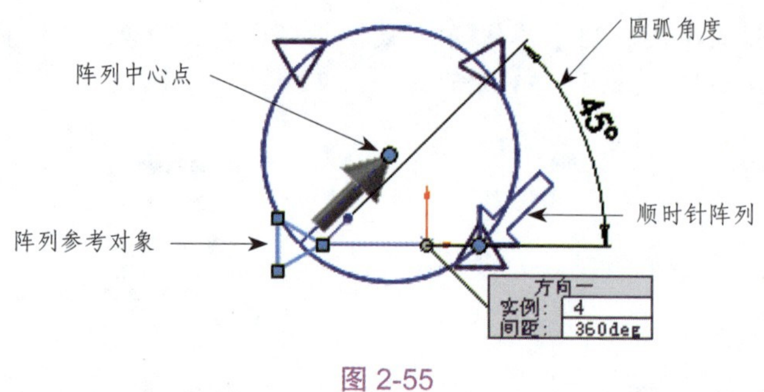

图 2-55

2.4 草图约束

草图约束是 SolidWorks 中用于控制和限制草图元素（如线、点、圆、弧等）相对位置和行为的规则，可确保草图在设计中保持一致性和准确性。

SolidWorks 中的草图约束包括草图几何关系和草图尺寸约束。

2.4.1 草图几何关系

草图几何关系是草图图元之间或草图与基准面、基准轴、边线、顶点之间存在的位置几何关系，可以自动或手动添加几何关系。

一、几何关系类型

几何关系其实是草图捕捉的一种特殊方式。几何关系类型包括推理类型和添加类型。表 2-3 列出了 SolidWorks 草图环境中的所有几何关系。

表 2-3

几何关系	类型	说明	图解
水平	推理	绘制水平线	
垂直	推理	按垂直于第一条直线的方向绘制第二条直线。草图工具处于激活状态，因此草图捕捉中点在直线上	
平行	推理	按平行几何关系绘制两条直线	
水平和相切	推理	添加切线弧到水平线	

续表

几何关系	类型	说明	图解
水平和重合	推理	绘制第二个圆。草图工具处于激活状态，因此草图捕捉的象限在第二个圆上	
竖直、水平、相交和相切	推理和添加	按中心推理到草图原点并绘制圆（竖直），水平线与圆的象限相交，添加相切几何关系	
水平、竖直和相等	推理和添加	推理水平和竖直几何关系，添加相等几何关系	
同心	添加	添加同心几何关系	

二、添加几何关系

在用户绘制草图的过程中，SolidWorks 会自动添加推理类型的几何关系，而添加类型的几何关系则需要用户手动添加。

1. 在【草图】选项卡中单击【添加几何关系】按钮上，属性管理器中将显示【添加几何关系】属性面板，如图 2-56 所示。

2. 在选择要添加几何关系的草图曲线后，【添加几何关系】选项区将显示几何关系选项，如图 2-57 所示。

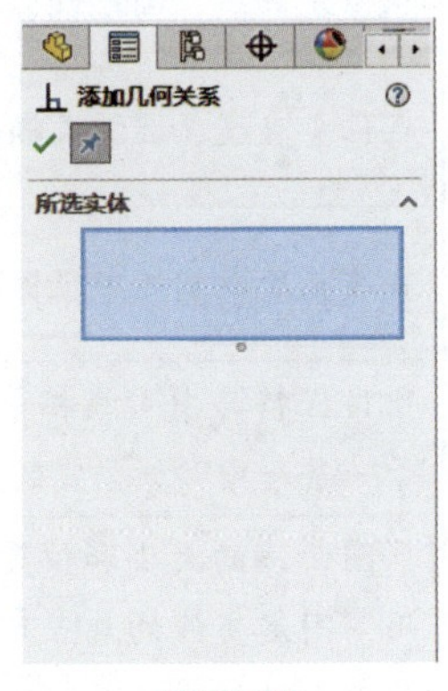

图 2-56

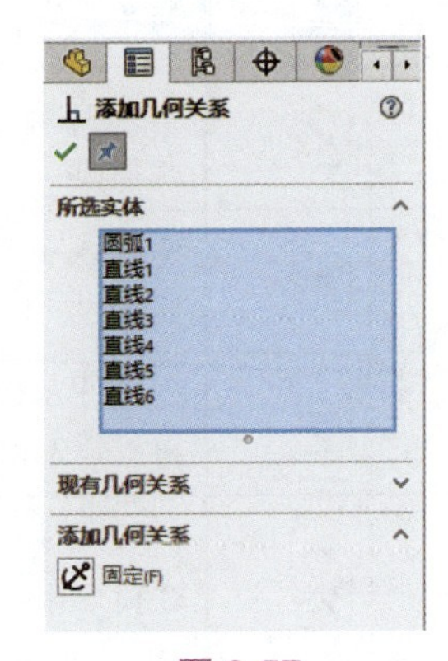

图 2-57

3. 根据所选的草图曲线不同,【添加几何关系】选项区中的几何关系选项也不同。表 2-4 所示为用户可为几何关系选择的草图曲线以及所产生的几何关系的特点。

表 2-4

几何关系	图标	可选择的草图曲线	所产生的几何关系的特点
水平或竖直		一条或多条直线、两个或多个点	直线水平或竖直（由当前草图的空间定义），而点水平或竖直对齐
共线		两条或多条直线	项目位于同一条无限长的直线上
全等		两个或多个圆弧	项目共用相同的圆心和半径
垂直		两条直线	两条直线相互垂直
平行		两条或多条直线、三维草图中一条直线和一个基准面	项目相互平行，直线平行于所选基准面
沿 X		三维草图中一条直线和一个基准面（或平面）	直线相对于所选基准面与 YZ 基准面平行
沿 Y		三维草图中一条直线和一个基准面（或平面）	直线相对于所选基准面与 ZX 基准面平行
沿 Z		三维草图中一条直线和一个基准面（或平面）	直线与所选基准面正交
相切		一个圆弧、椭圆或一条样条曲线，以及一条直线或一个圆弧	两个项目保持相切
同轴心		两个或多个圆弧、一个点和一个圆弧	圆弧共用同一圆心
中点		两条直线或一个点和一条线段	点位于线段的中点
交叉		两条直线和一个点	点位于直线、圆弧或椭圆上
重合		一个点和一条直线、一个圆弧或椭圆	点位于直线、圆弧或椭圆上
相等		两条或多条直线、两个或多个圆弧	直线长度或圆弧半径保持相等
对称		一条中心线和两个点、一条直线、一个圆弧或椭圆	项目保持与中心线相等距离，并位于一条与中心线垂直的直线上
固定		任何实体	草图曲线的大小和位置被固定。然而，固定直线的端点可以自由地沿其下无限长的直线移动

> **提示：**在表 2-4 中，三维草图中的整体轴的几何关系称为【沿 X】、【沿 Y】和【沿 Z】，而在二维草图中则称为【水平】、【竖直】和【法向】。

4. 用户可以使用【显示 / 删除几何关系】工具将草图中的几何关系保留或者删除。在功能区的【草图】选项卡中单击【显示 / 删除几何关系】按钮，属性管理器中将显示【显示 / 删除几何关系】属性面板，如图 2-58 所示。该属性面板中的【实体】选项区如图 2-59 所示。

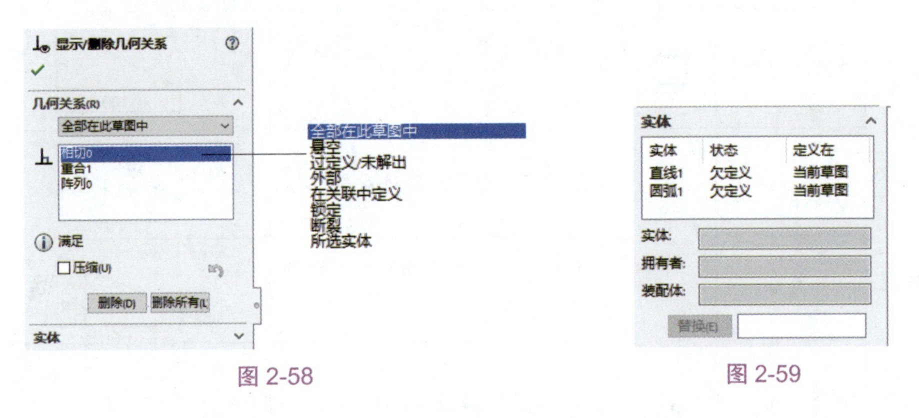

图 2-58　　　　图 2-59

2.4.2 草图尺寸约束

尺寸约束就是创建草图的尺寸标注，可使草图满足设计者的要求并让草图固定。SolidWorks 的【草图】选项卡中包含 6 种尺寸约束类型，如图 2-60 所示。

图 2-60

一、尺寸约束类型

SolidWorks 向用户提供了 6 种尺寸约束类型：智能尺寸、水平尺寸、竖直尺寸、尺寸链、水平尺寸链和竖直尺寸链。

在 6 种尺寸约束类型中，智能尺寸是指 SolidWorks 自动判断选择对象并进行对应的尺寸标注。智能尺寸的优点是标注灵活，由一个对象可标注多种尺寸约束，如平行尺寸、角度尺寸、直径尺寸、半径尺寸、弧长尺寸等。智能尺寸也可用来标注水平尺寸和竖直尺寸。

尺寸链用于快速标注多个连续尺寸，特别适用于需要标注一系列线性排列的特征（如孔、边线或中心线）的场景。通过尺寸链标注，用户可以高效地创建关联性尺寸，确保设计的准确性和可编辑性。尺寸链可以标注出平行尺寸链、水平尺寸链和竖直尺寸链。

表 2-5 中列出了 SolidWorks 的所有尺寸约束类型。

表 2-5

尺寸约束类型		图标	说明	图解
智能尺寸	竖直尺寸		标注的尺寸总是与坐标系的 Y 轴平行	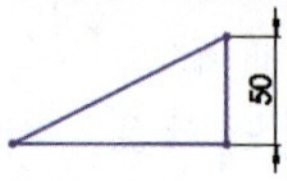
	水平尺寸		标注的尺寸总是与坐标系的 X 轴平行	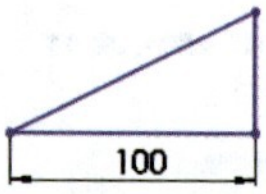
	平行尺寸		标注的尺寸总是与所选对象平行	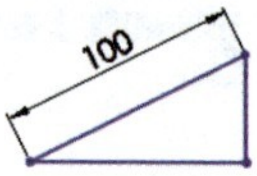
	角度尺寸		指定以线性尺寸（非径向）标注直径，且与坐标轴平行	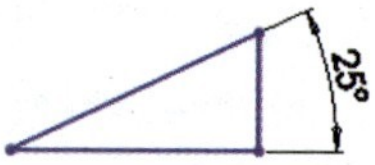
	直径尺寸		标注圆或圆弧的直径	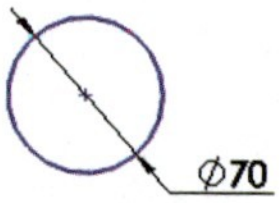
	半径尺寸		标注圆或圆弧的半径	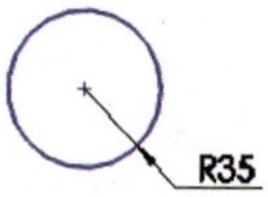
	弧长尺寸		标注圆弧的弧长。标注方法是先选择圆弧，然后依次选择圆弧的两个端点	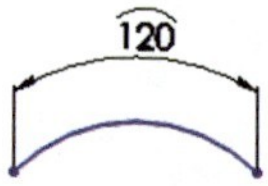
尺寸链	平行尺寸链		平行标注的尺寸链组	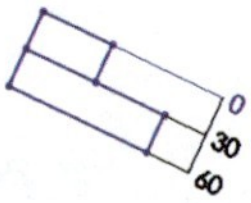
	水平尺寸链		水平标注的尺寸链组	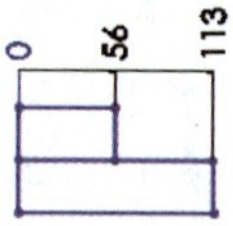
	竖直尺寸链		竖直标注的尺寸链组	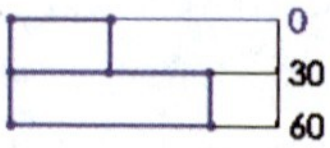

二、尺寸修改

当尺寸不符合设计要求时，就需要进行修改。尺寸可以通过【尺寸】属性面板修改，也可以通过【修改】对话框来修改。

1. 在草图中双击标注的尺寸，SolidWorks 将弹出【修改】对话框，如图 2-61 所示。

2. 要修改尺寸，可以输入数值；可以单击微调按钮；可以单击微型旋轮；可以在图形区滚动鼠标滚轮。

3. 默认情况下，除直接输入尺寸的数值外，其他几种修改方法都是以 10 为增量增大或减小尺寸的数值。用户可以单击【重设增量值】按钮±?，在弹出的【增量】对话框中自定义尺寸增量，如图 2-62 所示。

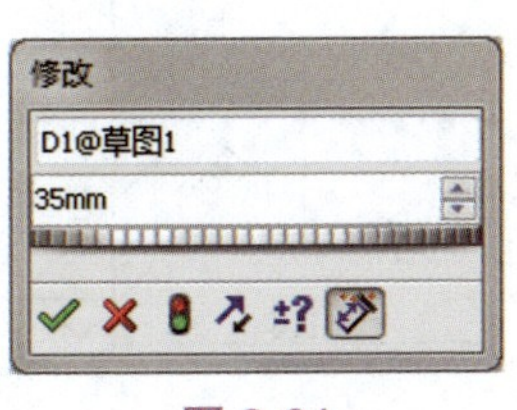

图 2-61

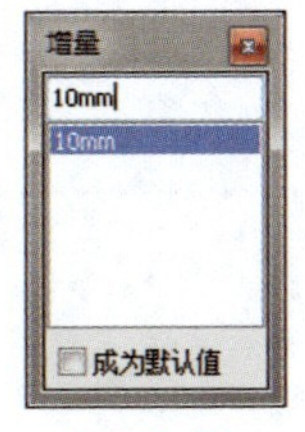

图 2-62

4. 修改增量后，勾选【增量】对话框中的【成为默认值】复选框，新设定的增量就成为以后的默认增量。

2.5 草图综合案例

本节将用两个草图绘制案例介绍如何运用草图约束、绘制工具和绘图技巧。

2.5.1 案例一：绘制转轮架草图

转轮架草图的绘制方法与手柄支架草图的绘制方法是完全相同的。绘制草图时，初学者可能不知道该从何处着手，感觉在任何位置都可以操作，其实草图绘制与特征建模相似，都需要从确立基准开始。

本案例的转轮架草图如图 2-63 所示。

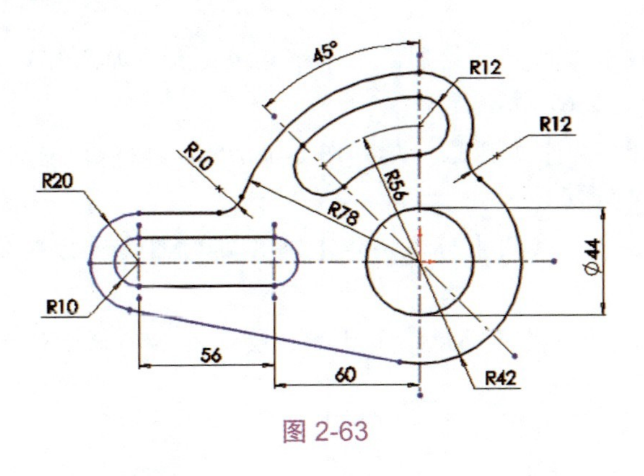

图 2-63

1. 新建 SolidWorks 零件文件。

2. 在【草图】选项卡中单击【草图绘制】按钮，再选择前视基准面作为草图平面，进入草图环境。

3. 使用【中心线】工具，在图形区中绘制草图的中心线，如图 2-64 所示。

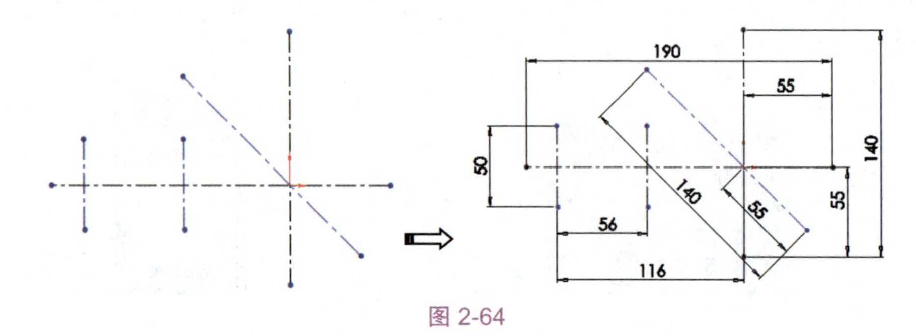

图 2-64

4. 绘制中心线后将其全部固定。使用【圆】工具，绘制图 2-65 所示的圆。

5. 使用【圆心 / 起 / 终点画弧】工具，绘制图 2-66 所示的圆弧。

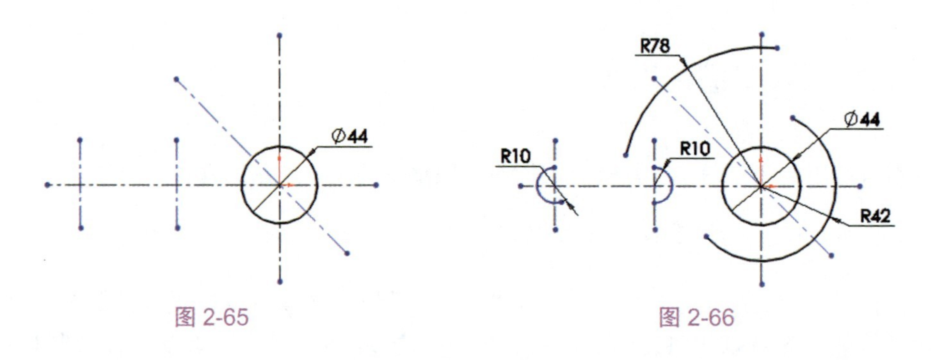

图 2-65　　图 2-66

> **提示：** 使用【圆心 / 起 / 终点画弧】工具来绘制圆弧，步骤是首先在图形区确定圆弧的起点，然后输入圆弧半径，最后画弧。

6. 使用【直线】工具，绘制两条水平直线，且添加几何关系使水平直线与相接的圆弧相切，如图 2-67 所示。

7. 使用【等距实体】工具，选择图 2-68 所示的圆弧，分别绘制出偏距为 10、22 和 34 且反向的等距实体。

8. 为了便于操作，使用【剪裁实体】工具对图形进行部分修剪，如图 2-69 所示。

9. 使用【圆心 / 起 / 终点画弧】工具，绘制图 2-70 所示的圆弧。

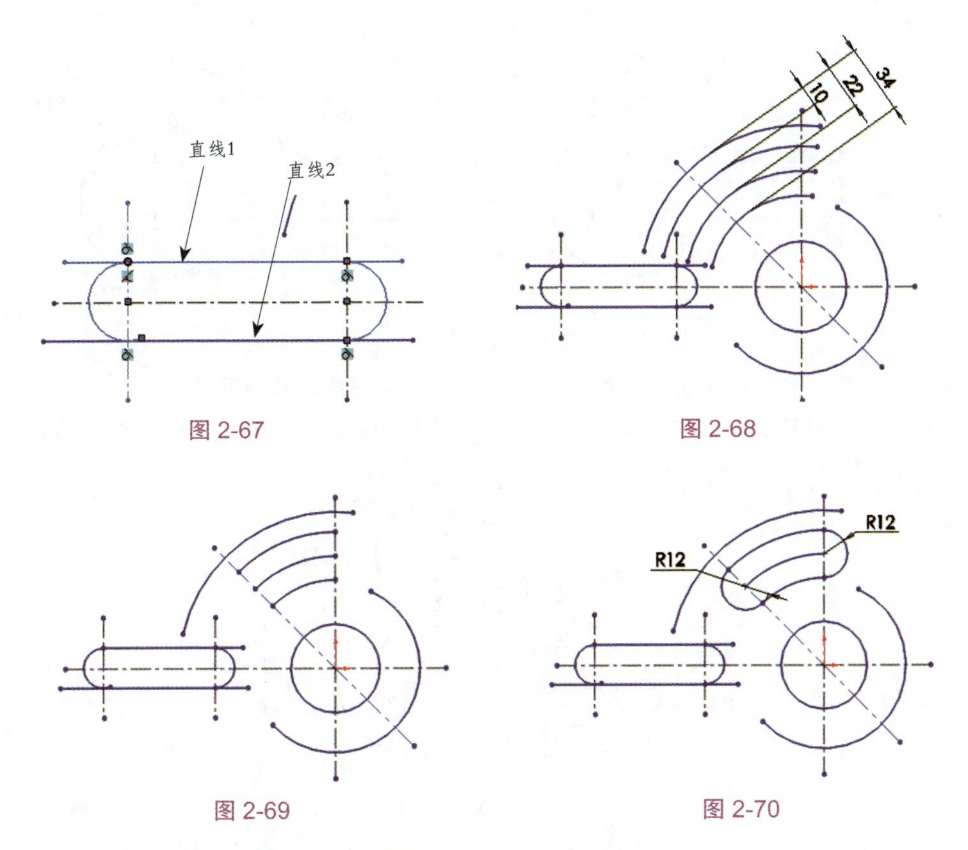

图 2-67　　图 2-68

图 2-69　　图 2-70

10. 使用【等距实体】工具，在草图中绘制等距实体，如图 2-71 所示。

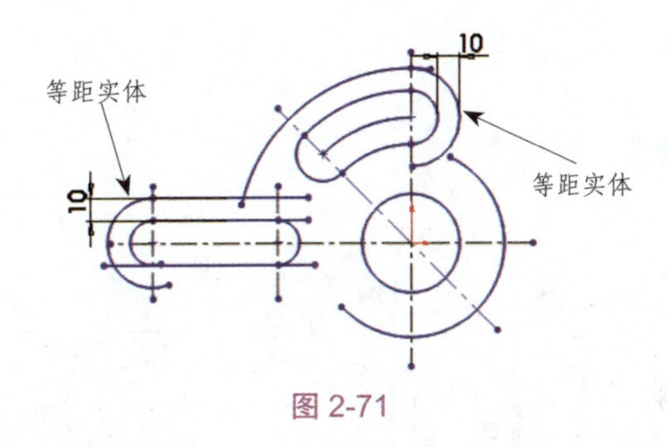

图 2-71

11. 使用【直线】工具，绘制一条斜线。添加几何关系使该斜线与相邻圆弧相切，如图 2-72 所示。

12. 使用【圆角】工具，在草图中分别绘制半径为 12 和 10 的两个圆弧，如图 2-73 所示。

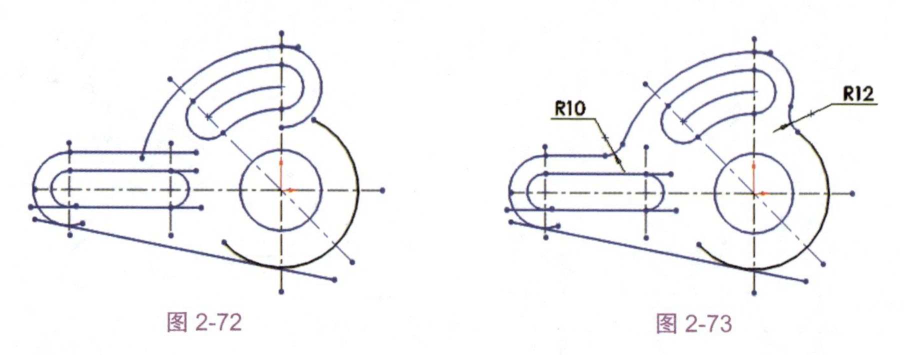

图 2-72　　　　图 2-73

13. 使用【剪裁实体】工具，对草图中的多余图线进行修剪。
14. 为绘制的草图添加尺寸约束，如图 2-74 所示。至此，转轮架草图绘制完成。

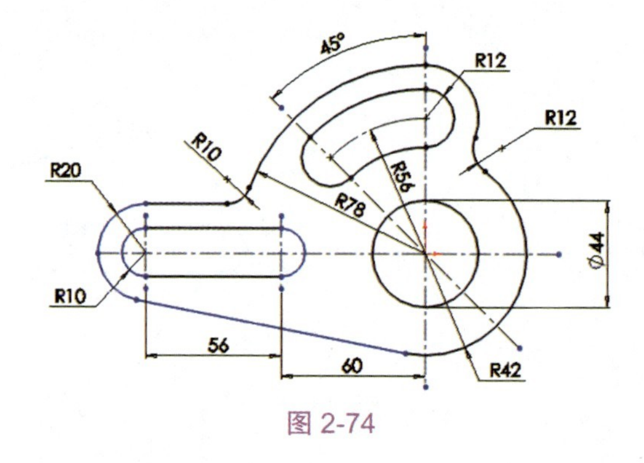

图 2-74

15. 单击【保存】按钮，将结果保存。

2.5.2 案例二：绘制手柄支架草图

手柄支架草图如图 2-75 所示。

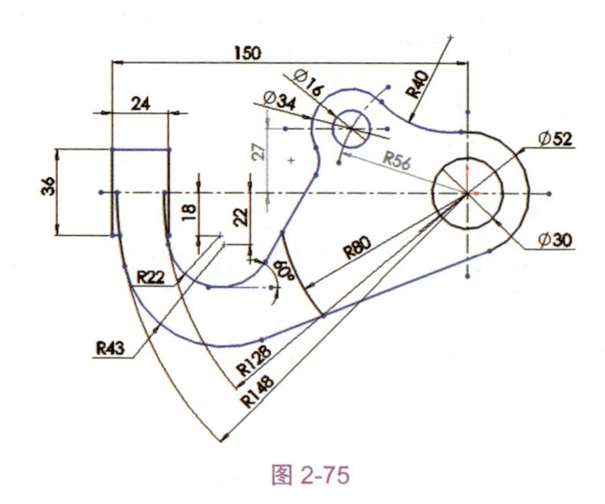

图 2-75

1. 新建 SolidWorks 零件文件。

2. 在【草图】选项卡中单击【草图绘制】按钮，再选择前视基准面作为草图平面，进入草图环境。

3. 使用【中心线】工具，在图形区中绘制图 2-76 所示的基准中心线。

4. 使用【圆心 / 起 / 终点画弧】工具，在图形区中绘制半径为 56 的圆弧，并将此圆弧作为构造线，如图 2-77 所示。

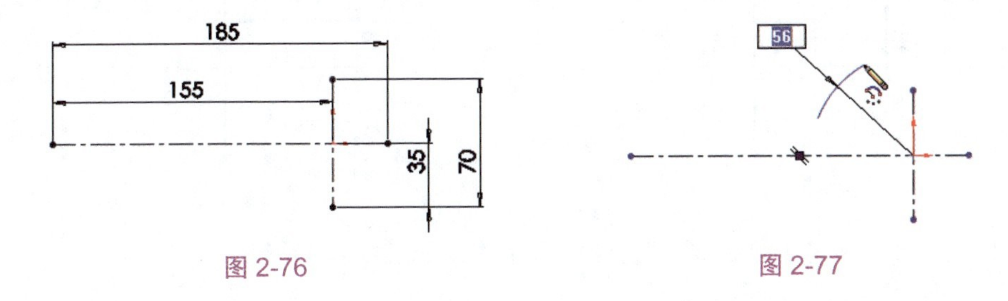

图 2-76　　图 2-77

> **提示：**将圆弧作为构造线是因为圆弧是作为定位线而存在的。

5. 使用【直线】工具，绘制一条与圆弧相交的构造线，如图 2-78 所示。

6. 使用【圆】工具，在图形区中绘制 4 个直径分别为 52、30、34、16 的圆，如图 2-79 所示。

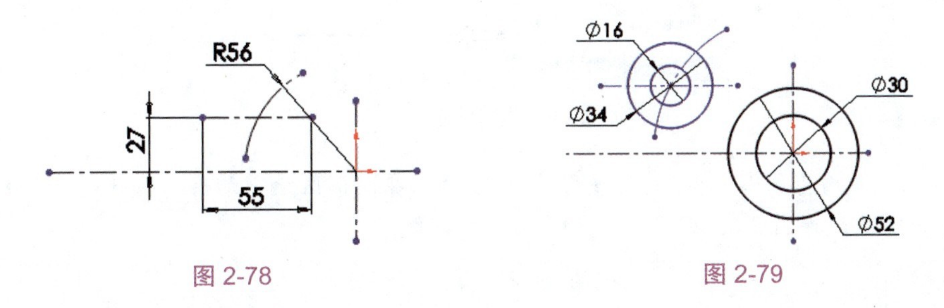

图 2-78　　图 2-79

7. 使用【等距实体】工具，选择竖直中心线作为等距参考，绘制两条偏距分别为 150 和 126 的等距实体，如图 2-80 所示。

8. 使用【直线】工具，绘制图 2-81 所示的水平直线。

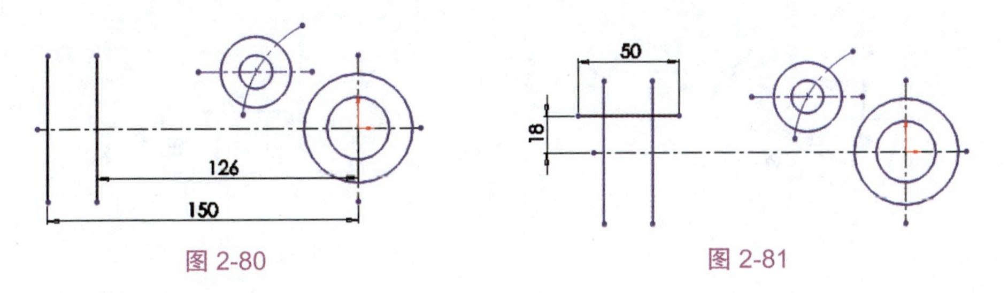

图 2-80　　图 2-81

9. 在【草图】选项卡中单击【镜像实体】按钮，属性管理器中显示【镜像】属性面板。按提示信息在图形区选择镜像对象，如图 2-82 所示。

10. 勾选【复制】复选框，并激活【镜像轴】选择框，然后在图形区选择水平中心线作为镜像中心，如图 2-83 所示。

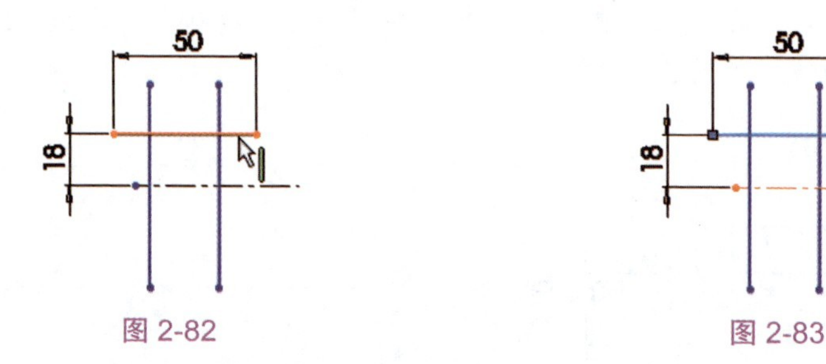

图 2-82　　　　图 2-83

11. 单击【确定】按钮，完成镜像操作，如图 2-84 所示。

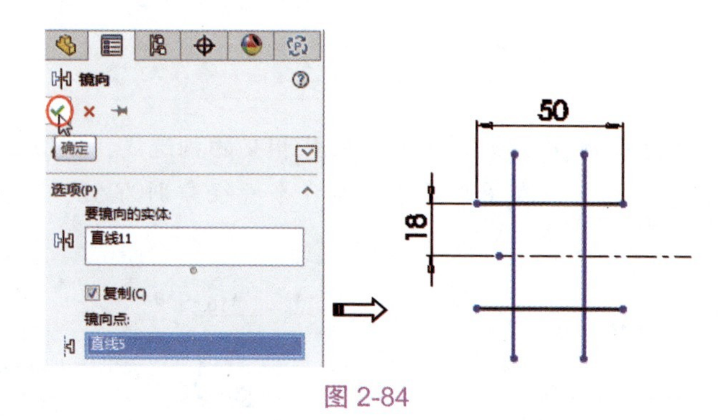

图 2-84

12. 使用【圆心 / 起 / 终点画弧】工具，在图形区绘制两条半径分别为 148 和 128 的圆弧，如图 2-85 所示。

> **提示：**如果绘制的圆弧不是希望的圆弧，而是圆弧的补弧，那么在确定圆弧的终点时可以顺时针或逆时针地调整所需要的圆弧。

13. 使用【直线】工具，绘制两条水平短直线，如图 2-86 所示。

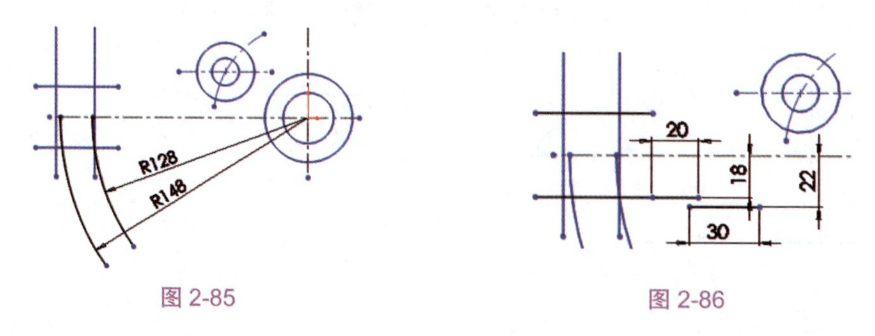

图 2-85　　　　图 2-86

14. 使用【添加几何关系】工具，将前面绘制的所有曲线固定。

15. 使用【圆心 / 起 / 终点画弧】工具，在图形区中绘制半径为 22 的圆弧，如图 2-87 所示。

16. 使用【添加几何关系】工具，选择图 2-88 所示的两段圆弧并将其几何关系设置为【相切】。

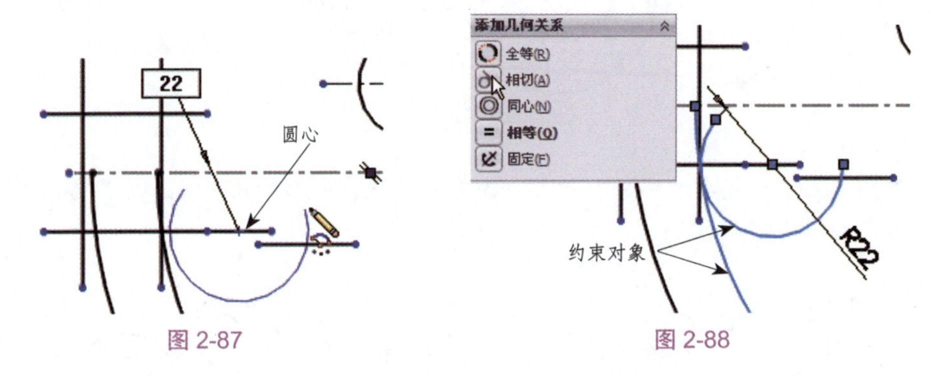

图 2-87　　图 2-88

17. 绘制半径为 43 的圆弧，并添加几何关系使其与另一圆弧相切，如图 2-89 所示。

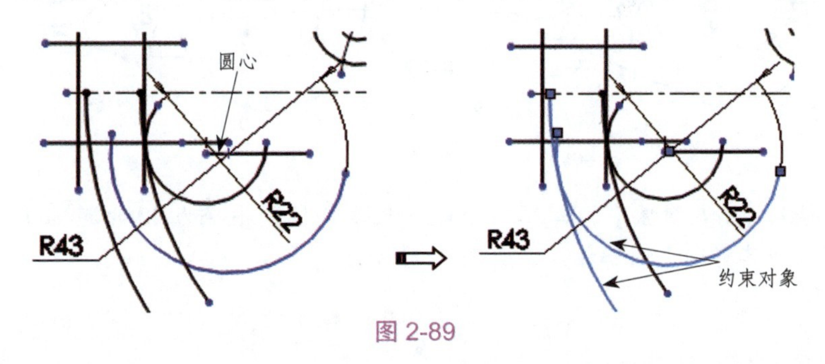

图 2-89

18. 使用【直线】工具，绘制一条直线，使该直线与半径为 22 的圆弧相切，并与水平中心线平行，如图 2-90 所示。

19. 使用【直线】工具，绘制一条直线，使该直线与在步骤 18 中绘制的直线的夹角呈 60° ，并添加几何关系使其相切于半径为 22 的圆弧，如图 2-91 所示。

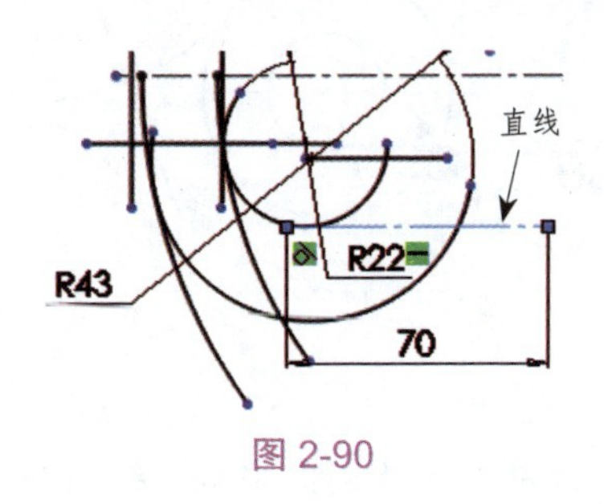

图 2-90

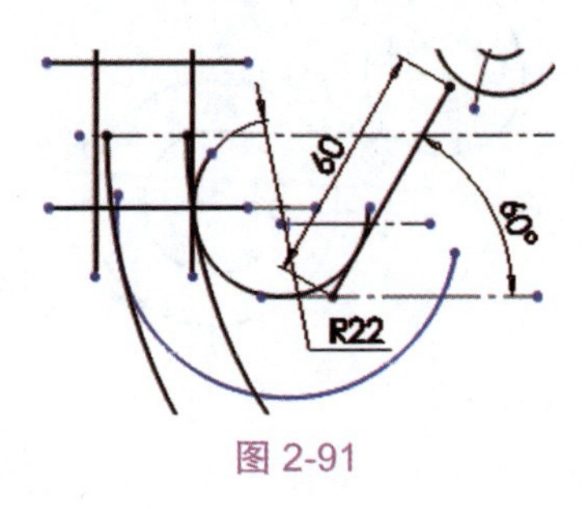

图 2-91

20. 使用【剪裁实体】工具，对图形进行处理，结果如图 2-92 所示。

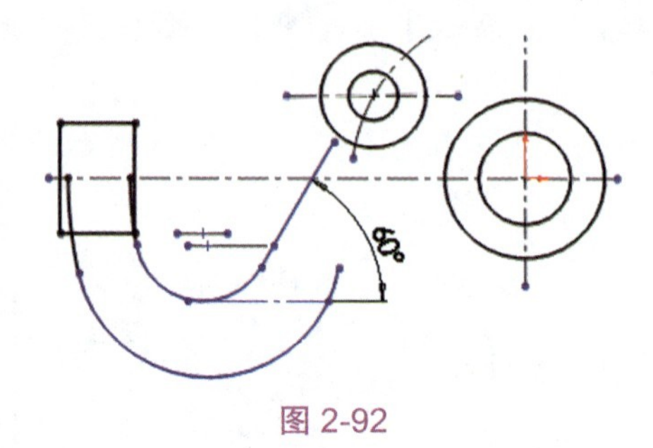

图 2-92

21. 使用【直线】工具，绘制一条角度直线，并添加几何关系使其与圆弧和圆相切，如图 2-93 所示。

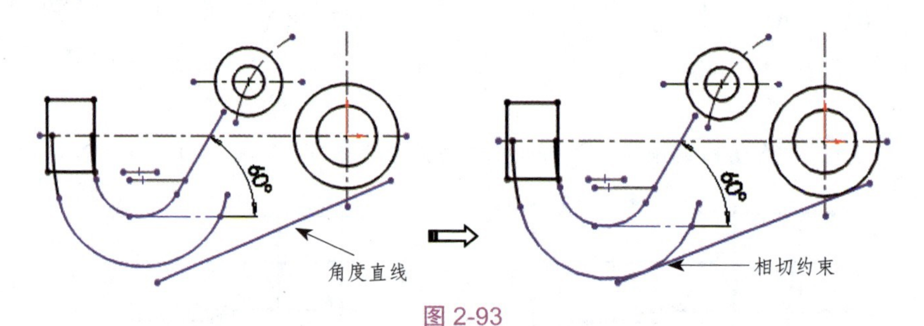

图 2-93

22. 使用【3 点圆弧】工具，在两个圆之间绘制半径为 40 的连接圆弧，并添加几何关系使其与两个圆都相切，如图 2-94 所示。

> **提示**：在绘制圆弧时，圆弧的起点与终点不要与其他曲线的顶点、交叉点或中点重合，否则无法添加新的几何关系。

23. 在图形区另一位置绘制半径为 12 的圆弧，添加几何关系使其与角度直线和圆都相切，如图 2-95 所示。

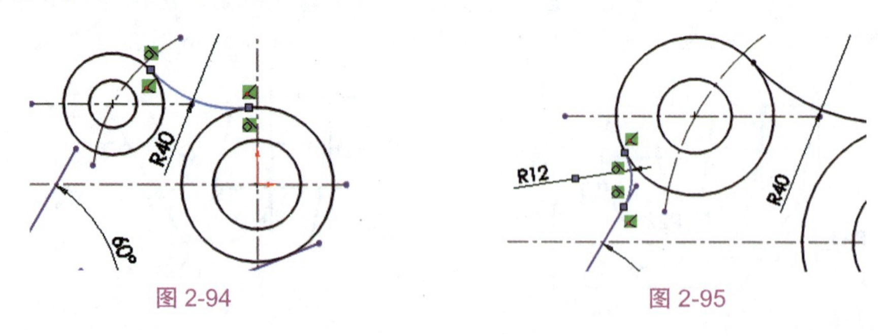

图 2-94　　图 2-95

24. 使用【3 点圆弧】工具，以基准中心线的交点为圆弧中心，绘制半径为

80 的圆弧，如图 2-96 所示。

25. 使用【剪裁实体】工具，将草图中多余的曲线全部修剪掉，结果如图 2-97 所示。

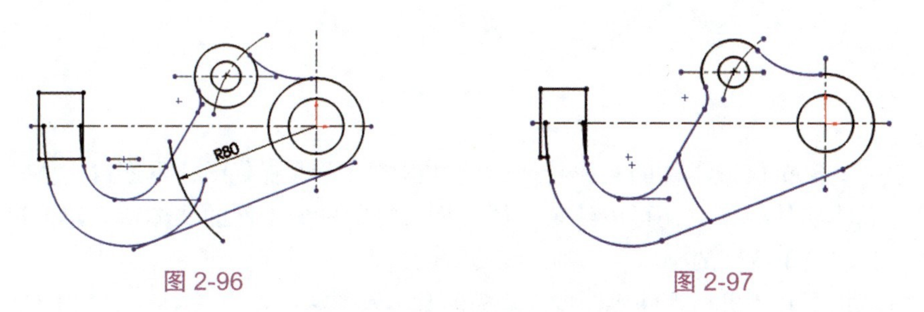

图 2-96　　图 2-97

26. 使用【显示 / 删除几何关系】工具，删除除中心线外其余草图曲线的几何关系。然后对草图进行尺寸标注，结果如图 2-98 所示。

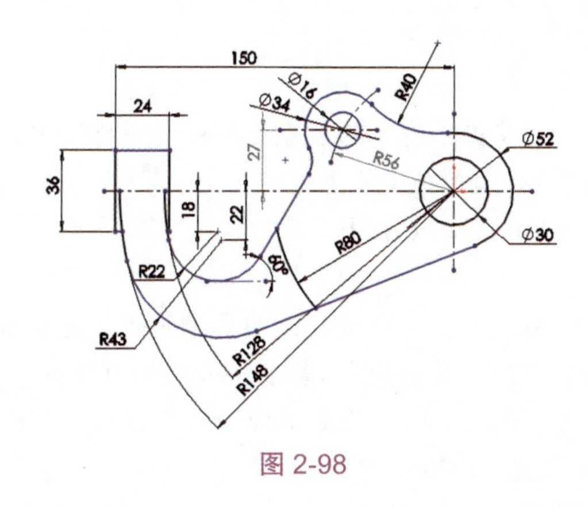

图 2-98

27. 至此，手柄支架草图已绘制完成。单击【保存】按钮，将草图保存。

第 3 章 实体特征建模

在一些简单机械零件的实体特征建模过程中，先绘制草图，再通过实体特征工具建立基本实体模型，还可以编辑实体特征。复杂机械零件的实体特征建模过程实质上是许多简单特征的叠加、切割或相交等的过程。

本章主要介绍机械零件实体特征建模的基本操作。

3.1 特征建模基础

特征是由点、线、面或实体构成的独立几何体。零件模型是由各种形状特征组合而成的，零件模型的设计是特征的叠加过程。

SolidWorks 中的特征大致可以分为以下 4 类。

一、基准特征

基准特征起辅助作用，为基体特征的创建和编辑提供定位和定形参考。基准特征在 SolidWorks 中称为“参考几何体”。基准特征包括基准面、基准轴、基准曲线、基准坐标系、基准点等。图 3-1 所示为 SolidWorks 中的 3 个默认的基准面——前视基准面、右视基准面和上视基准面。

二、基体特征

基体特征是基于草图而建立的特征，是零件模型的重要组成部分，也称父特征。基体特征用作构建零件模型的第一个特征。通常要求先草绘出基体特征的一个或多个截面，然后根据某种扫掠形式进行扫掠，从而生成基体特征。

常见的基体特征包括拉伸特征、旋转特征、扫描特征、放样特征和边界特征，图 3-2 所示为使用【拉伸凸台 / 基体】命令创建的拉伸特征。

三、工程特征

工程特征也称细节特征、构造特征或子特征，是对基体特征进行局部细化操作的结果。工程特征是 SolidWorks 提供或自定义的模板特征，其几何形状是确定的，构建时只需要提供工程特征的位置和尺寸即可。常见的工程特征包括斜角特征、圆角特征、孔特征、抽壳特征等，如图 3-3 所示。

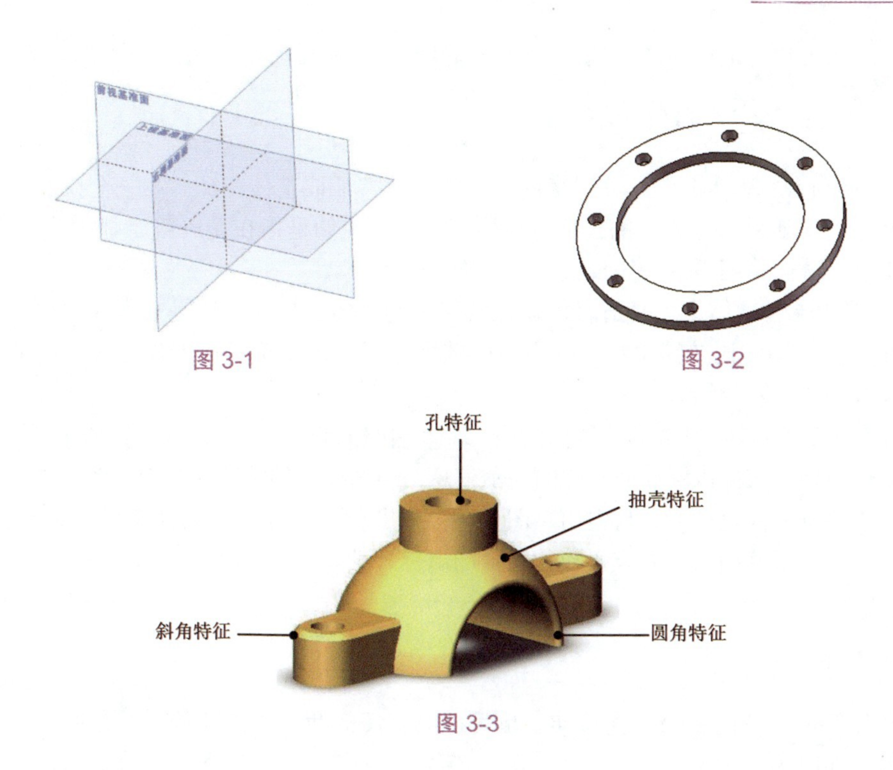

图 3-1

图 3-2

图 3-3

四、曲面特征

曲面特征是用来构建产品外形和表面的片体特征。曲面特征建模是与实体特征建模完全不同的建模方式。实体特征建模以实体特征进行布尔运算得到模型，实体模型是有质量的。而曲面特征建模通过构建无数块曲面再进行消减、缝合后，得到产品外形的模型，曲面模型是空心的，没有质量。图 3-4 所示为由多种曲面特征构建的曲面模型。

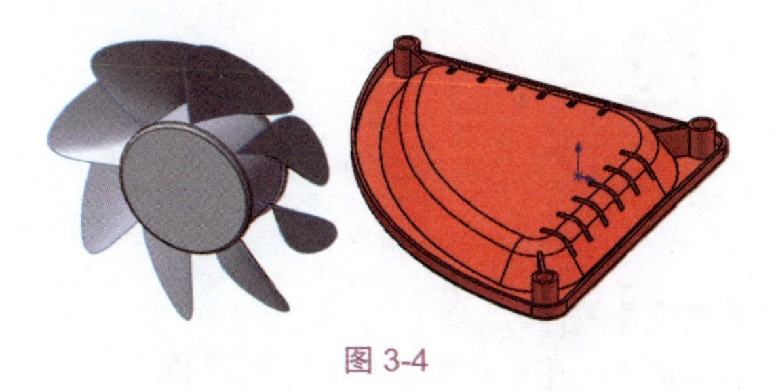

图 3-4

3.2 创建基体特征

基体特征分为加材料特征和减材料特征。本节主要介绍加材料特征的创建，减材料特征的工具与加材料特征的工具用法相同，只是操作结果不同。

3.2.1　拉伸凸台 / 基体特征

【拉伸凸台 / 基体】工具可用来创建拉伸凸台特征或基体特征。第一个拉伸特征称为基体，而随后依序创建的拉伸特征属于凸台。拉伸是指在完成截面草图设计后，沿着垂直于截面草图平面的正反方向进行推拉。

【拉伸凸台 / 基体】工具适合创建比较规则的实体。拉伸特征是基本和常用的特征，而且拉伸操作比较简单，工程实践中的多数零件模型都可以看作是多个拉伸特征相互叠加或切除的结果。

在【特征】选项卡中单击【拉伸凸台 / 基体】按钮，弹出图 3-5 左图所示的【拉伸】属性面板，根据该属性面板中的提示信息，须选择拉伸特征的截面草图。进入草图环境中绘制截面草图后，再退出草图环境会弹出【凸台 - 拉伸】属性面板，如图 3-5 右图所示，此属性面板用于定义拉伸特征的属性参数。

> **提示：** 如果先选择截面草图，再单击【拉伸凸台 / 基体】按钮，会直接弹出【凸台 - 拉伸】属性面板。

拉伸特征可以向一个方向拉伸，也可以向相反的两个方向拉伸，默认向一个方向拉伸，如图 3-6 所示。

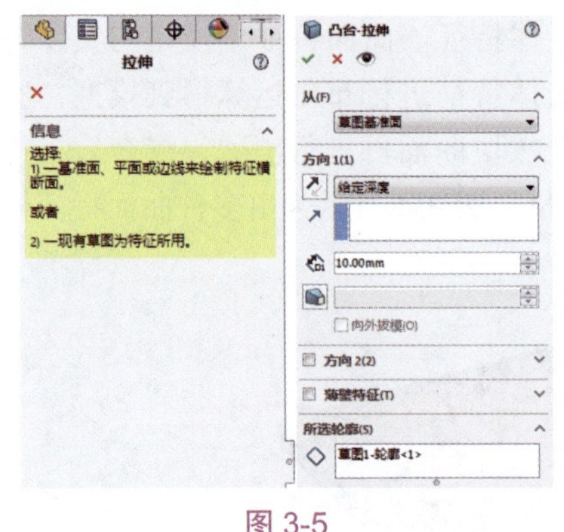

图 3-5

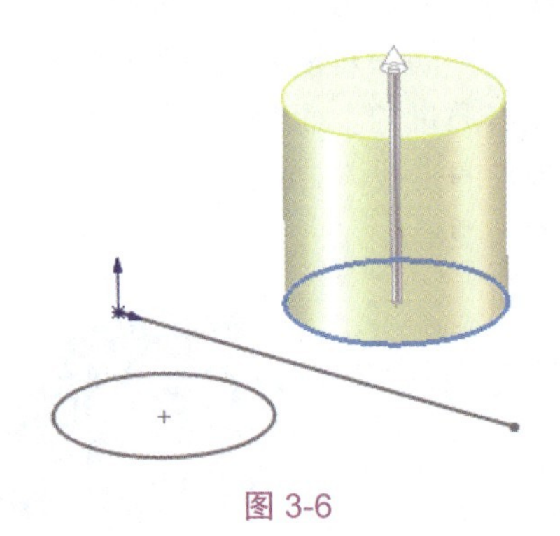

图 3-6

【例 3-1】创建键槽支撑零件。

在原有的草绘基准面上，用“从草绘平面以指定的深度拉伸”的方法创建拉伸特征，然后创建切除材料的拉伸特征——孔。截面草图需要自行绘制。

1. 按 Ctrl+N 键，弹出【新建 SOLIDWORKS 文件】对话框。新建零件文件并进入零件设计环境中。

2. 在【草图】选项卡中单击【草图绘制】按钮，选择前视基准面作为草绘平面并自动进入草图环境，如图 3-7 所示。

3. 使用【中心矩形】工具，在原点绘制一个长度为160、宽度为84的矩形，结果如图3-8所示。

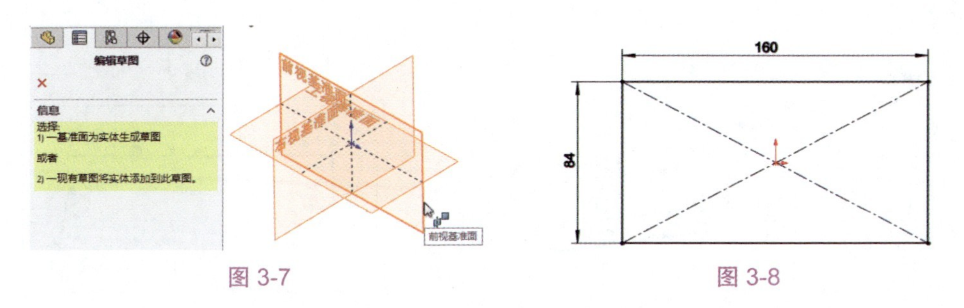

图3-7　　图3-8

4. 使用【圆角】工具，绘制4个半径为20的圆角，如图3-9所示。单击【草图】选项卡中的【退出草图】按钮，退出草图环境。

5. 单击【拉伸凸台/基体】按钮，选择前面绘制的截面草图，在弹出的【凸台-拉伸1】属性面板中保持默认的拉伸方式，输入深度值为20，单击【确定】按钮，完成拉伸凸台特征1的创建，如图3-10所示。

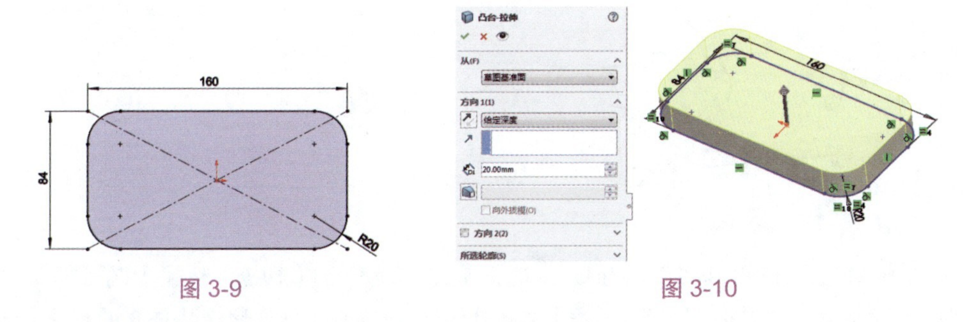

图3-9　　图3-10

6. 创建拉伸切除特征。单击【拉伸切除】按钮，弹出【拉伸】属性面板。选择拉伸凸台特征1的侧面作为草绘平面并进入草图环境，如图3-11所示。

7. 执行【矩形】命令，绘制图3-12所示的底板上的槽草图。

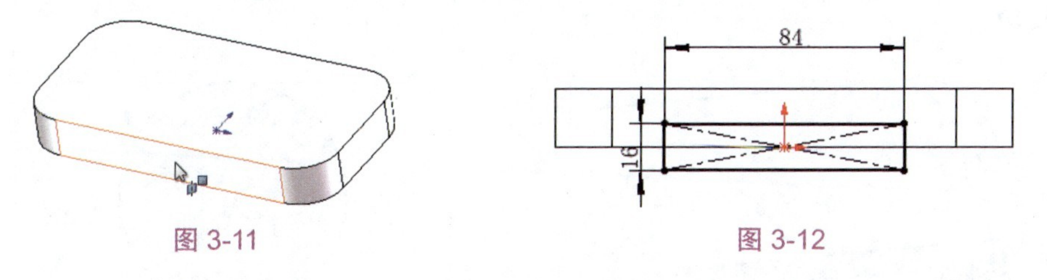

图3-11　　图3-12

8. 单击【退出草图】按钮，退出草图环境。在弹出的【切除-拉伸】属性面板中更改拉伸方式为“完全贯穿”，再单击【确定】按钮，完成拉伸切除特征1的创建，如图3-13所示。

9. 继续创建拉伸切除特征2。单击【拉伸切除】按钮，弹出【拉伸】属性面板。选择拉伸凸台特征1的上表面作为草绘平面，进入草图环境并绘制图3-14所示的圆形草图。

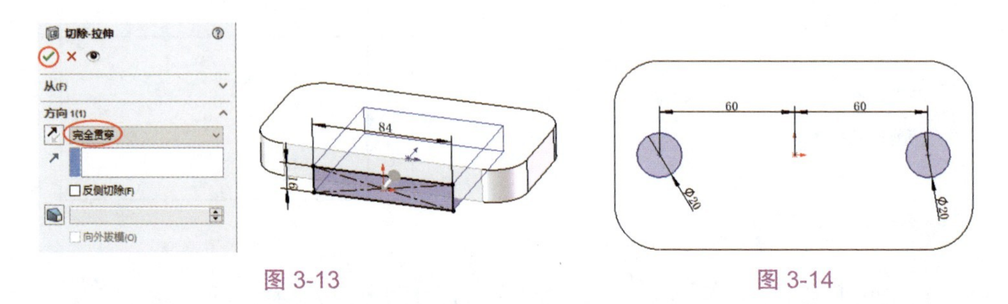

图 3-13　　图 3-14

10. 单击【退出草图】按钮，退出草图环境。在弹出的【切除 - 拉伸】属性面板中设置拉伸方式为“给定深度”，并输入深度值为8，单击【确定】按钮，完成拉伸切除特征2的创建（沉头孔的沉头部分），如图3-15所示。

11. 绘制图3-16所示的拉伸切除特征3的截面草图。

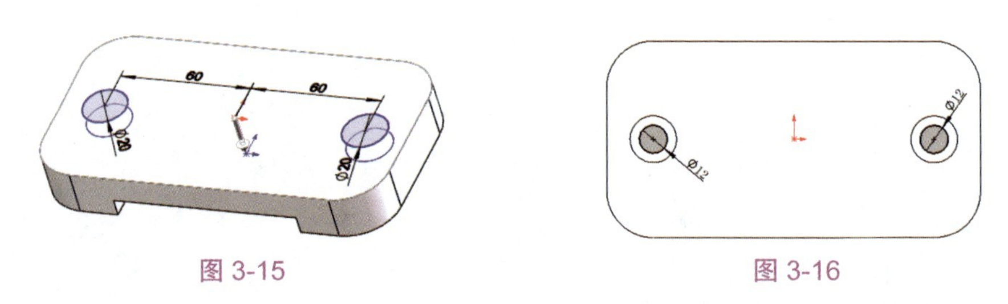

图 3-15　　图 3-16

12. 单击【退出草图】按钮，退出草图环境后在【切除 - 拉伸】属性面板中设置拉伸方式为“完全贯穿”，单击【确定】按钮，完成拉伸切除特征3的创建（沉头孔的孔部分），如图3-17所示。

13. 使用【拉伸凸台 / 基体】工具，选择拉伸凸台特征1的上表面作为草绘平面，进入草图环境并绘制图3-18所示的截面草图，注意圆与拉伸凸台特征1的边线相切。

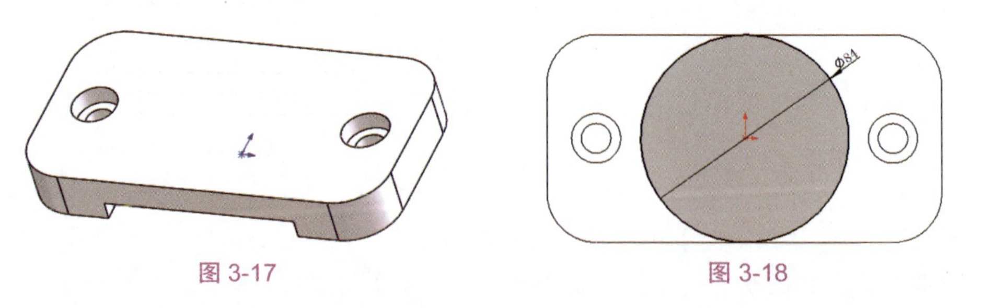

图 3-17　　图 3-18

14. 单击【退出草图】按钮，退出草图环境，在【凸台 - 拉伸】属性面板中设置拉伸方式为“给定深度”，然后输入深度值 50，再单击【确定】按钮✓，完成拉伸凸台特征 2 的创建，如图 3-19 所示。

15. 使用【拉伸切除】工具，选择圆柱顶面作为草绘平面，进入草图环境并绘制截面草图，如图 3-20 所示。

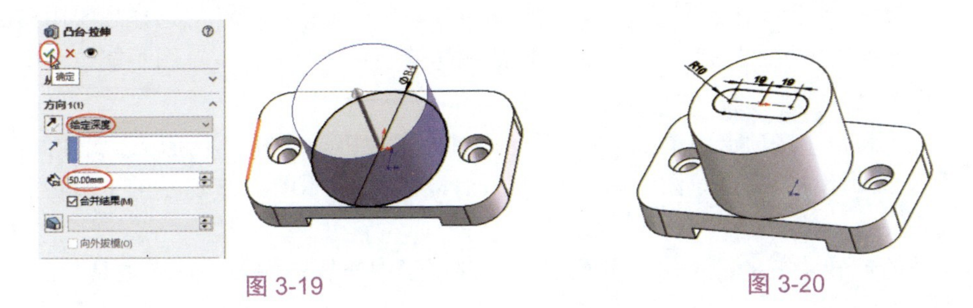

图 3-19　　　　图 3-20

16. 在【切除 - 拉伸】属性面板中设置拉伸方式为“完全贯穿”，最后单击【确定】按钮✓，完成拉伸切除特征 4（键槽）的创建，如图 3-21 所示。

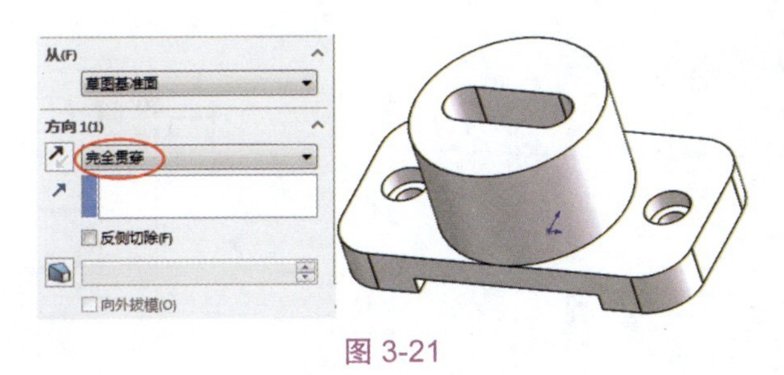

图 3-21

17. 使用【拉伸切除】工具，通过绘制截面草图和设置拉伸参数，创建拉伸切除特征 5，并完成零件设计，结果如图 3-22 所示。

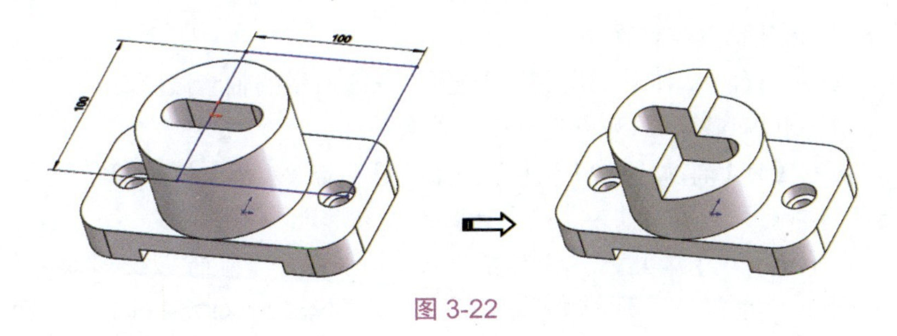

图 3-22

18. 键槽支撑零件设计完成后，将创建的零件保存。

3.2.2 旋转凸台 / 基体特征

【旋转凸台 / 基体】工具用于通过绕中心线旋转一个或多个轮廓来添加或移除

材料，通过该工具可以创建旋转凸台特征或旋转切除特征。

要创建旋转特征须遵守以下准则。

- 实体旋转特征的草图可以包含多个相交轮廓。
- 薄壁或曲面旋转特征的草图可以包含多个开环或闭环的相交轮廓。
- 轮廓不能与中心线交叉。如果草图包含一条以上中心线，应选择想要用作旋转轴的中心线。对于曲面旋转特征和薄壁旋转特征而言，草图不能位于中心线上。

在【特征】选项卡中单击【旋转凸台/基体】按钮，弹出【旋转】属性面板。当进入草图环境，完成草图绘制并退出草图环境后，显示图3-23所示的【旋转】属性面板。

草绘旋转特征的截面时，截面必须全部位于中心线一侧，并且必须是封闭的，如图3-24所示。

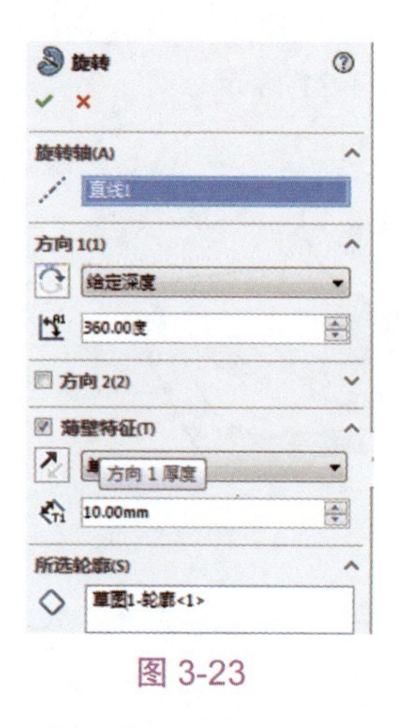

图 3-23

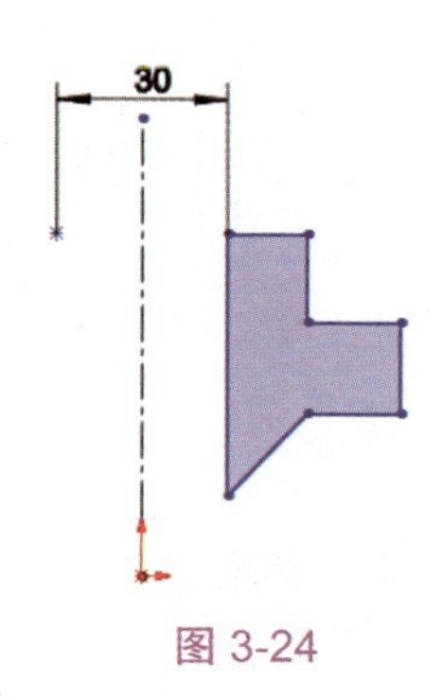

图 3-24

【例3-2】创建轴套零件模型。

使用【旋转凸台/基体】工具，创建图3-25所示的轴套截面。

1. 启动SolidWorks，然后新建一个零件文件。

2. 在功能区的【特征】选项卡中单击【旋转凸台/基体】按钮，弹出【旋转】属性面板。选择前视基准面作为草绘平面，然后自动进入草图环境。

3. 使用【中心线】工具在坐标系原点处绘制一条竖直的基准中心线。

4. 从图3-25中得知，旋转截面为阴影部分，但这里仅绘制一个轴套面。使用【直线】工具和【3点圆弧】工具绘制图3-26所示的草图。

5. 使用【绘制倒角】工具对草图进行倒角处理，如图3-27所示。

6. 退出草图环境，SolidWorks自动选择内部的基准中心线作为旋转轴，并显示旋转特征的预览，如图3-28所示。

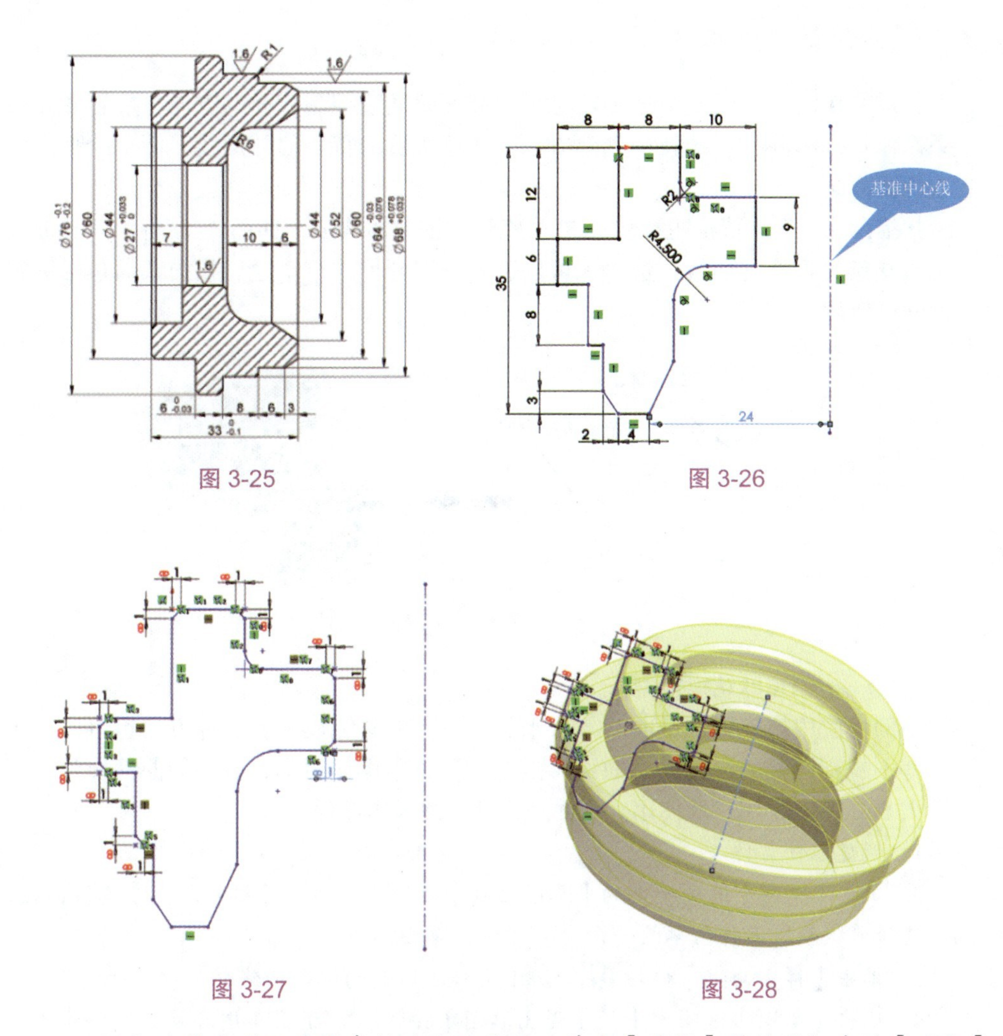

图 3-25

图 3-26

图 3-27

图 3-28

7. 保留旋转类型及旋转参数的默认设置，单击【旋转】属性面板中的【确定】按钮✓，完成轴套零件的设计，结果如图 3-29 所示。

图 3-29

3.2.3　扫描凸台/基体特征

扫描是在沿一个或多个选定轨迹扫描截面时通过控制截面的方向、旋转和几何关系来添加或移除材料的特征创建方法。轨迹可看成特征的外形线，而草绘平面可看成特征截面。

扫描凸台/基体特征主要由扫描轨迹和扫描截面构成，如图3-30所示。扫描轨迹可以指定为现有的曲线、边，也可以进入草图环境进行草绘。扫描截面包括恒定截面和可变截面。

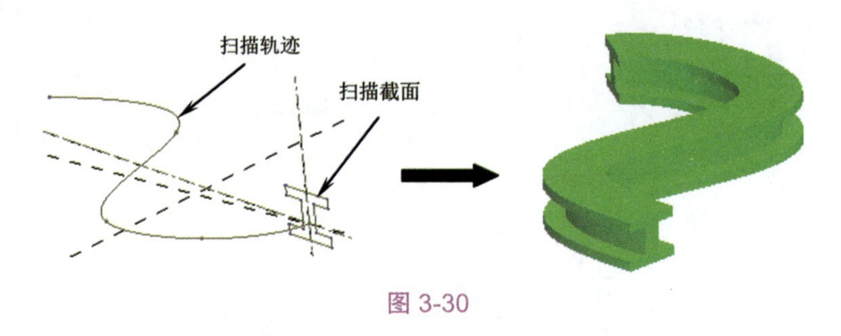

图3-30

【例3-3】创建麻花绳模型。

本例将使用扫描可变截面的方法来创建一个麻花绳模型。这种方法也可以用于对一些不规则的截面设计具有曲面特点的弧形，因操作简单、得到的曲面质量好而被广大SolidWorks用户所使用。下面来详细介绍操作过程。

1. 新建零件文件。

2. 单击【草图】选项卡中的【草图绘制】按钮，弹出【编辑草图】属性面板。然后选择前视基准面作为草绘平面并自动进入草图环境。

3. 单击【样条曲线】按钮，绘制图3-31所示的样条曲线作为扫描轨迹。

4. 单击【草图】选项卡中的【退出草图】按钮，退出草图环境。下一步进行扫描截面的绘制，如图3-32所示，选择右视基准面作为草绘平面。

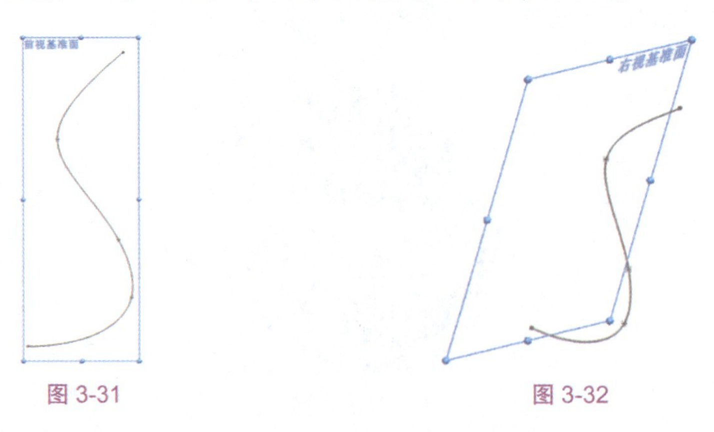

图3-31　　图3-32

5. 在右视基准面中绘制图 3-33 所示的圆形阵列。注意圆形阵列的中心与扫描轨迹的端点对齐。阵列命令在后文中会介绍。

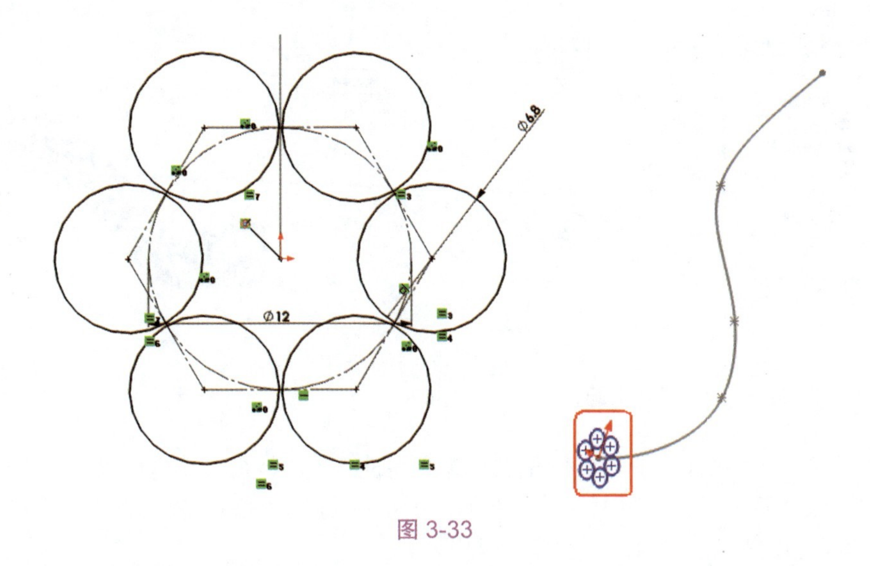

图 3-33

6. 单击【扫描】按钮，弹出【扫描】属性面板，按图 3-34 进行设置。

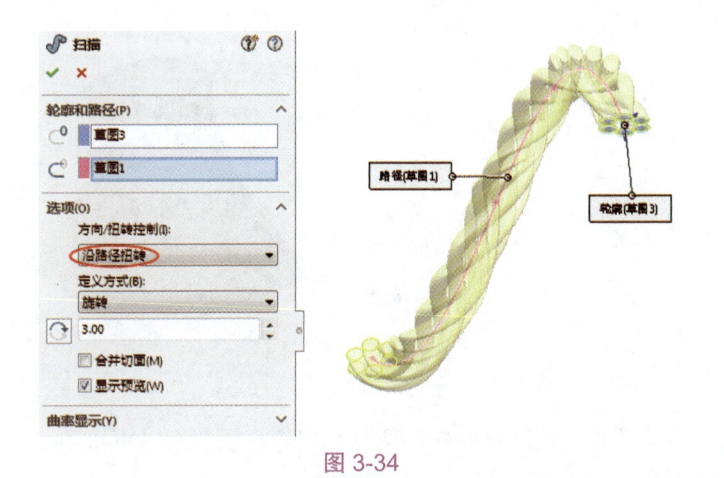

图 3-34

提示：若在【方向 / 扭转控制】下拉列表框中选择【随路径变化】选项，将无法创建纹路造型特征，如图 3–35 所示。

7. 单击【确定】按钮，完成麻花绳模型的创建，如图 3-36 所示。
8. 将结果保存。

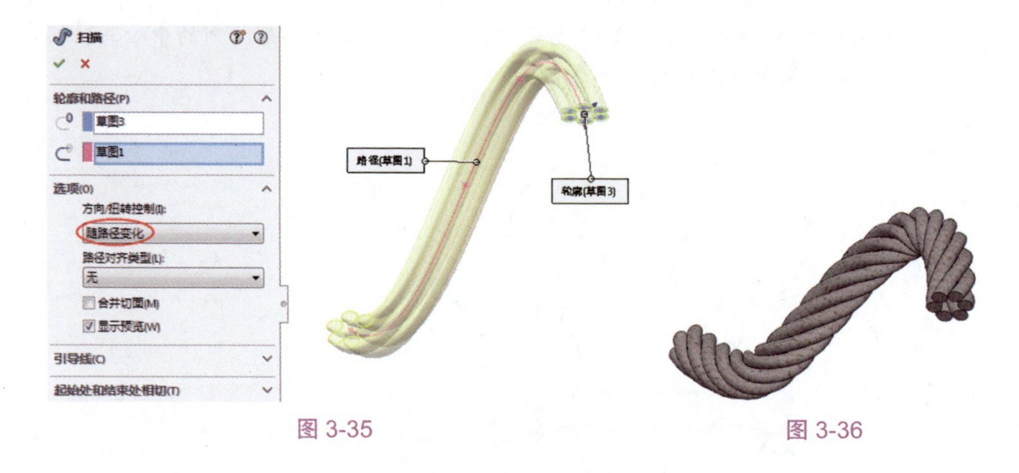

图 3-35　　　　图 3-36

3.2.4　放样凸台 / 基体特征

【放样凸台 / 基体】工具用于在轮廓之间过渡生成特征。放样可以是基体特征、凸台特征、切除特征或曲面特征，也可以由两个或多个轮廓生成。仅第一个或最后一个轮廓可以是点，这两个轮廓也可以均为点。

如果放样特征的各个特征截面之间的融合效果不符合用户要求，可使用带引导线的方式来创建放样特征，如图 3-37 所示。

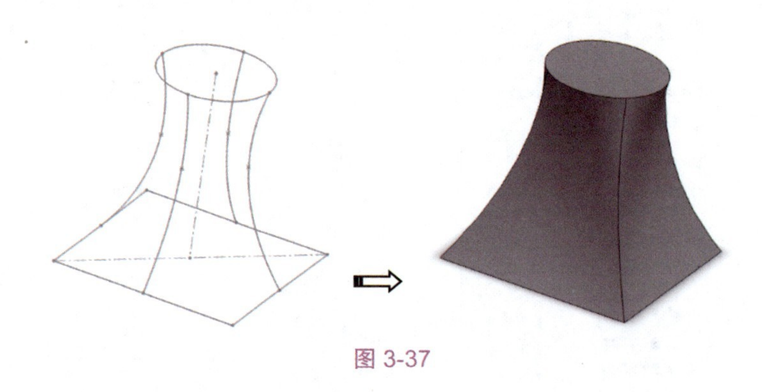

图 3-37

在使用带引导线的方式创建放样特征时，用户必须注意以下事项。

- 引导线必须与所有特征截面相交。
- 可以使用任意数量的引导线。
- 引导线可以相交。
- 可以使用任意草图曲线、模型边线或曲线作为引导线。
- 如果放样失败或扭曲，可以添加通过参考点的样条曲线作为引导线，也可以选择适当的轮廓顶点以生成样条曲线。
- 引导线可以比创建的放样特征长，此时放样终止于最短引导线的末端。

【例 3-4】创建扁瓶模型。

图 3-38

使用拉伸、放样等方法来创建图 3-38 所示的扁瓶模型。瓶口由拉伸特征构成，瓶体由放样特征构成。

1. 新建零件文件。

2. 使用【拉伸凸台 / 基体】工具，选择上视基准面作为草绘平面，绘制图 3-39 所示的圆。

3. 退出草图环境后在【凸台 - 拉伸】属性面板中设置拉伸选项及参数，创建等距值为 80、拉伸深度为 15 的拉伸凸台特征，如图 3-40 所示。

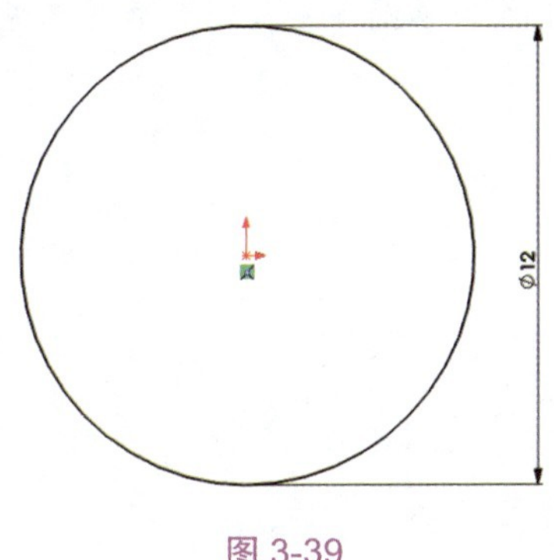

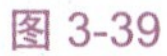

图 3-39

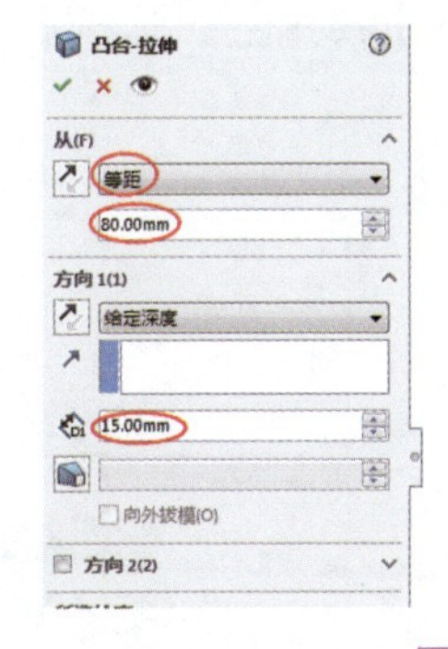

图 3-40

4. 在【特征】选项卡中单击【基准面】按钮，弹出【基准面】属性面板。选择上视基准面为第一参考，输入偏移距离值为 55，单击【确定】按钮，创建基准面 1，如图 3-41 所示。

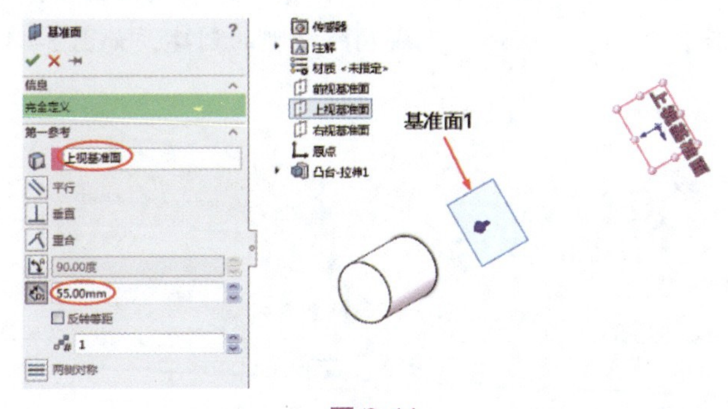

图 3-41

5. 在【草图】选项卡中单击【草图绘制】按钮，选择上视基准面作为草图平面后进入草图环境，利用【椭圆】工具绘制图 3-42 所示的椭圆，长轴和短轴的长度分别为 15 和 6。

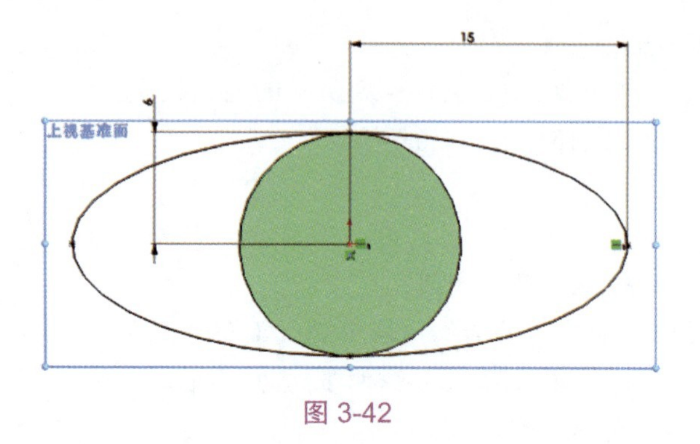

图 3-42

6. 再单击【草图绘制】按钮，选择基准面1作为草图平面，进入草图环境绘制图3-43所示的图形。

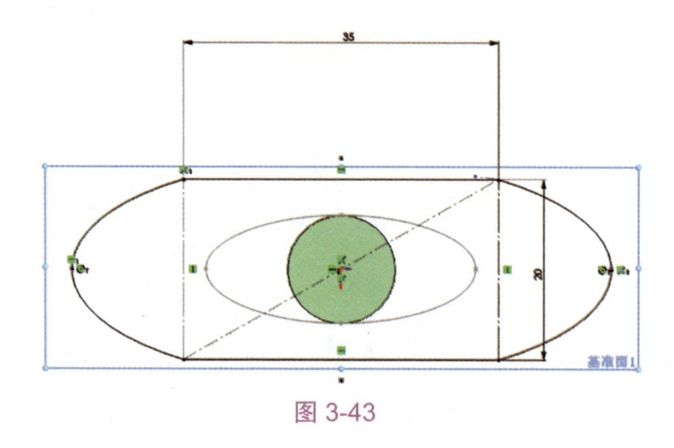

图 3-43

7. 单击【放样凸台/基体】按钮，弹出【放样】属性面板，选择扫描截面和扫描轨迹后，单击【确定】按钮，完成扁瓶模型的创建，如图3-44所示。

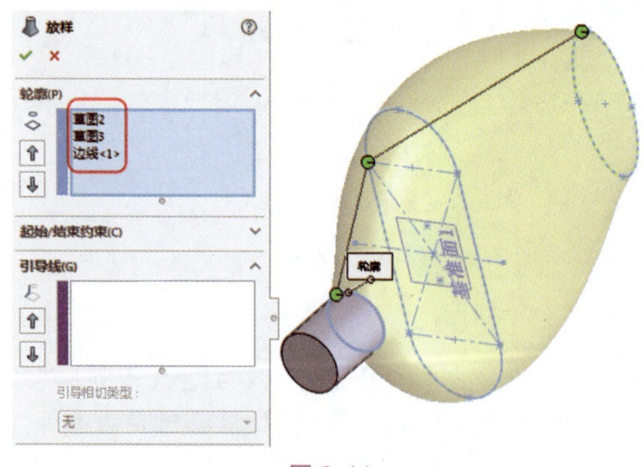

图 3-44

3.2.5 边界凸台/基体特征

【边界凸台/基体】工具用于通过选择两个或多个截面来创建混合形状特征。

先利用【基准面】工具创建两个或两个以上且相互平行的基准面，分别在各个基准面上使用草图绘制工具绘制草图截面（必须是封闭的截面），接着在【特征】选项卡中单击【边界凸台/基体】按钮，弹出【边界】属性面板，选取多个草图截面后，可查看边界凸台特征的预览模型，可在预览模型上设置截面之间的连续性（包括【无】、【方向向量】、【默认】和【垂直】），最后单击【确定】按钮完成边界凸台特征的创建，如图 3-45 所示。

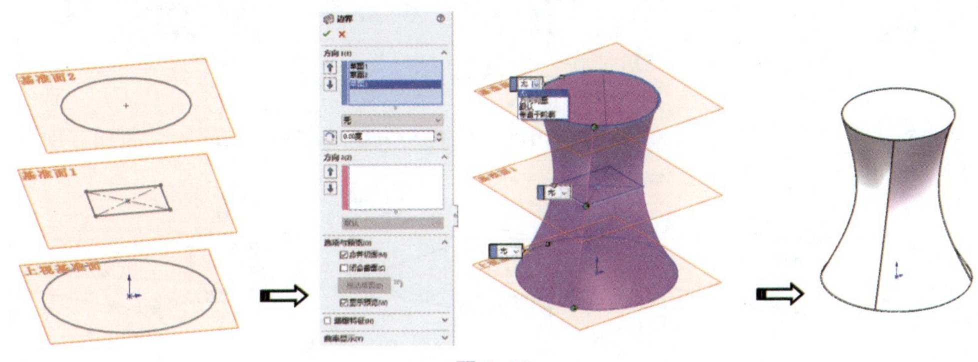

图 3-45

3.3 创建工程特征

在工程和制造领域中，工程特征指的是设计或零件的特定几何形状或特征，通常是用于制造、装配或实现其他工程目的的关键部分。工程特征可以是设计中的重要部分，包括倒角、圆角、孔、螺纹线、抽壳、拔模及筋等。

3.3.1 创建倒角与圆角特征

倒角和圆角是机械加工过程中不可缺少的工艺。在零件设计过程中，通常在锐利的零件边角处进行倒角或圆角处理，便于搬运、装配及避免应力集中等。

一、倒角

在【特征】选项卡中单击【倒角】按钮或在菜单栏中执行【插入】/【特征】/【倒角】命令，弹出【倒角】属性面板，该属性面板中提供了 5 种倒角类型，如图 3-46 所示。

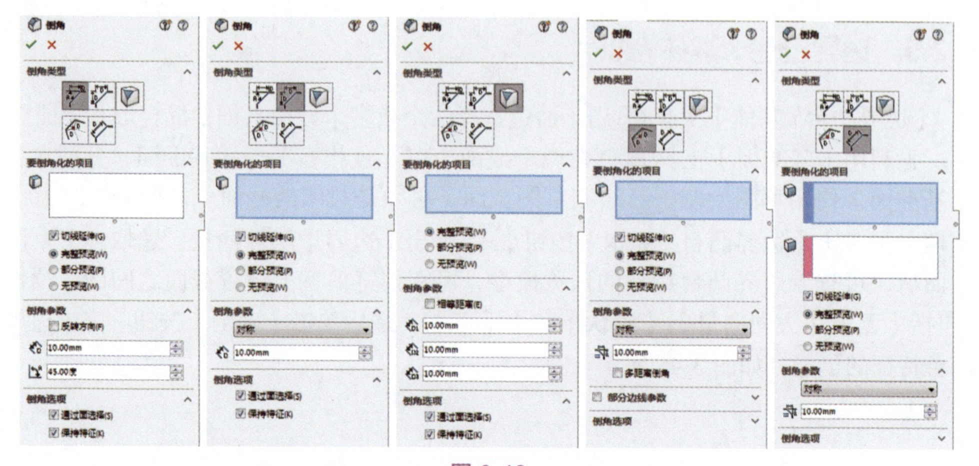

图 3-46

常见的倒角类型是前 3 种，即“角度 - 距离”类型、“距离 - 距离”类型和“顶点”类型，如图 3-47 所示。

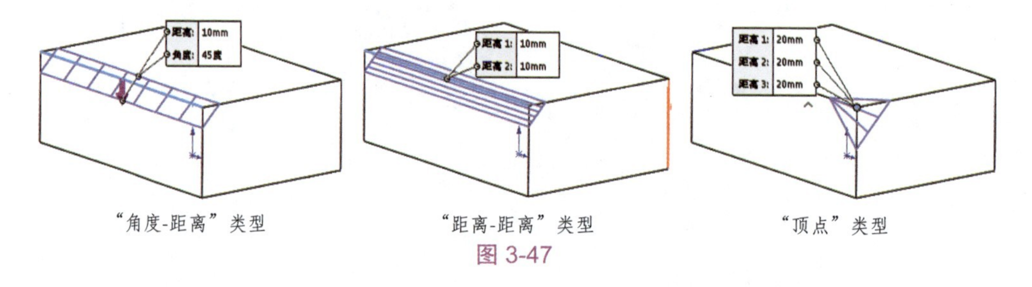

“角度-距离”类型　　“距离-距离”类型　　“顶点”类型

图 3-47

“等距面”类型是指通过偏移选定边线旁边的面来创建等距面倒角。如图 3-48 所示，可以选择某一个面来创建等距面倒角。严格意义上讲，这种类型近似于“距离 - 距离”类型。

“面 - 面”类型是指选择带有角度的两个面来创建倒角，如图 3-49 所示。

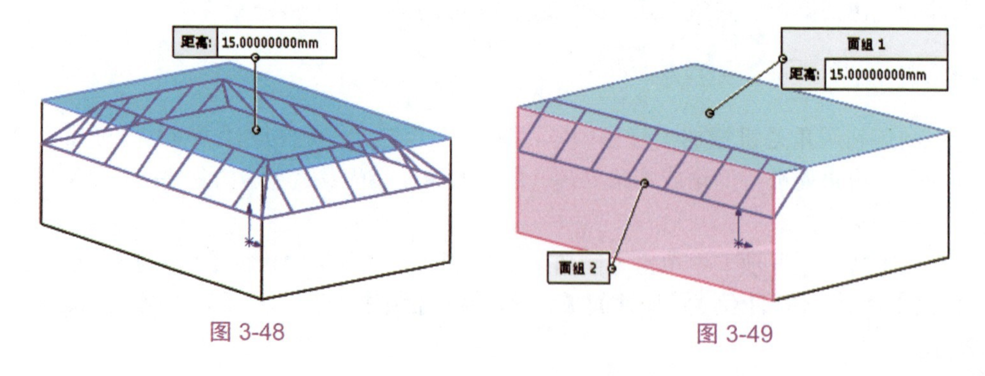

图 3-48　　图 3-49

二、圆角

在零件上加入圆角，除了可以在工程上达到保护零件的目的，还有助于增强造型平滑的效果。【圆角】工具可以为一个面的所有边线、所选的多组面、单一边线或者边线环生成圆角，如图 3-50 所示。

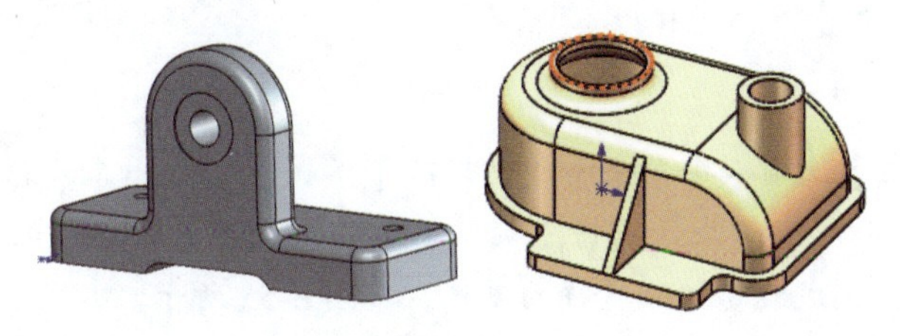

图 3-50

SolidWorks 可生成 5 种圆角特征，如图 3-51 所示。

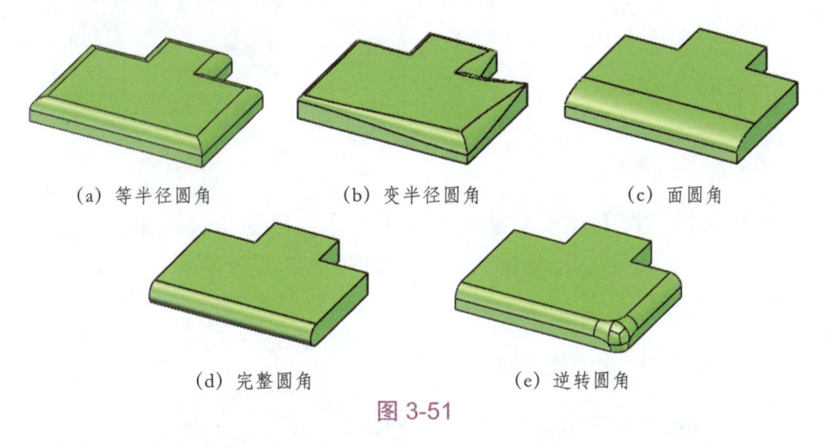

(a) 等半径圆角　(b) 变半径圆角　(c) 面圆角　(d) 完整圆角　(e) 逆转圆角

图 3-51

【例 3-5】创建螺母零件。

前面介绍了倒角，下面通过一个示例介绍如何创建倒角。

1. 新建一个零件文件并进入零件设计环境。

2. 在【草图】选项卡中单击【草图绘制】按钮，选择前视基准面作为草绘平面后自动进入草图环境。

3. 在草图环境中绘制图 3-52 所示的六边形（草图 1）。

4. 创建拉伸凸台特征。单击【拉伸凸台 / 基体】按钮，弹出【凸台 - 拉伸】属性面板，输入深度值为 3，其他选项保持默认设置，单击【确定】按钮，完成拉伸凸台特征的创建，如图 3-53 所示。

5. 创建旋转切除特征。在【草图】选项卡中单击【草图绘制】按钮，选择右视基准面作为草图平面，进入草图环境中绘制图 3-54 所示的草图 2(三角形)，注意，三角形的两直角边要与拉伸凸台特征的边线对齐。然后在坐标系原点绘制旋转用的中心线。

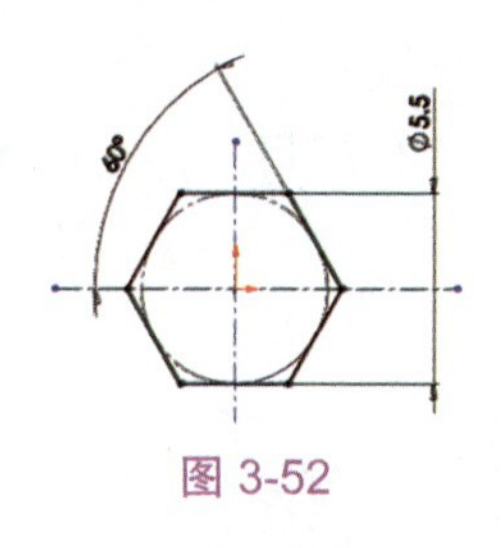

图 3-52

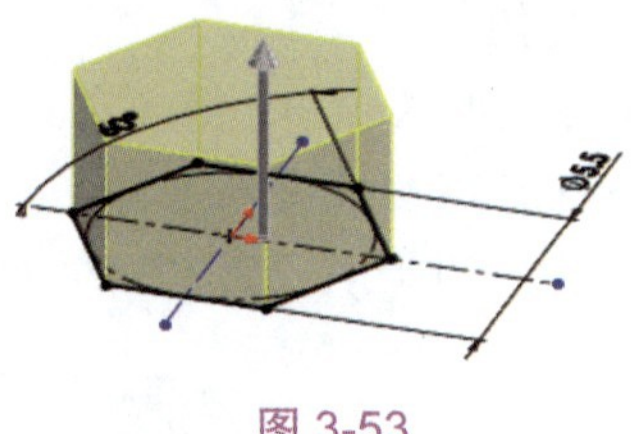

图 3-53

6. 在【特征】选项卡中单击【旋转切除】按钮，弹出【旋转】属性面板，选择三角形草图并选定中心线，保持【旋转】属性面板中其余选项的默认设置，单击【确定】按钮，完成旋转切除特征的创建，如图 3-55 所示。

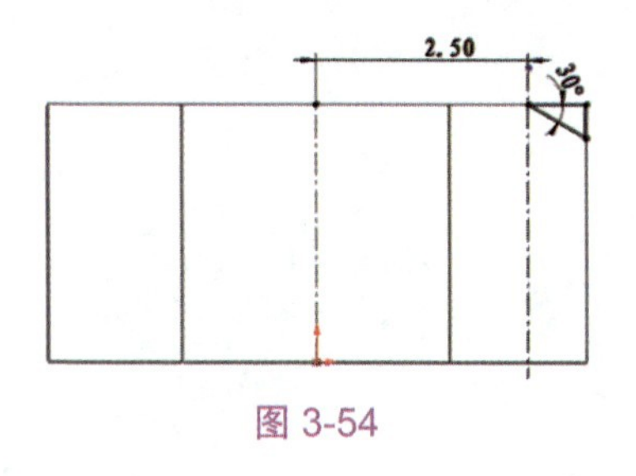

图 3-54

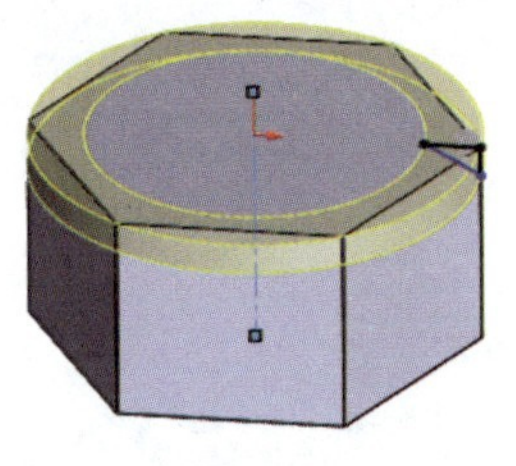

图 3-55

7. 创建基准面。在【特征】选项卡中单击【基准面】按钮，弹出【基准面】属性面板，分别选取拉伸凸台特征的 3 条棱边的中点作为参照，以此创建出新的基准面，如图 3-56 所示。

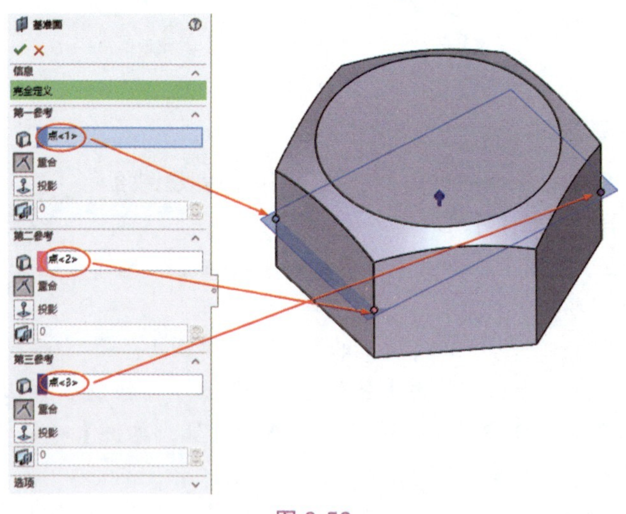

图 3-56

8. 创建镜像实体。单击【镜像】按钮 镜向，弹出【镜像】属性面板，选择要镜像的特征（旋转切除特征）和基准面，如图 3-57 所示。单击【确定】按钮完成镜像实体的镜像。

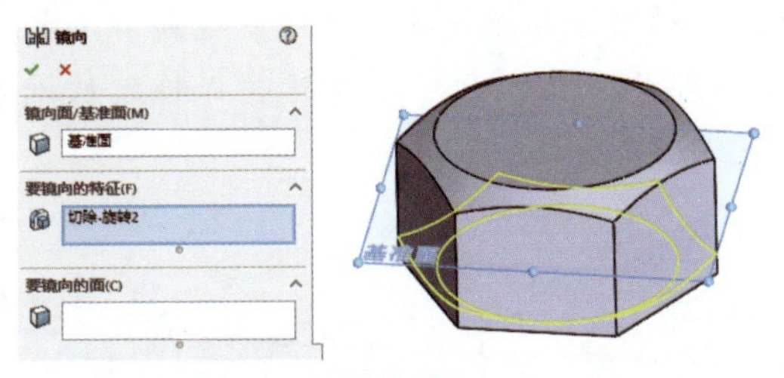

图 3-57

9. 创建拉伸切除孔。在【草图】选项卡中单击【草图绘制】按钮，在螺母表面（即草图平面）上绘制直径为 3 的圆。在【特征】选项卡中单击【拉伸切除】按钮，弹出【拉伸】属性面板，选择圆形草图后再弹出【切除 - 拉伸】属性面板，设置拉伸方式为【完全贯穿】，单击【确定】按钮创建拉伸切除孔，如图 3-58 所示。

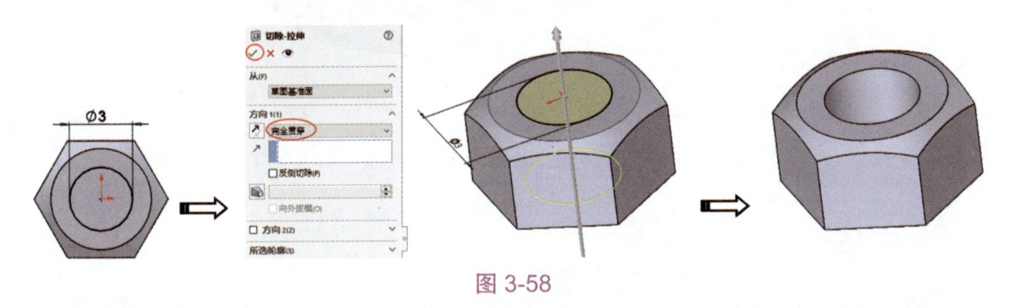

图 3-58

10. 创建倒角特征。在【特征】选项卡中单击【倒角】按钮，弹出【倒角】属性面板，先选择拉伸切除孔的边线，再设置倒角类型为【角度 - 距离】，输入倒角距离值为 0.5，其余选项保持默认设置，如图 3-59 所示，最后单击【确定】按钮完成倒角特征的创建。

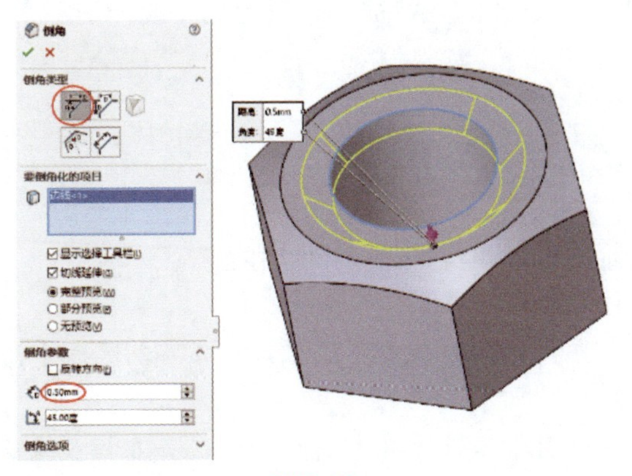

图 3-59

11. 创建圆角特征。在【特征】选项卡中单击【圆角】按钮，弹出【圆角】属性面板，在拉伸切除孔的另一面选择孔边线以创建圆角，设置圆角类型为【固定大小圆角】，输入圆角半径值为 0.5，其余选项保持默认设置，如图 3-60 所示，单击【确定】按钮完成圆角特征的创建。

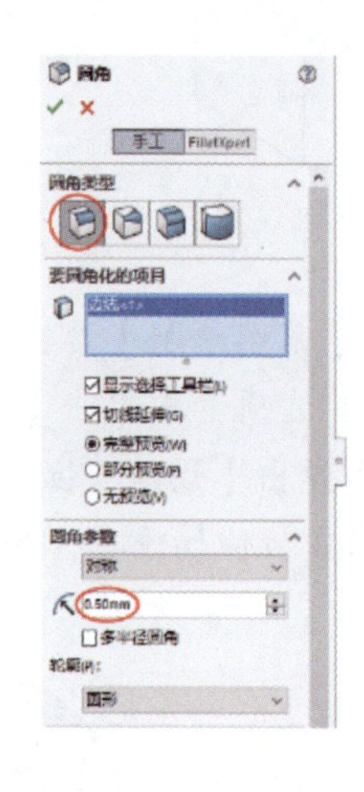
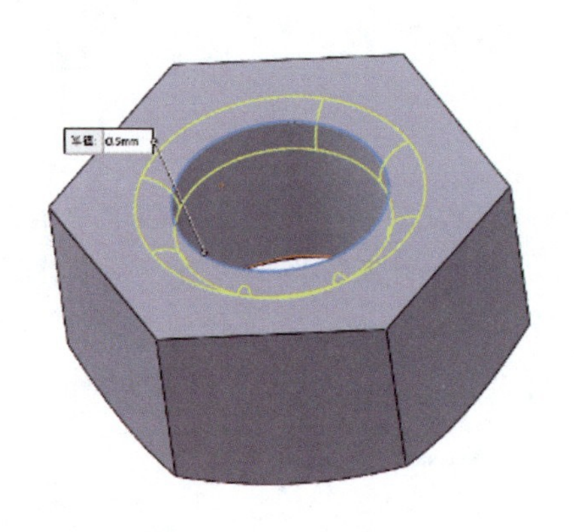

图 3-60

12. 将创建的零件保存。

3.3.2　创建孔特征

在 SolidWorks 中用户可以创建各种类型的孔特征，如简单直孔、高级孔、异型孔和螺纹孔等。

一、简单直孔

简单直孔类似于拉伸切除特征，也就是只能是圆柱直孔，不能是其他类型的孔（如沉头、锥孔等）。简单直孔只能在平面上创建，不能在曲面上创建。因此，要想在曲面上创建类似于简单直孔的孔特征，建议使用【拉伸切除】工具或【高级孔】工具。

> **提示：**若【简单直孔】工具不在默认的功能区的【特征】选项卡中，需要在【自定义】对话框的【命令】选项卡下调用。

在模型表面创建简单直孔的操作步骤如下。

1. 在模型中选取要创建简单直孔的平直表面。

2. 在【特征】选项卡中单击【简单直孔】按钮或选择【插入】/【特征】/【钻孔】/【简单直孔】命令。

3. 此时在属性管理器中显示【孔】属性面板，并在模型表面选取的位置上自动放置简单直孔，可通过简单直孔的预览查看生成情况，如图 3-61 所示。

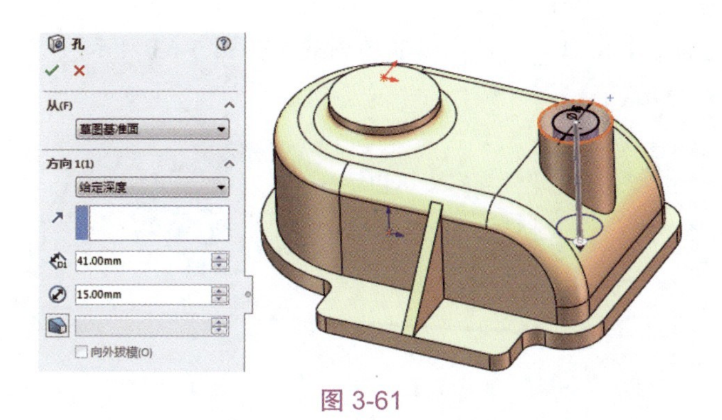

图 3-61

4. 设置孔参数后单击【确定】按钮✓，完成简单直孔的创建。

二、高级孔

使用【高级孔】工具可以创建沉头孔、锥形孔、直孔、螺纹孔等标准孔。使用该工具时可以选择标准孔类型，也可以自定义孔尺寸。

创建高级孔的步骤如下。

1. 单击【高级孔】按钮，在模型中选择放置高级孔的平面后，弹出【高级孔】属性面板，如图 3-62 所示。

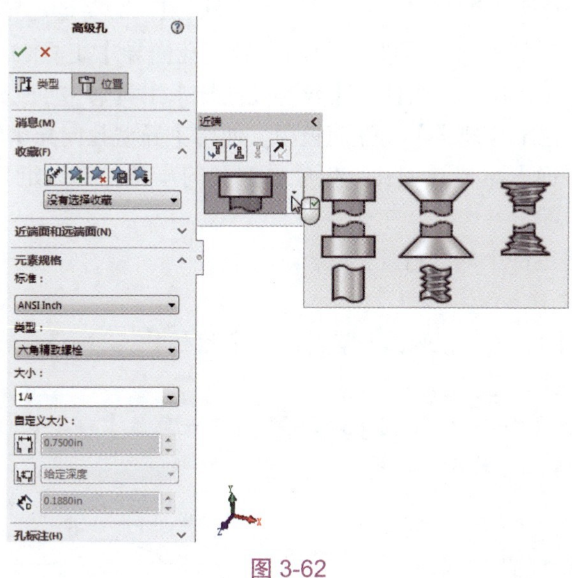

图 3-62

2. 选择放置高级孔的平面或曲面后，在【位置】选项卡下精准定义高级孔的位置。

3. 在【近端】选项面板中单击【在活动元素下方插入元素】按钮，然后选择【孔】元素，并在【元素规格】选项区中选择孔的标准、类型和大小，以及孔深度等参数。

4. 单击【确定】按钮✓完成高级孔的创建，如图 3-63 所示。

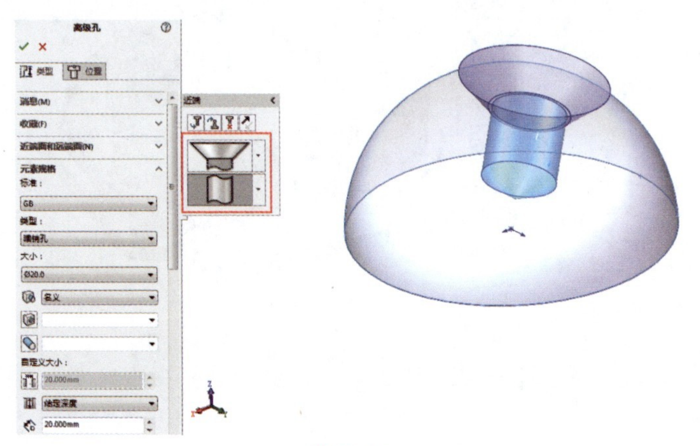

图 3-63

提示： 如果在活动元素下方不插入元素，那么仅创建高级孔的近端形状或远端形状。

三、异型孔

异型孔包括柱形沉头孔、锥形沉头孔、盲孔、螺纹孔、锥螺纹孔、旧制孔、柱孔槽口、锥孔槽口及槽口等，如图 3-64 所示。可以根据需要选定异型孔的类型。

与【高级孔】工具不同的是，使用【异型孔向导】工具时只能选择标准孔规格，不能自定义孔尺寸。当使用【异型孔向导】工具生成异型孔时，异型孔的类型和大小出现在【孔规格】属性面板中。使用【异型孔向导】工具可以在基准面、平面或非平面上生成异型孔。生成异型孔的步骤包括设定孔类型参数、孔的定位及确定孔的位置。

【例 3-6】创建零件上的孔特征。

1. 新建零件文件。

2. 在【草图】选项卡中单击【草图绘制】按钮，选择前视基准面作为草绘平面并进入草图环境。

3. 使用【直线】命令、【圆】命令、【3 点画弧】命令和【剪裁实体】命令绘制图 3-65 所示的草图。

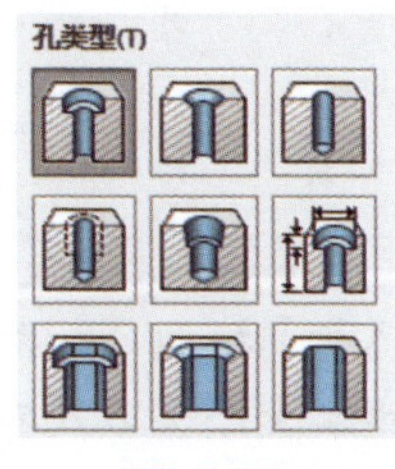

图 3-64

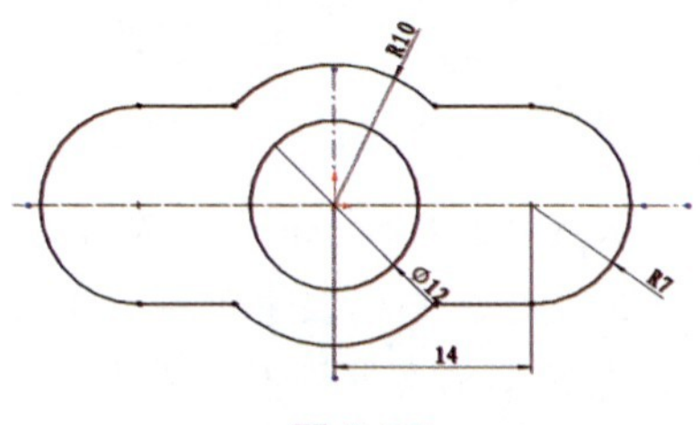

图 3-65

4. 使用【拉伸凸台/基体】工具，创建拉伸深度为 8 的拉伸凸台特征，如图 3-66 所示。

5. 创建异型孔。在【特征】选项卡中单击【异型孔向导】按钮，弹出【孔规格】属性面板，在【类型】选项卡中设置图 3-67 所示的参数。

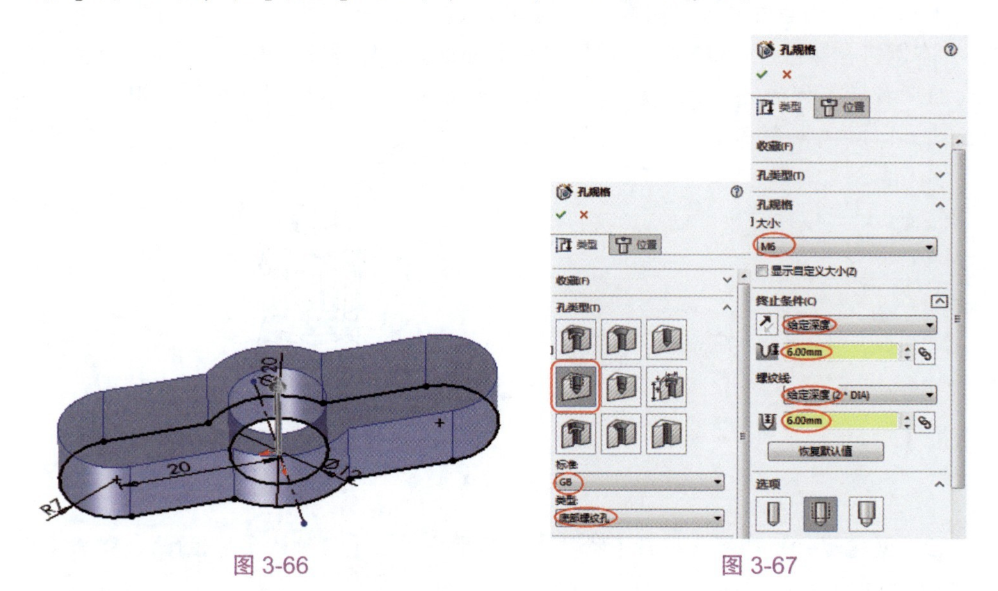

图 3-66

图 3-67

6. 确定孔位置。切换到【位置】选项卡（此时属性面板的名称已自动更改为【孔位置】），单击【3D 草图】按钮，然后分别在拉伸凸台特征的两侧，捕捉圆形端面的圆心后插入两个异型孔，如图 3-68 所示。

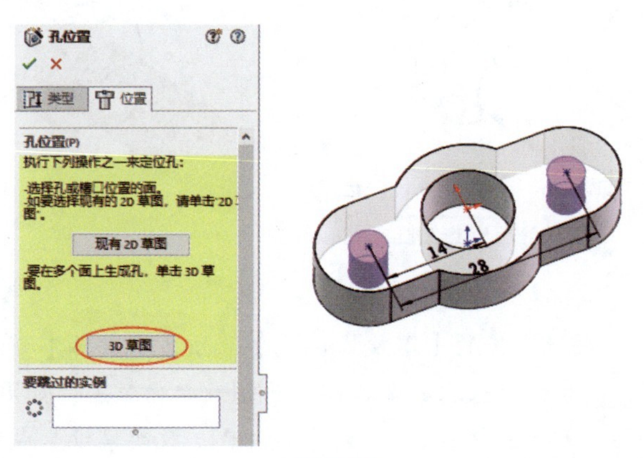

图 3-68

7. 在属性面板中单击【确定】按钮完成异型孔的创建，并保存文件。

提示：用户可以通过孔的设置，一次性完成多个同规格的孔的创建，以提高绘图效率。

3.3.3　螺纹线

【螺纹线】工具用来创建英制或公制螺纹。螺纹包括外螺纹（也称板牙螺纹）和内螺纹（也称攻丝螺纹）。

【例 3-7】创建外螺纹、内螺纹和瓶口螺纹。

本例将在螺钉、蝴蝶螺母和矿泉水瓶中分别创建外螺纹、内螺纹和瓶口螺纹。

1. 打开本例的源文件“螺钉、螺母和矿泉水瓶 .sldprt”，打开的模型如图 3-69 所示。

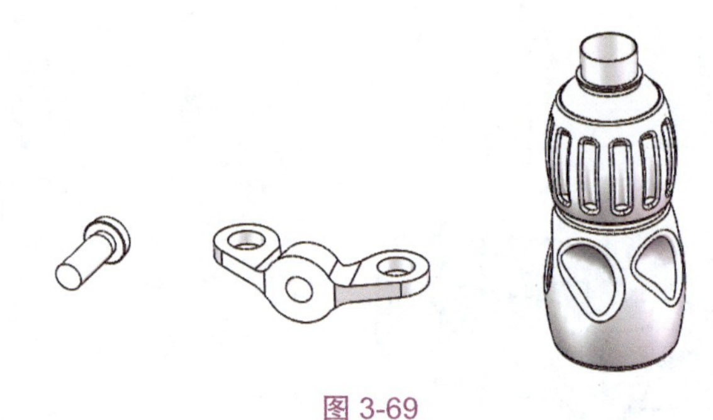

图 3-69

2. 创建螺钉的外螺纹。在【特征】选项卡中单击【螺纹线】按钮，弹出【螺纹线】属性面板。

3. 在图形区中选取螺钉圆柱面的边线作为螺纹的参考，随后 SolidWorks 生成预定义的螺纹预览，如图 3-70 所示。

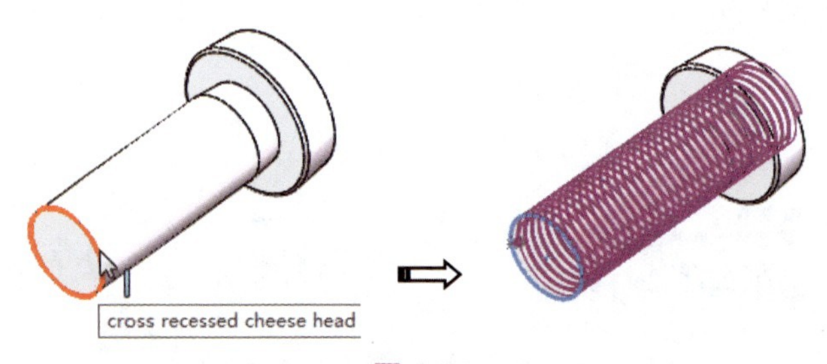

图 3-70

4. 在【螺纹线】属性面板的【螺纹线位置】选项区中激活【可选起始位置】选择框，然后在螺钉圆柱面上选取一条边线作为螺纹起始位置，如图 3-71 所示。

5. 在【结束条件】选项区中单击【反向】按钮，改变螺纹生成方向，如图 3-72 所示。

6. 在【规格】选项区的【类型】下拉列表框中选择【Metric Die】选项，在【尺寸】下拉列表框中选择【M1.6×0.35】选项，其余选项保持默认设置，单击【确定】按钮，完成螺钉外螺纹的创建，如图 3-73 所示。

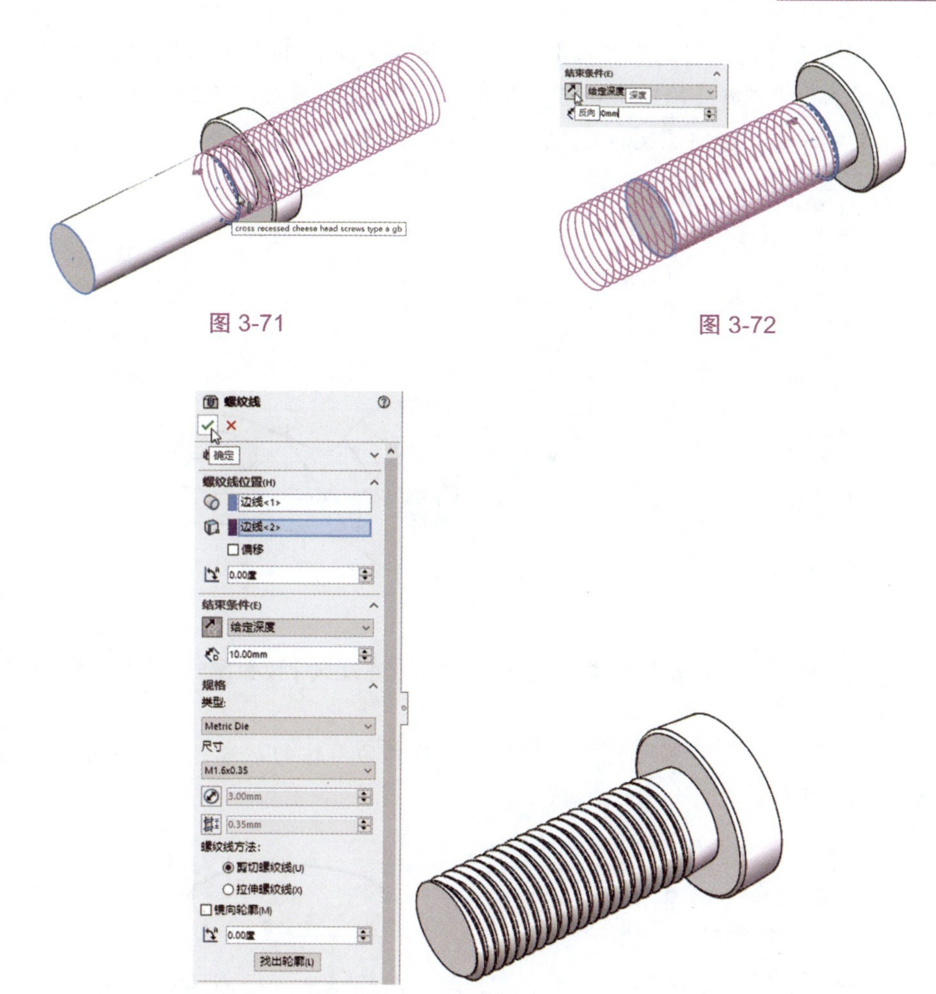

图 3-71

图 3-72

图 3-73

7. 创建蝴蝶螺母的内螺纹。在【特征】选项卡中单击【螺纹线】按钮，弹出【螺纹线】属性面板。

8. 在图形区中选取蝴蝶螺母的圆孔边线作为螺纹的参考，随后 SolidWorks 生成预定义的螺纹预览，如图 3-74 所示。

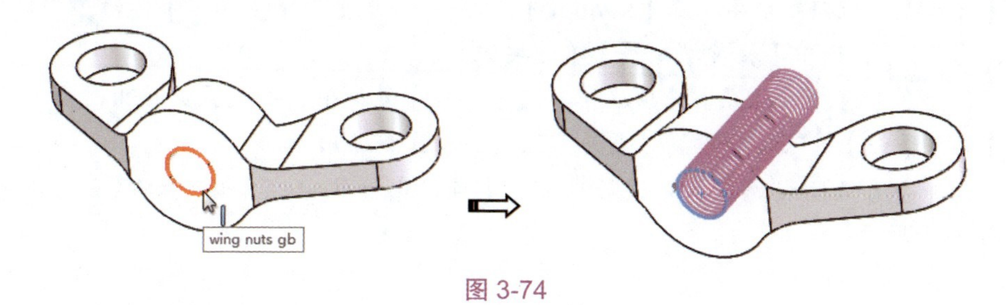

图 3-74

9. 在【规格】选项区的【类型】下拉列表框中选择【Metric Tap】选项，在【尺寸】下拉列表框中选择【M1.6×0.35】选项，其余选项保持默认设置，单击【确定】按钮✓，完成蝴蝶螺母内螺纹的创建，如图 3-75 所示。

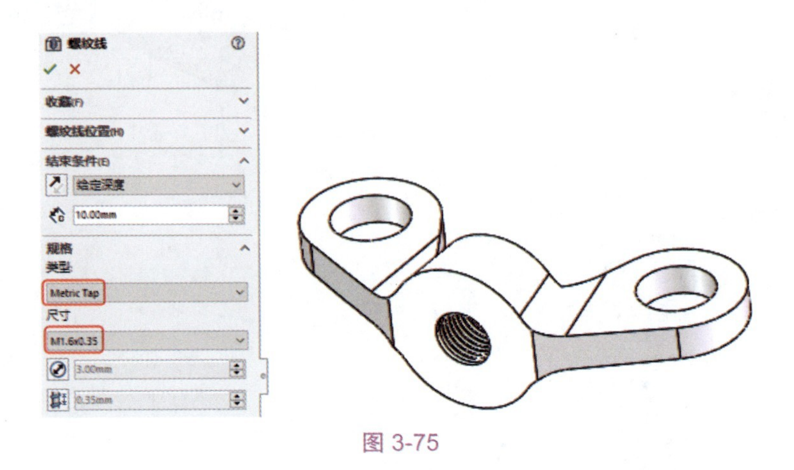

图 3-75

10. 创建瓶口螺纹。在【特征】选项卡中单击【螺纹线】按钮，弹出【螺纹线】属性面板。

11. 在图形区中选取瓶子瓶口上的圆柱边线作为螺纹的参考，随后 SolidWorks 生成预定义的螺纹预览，如图 3-76 所示。

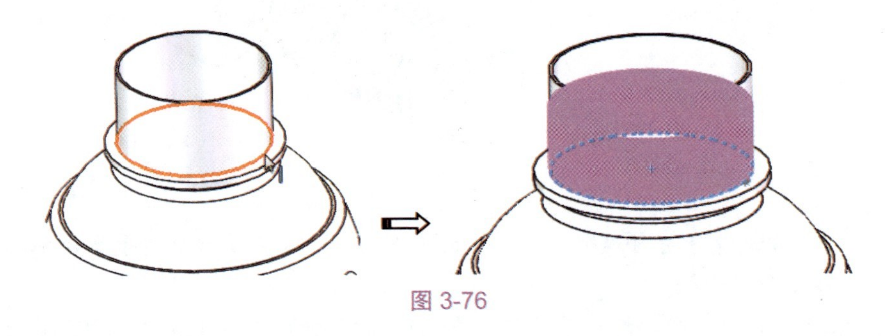

图 3-76

12. 在【规格】选项区的【类型】下拉列表框中选择【SP4xx Bottle】选项，并在【尺寸】下拉列表框中选择【SP400-M-6】选项，单击【覆盖螺距】按钮，修改螺距为“15”，选中【拉伸螺纹线】单选按钮。

13. 在【螺纹线位置】选项区中勾选【偏移】复选框，并设置偏移距离为“5”。在【结束条件】选项区中设置深度为“7.5”，如图 3-77 所示。

14. 查看螺纹线的预览无误后，单击【确定】按钮✓，完成瓶口螺纹的创建，如图 3-78 所示。

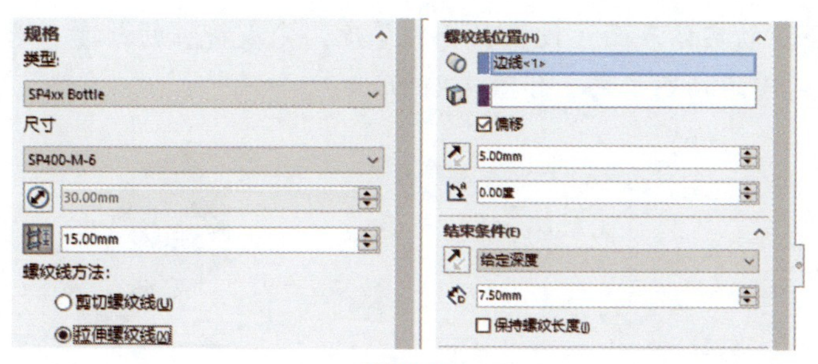

图 3-77

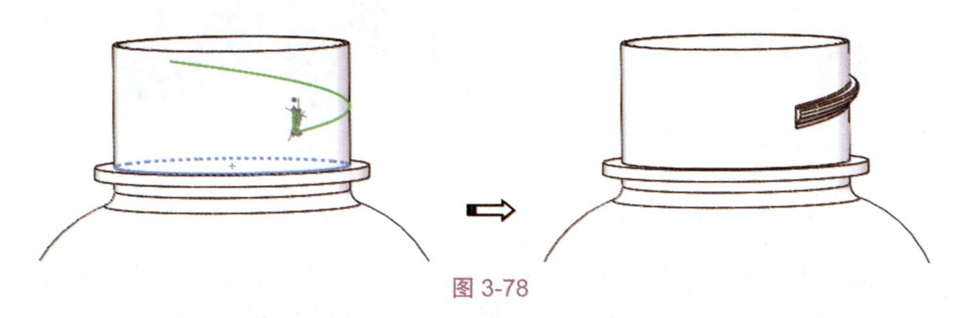

图 3-78

15. 单击【圆周阵列】按钮，对瓶口螺纹进行圆周阵列，阵列个数为 3，结果如图 3-79 所示。

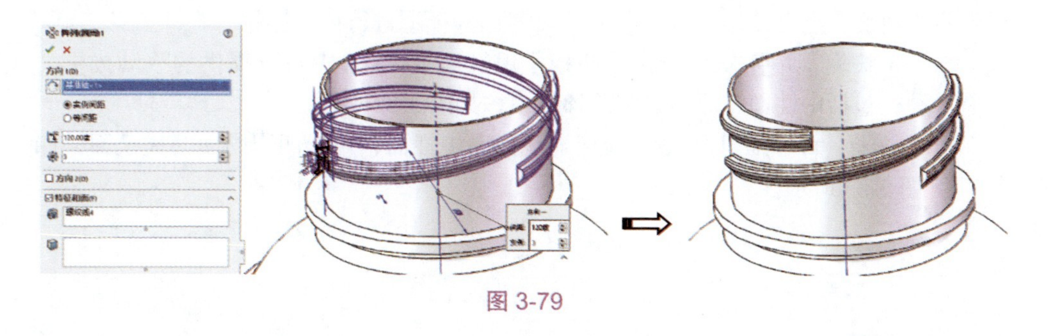

图 3-79

3.3.4 抽壳

使用【抽壳】工具能产生薄壳，有些箱体零件和塑件产品需要用此工具来完成壳体的创建。

1. 在【特征】选项卡中单击【抽壳】按钮，显示【抽壳】属性面板，如图 3-80 所示。

2. 从【抽壳 1】属性面板中可以看到，主要抽壳参数为厚度、移除面、抽壳方式等。

3. 选择合适的实体表面，设置抽壳的厚度，完成特征的创建。选择不同的实体表面，会产生不同的抽壳效果，如图 3-81 所示。

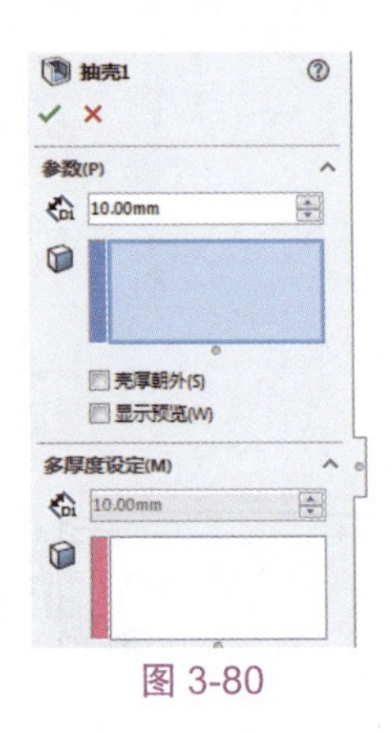

图 3-80

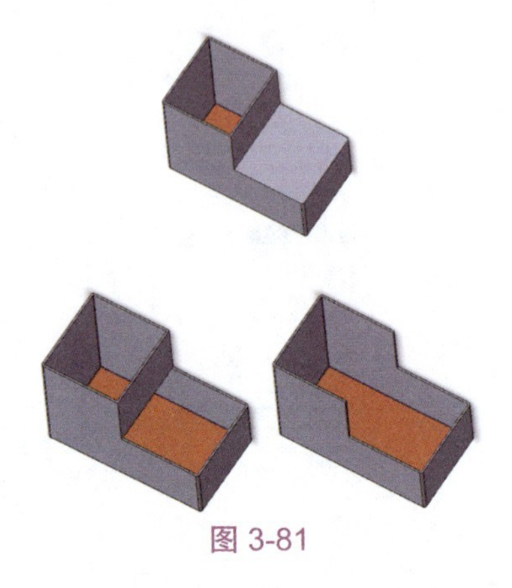

图 3-81

3.3.5　拔模

拔模可以理解为“脱模”，是来自模具设计与制造中的工艺流程，用于将零件或产品的外形在模具开模方向上形成一定的倾斜角度，以此可将零件或产品轻易地从模具型腔中顺利脱出，而不将零件或产品刮伤。

在 SolidWorks 中，可以在使用【拉伸凸台 / 基体】工具创建拉伸凸台特征时设置拔模斜度，也可使用【拔模】工具对已知模型进行拔模操作。

单击【拔模】按钮，弹出【拔模】属性面板。SolidWorks 提供的手动拔模类型有 3 种，包括中性面、分型线和阶梯拔模，如图 3-82 所示。

- 若选择【中性面】类型，指定下端面为中性面，矩形四周的面为拔模面，如图 3-83 所示。

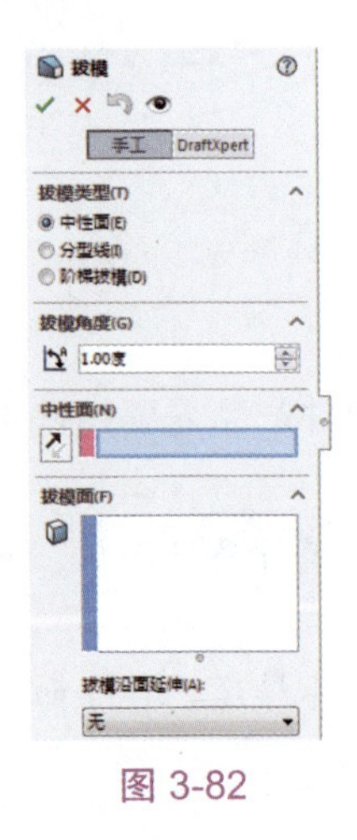

图 3-82

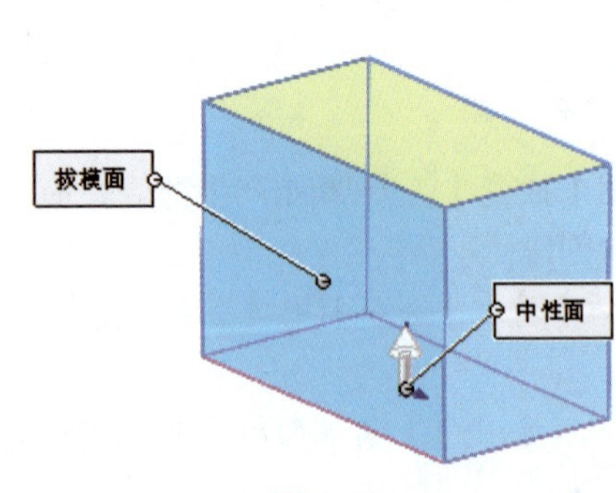

图 3-83

- 若选择【分型线】类型，可以在任意面上绘制曲线作为分型线，如图 3-84 所示。需要说明的是，并不是任意绘制的一条曲线都可以作为分型线，作为分型线的曲线必须同时是一条分割线。

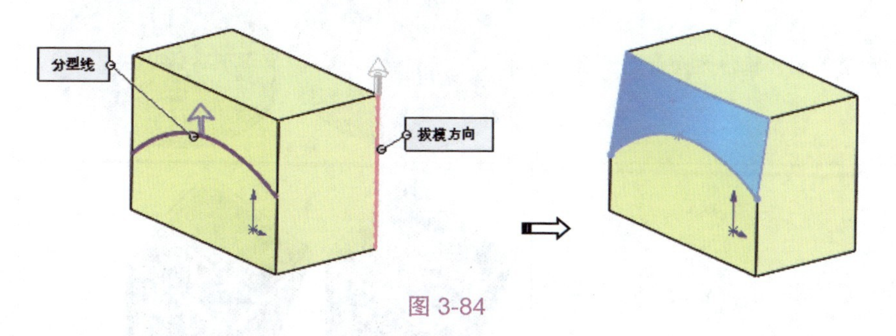

图 3-84

- 若选择【阶梯拔模】类型，以分型线为界，可以进行锥形阶梯拔模或垂直阶梯拔模。图 3-85 所示为锥形阶梯拔模。

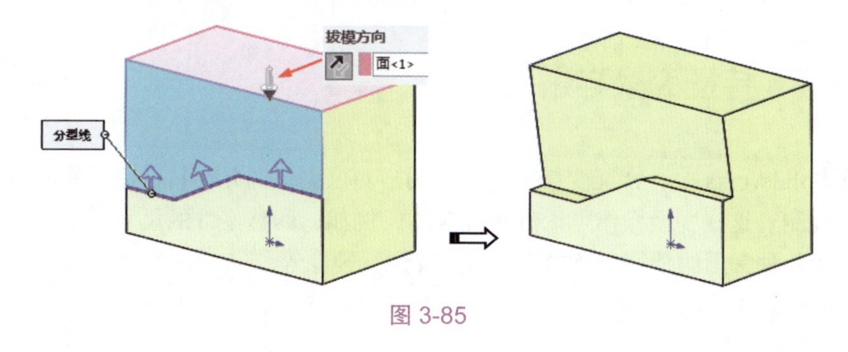

图 3-85

3.3.6 筋

筋负责给实体零件添加薄壁支撑。筋是由开环或闭环绘制的轮廓所生成的特殊类型的拉伸特征，它在轮廓与现有零件之间添加指定方向和厚度的材料。可使用单一或多个草图生成筋，也可以通过拔模生成筋。

表 3-1 所示为筋草图拉伸方向的典型例子。

表 3-1

拉伸方向	图例
简单的筋草图，拉伸方向平行于草图	

续表

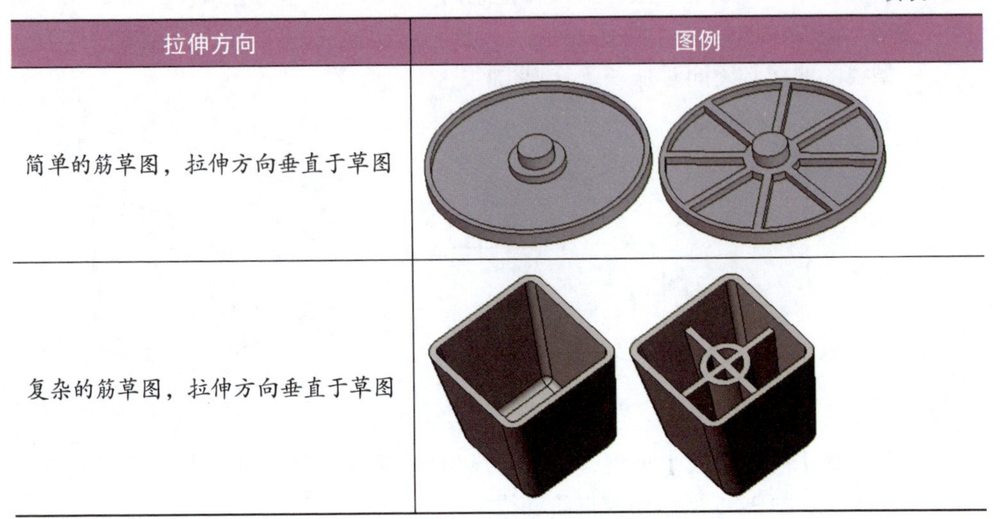

拉伸方向	图例
简单的筋草图，拉伸方向垂直于草图	
复杂的筋草图，拉伸方向垂直于草图	

3.4　特征变换与编辑

在 SolidWorks 中，特征变换操作允许用户对已创建的几何特征进行修改、移动、旋转或复制。这些变换操作可以有多种应用，例如，调整零件的尺寸、位置或形状。下面介绍几种常用的特征变换操作，包括阵列、镜像等。

3.4.1　阵列

阵列用于创建多个重复的特征。在 SolidWorks 中可以创建特征的线性阵列、圆周阵列、曲线驱动的阵列、填充阵列，以及使用草图点或表格坐标创建阵列。SolidWorks 提供了 7 种类型的阵列，常用的是线性阵列和圆周阵列。

一、线性阵列

线性阵列是指在一个方向或两个相互垂直的直线方向上创建特征的阵列。

1. 在【特征】选项卡中单击【线性阵列】按钮，弹出【线性阵列】属性面板。

2. 根据要求设置该属性面板中的相关选项，包括指定一个线性阵列的方向、指定一个要阵列的特征、设定特征之间的间距和阵列数，如图 3-86 所示。

二、圆周阵列

圆周阵列是指绕着一个基准轴进行特征复制，它主要用于圆周方向特征均匀分布的情形。

1. 在【特征】选项卡中单击【圆周阵列】按钮，弹出【圆周阵列】属性面板。

2. 选择要阵列的对象后，再设置相关选项，包括选取基准轴。

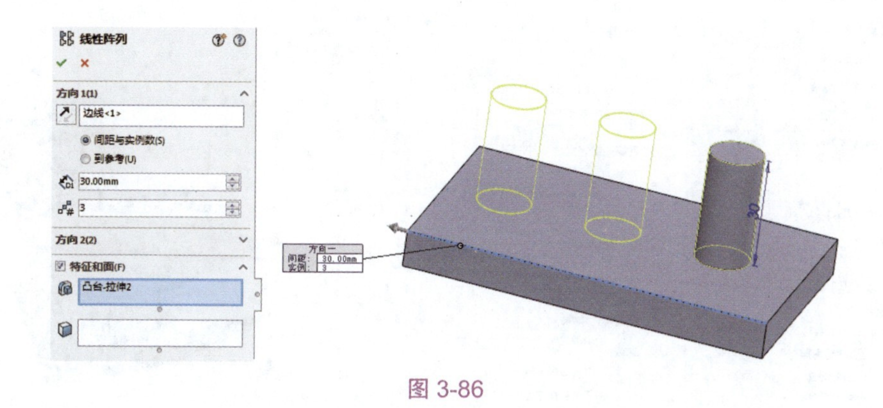

图 3-86

3. 单击【确定】按钮✓，完成对象的圆周阵列，如图 3-87 所示。

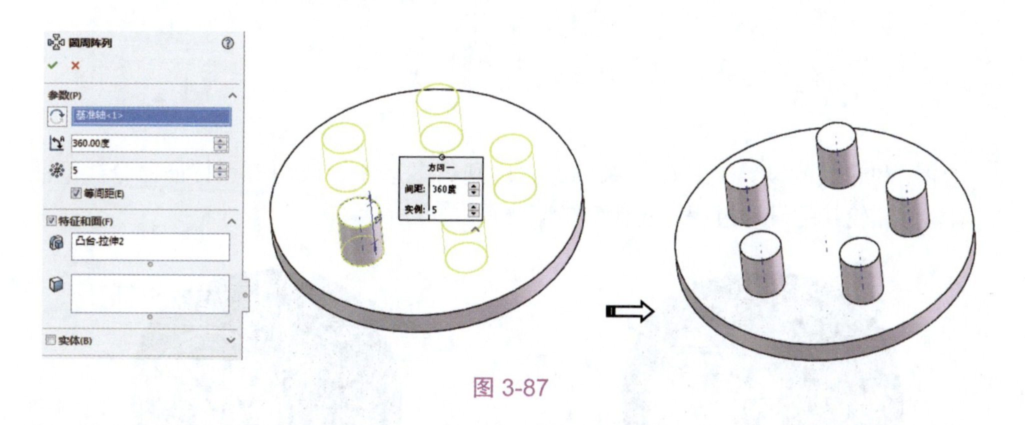

图 3-87

提示: 当需要对特征进行多个手动操作时，阵列是一种较好的方法。之所以优先选择阵列，是因为它具有以下优点：可重复使用几何体、能够改变随动、可使用装配部件阵列，还可创建智能扣件。

3.4.2 镜像

沿面或基准面镜像，可生成一个特征（或多个特征）的副本。可选择特征或构成特征的面进行镜像。对于多实体零件，可使用【线性阵列】工具或【镜像】工具来阵列或镜像同一零件中的多个实体。

1. 在【特征】选项卡中单击【镜像】按钮，弹出【镜像】属性面板，如图 3-88 所示。

2. 根据要求设置该属性面板中的相关选项，主要有两个选项：指定一个平面作为执行镜像操作的基准面；选取一个或多个要镜像的特征，如图 3-89 所示。

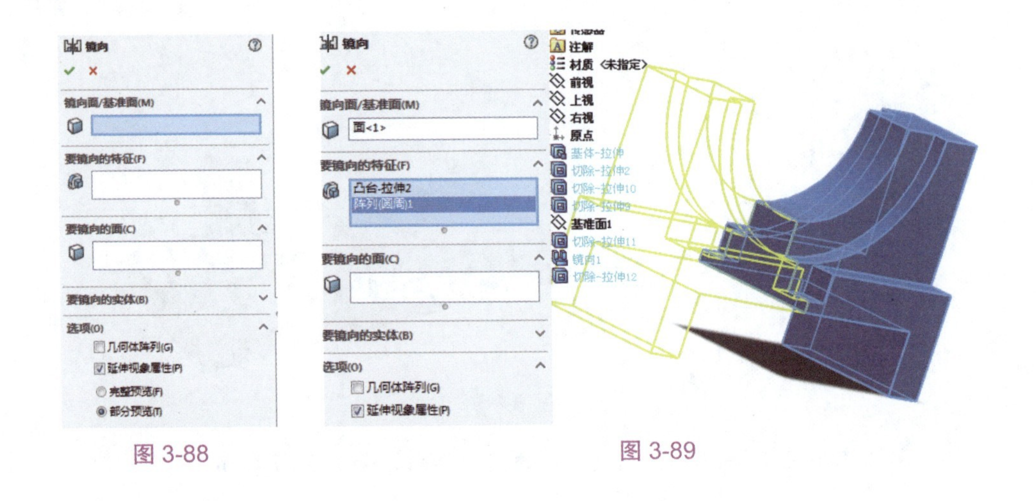

图 3-88　　　　图 3-89

3.5　综合案例：轮胎与轮毂设计

轮胎和轮毂的设计是比较复杂的，要用到很多基体特征和工程特征命令。下面介绍轮胎和轮毂的设计过程。轮胎和轮毂如图 3-90 所示。

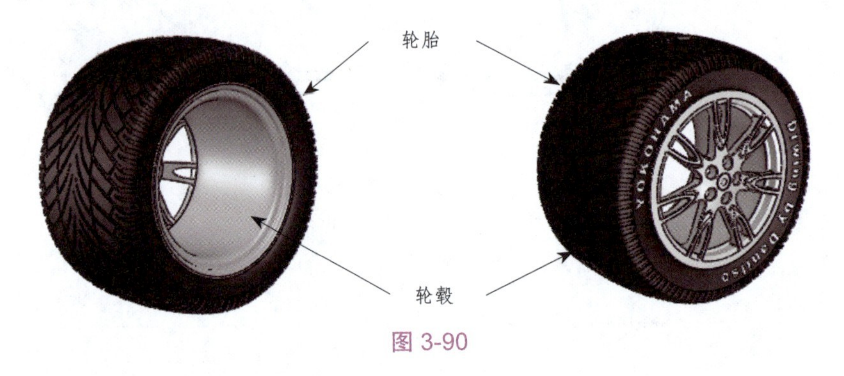

图 3-90

一、轮毂设计

轮毂的设计将用到【拉伸凸台 / 基体】工具、【拉伸切除】工具、【旋转切除】工具、【旋转凸台 / 基体】工具、【圆角】工具和【圆周阵列】工具等。轮毂的整体造型如图 3-91 所示。

设计方法是先创建主体，再设计局部形状（为了截图可以清晰表达设计意图，可以调转创建顺序）；先创建加材料特征，再创建减材料特征。

1. 新建 SolidWorks 零件文件。

2. 单击【拉伸凸台 / 基体】按钮，弹出【拉伸】属性面板，选择上视基准面作为草图平面，进入草图环境并绘制图 3-92 所示的草图。

图 3-91

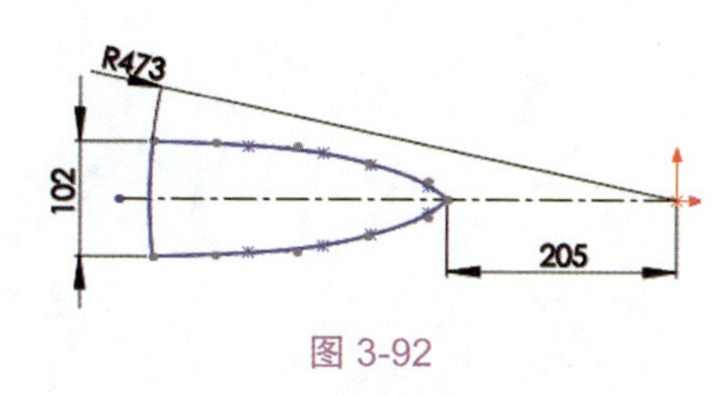

图 3-92

3. 退出草图环境，在弹出的【凸台 - 拉伸】属性面板中设置拉伸选项及参数，然后单击【确定】按钮✓，完成拉伸凸台特征的创建，如图 3-93 所示。

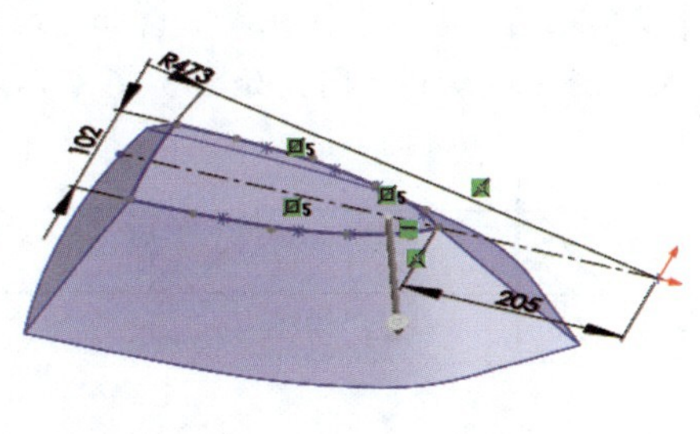

图 3-93

4. 单击【基准轴】按钮，弹出【基准轴】属性面板。选择前视基准面和右视基准面作为参考实体，选择【两平面】类型，最后单击【确定】按钮✓，完成基准轴的创建，如图 3-94 所示。

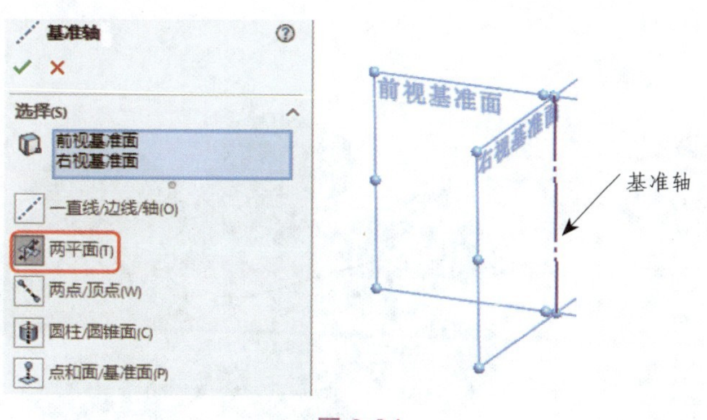

图 3-94

5. 单击【圆周阵列】按钮，弹出【圆周阵列】属性面板。选择基准轴为阵列轴，输入实例数为 7，在【实体】选项区选择“凸台 - 拉伸 1”为要阵列的实体，然后单击【确定】按钮✓，创建拉伸凸台特征的圆周阵列特征，如图 3-95 所示。

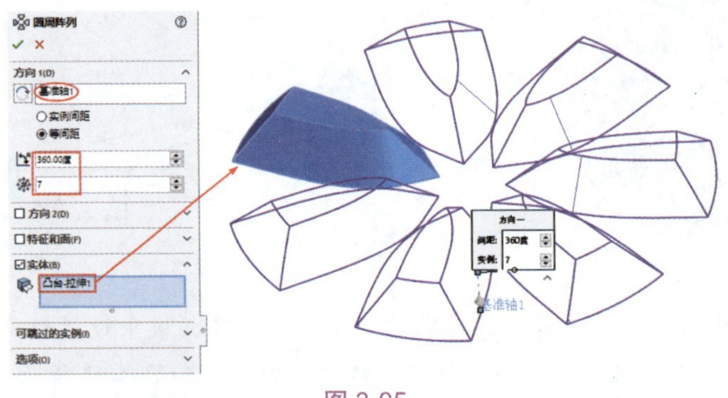

图 3-95

6. 单击【旋转凸台 / 基体】按钮，弹出【旋转】属性面板。选择前视基准面为草图平面，进入草图环境绘制草图，如图 3-96 所示。完成草图绘制后退出草图环境。

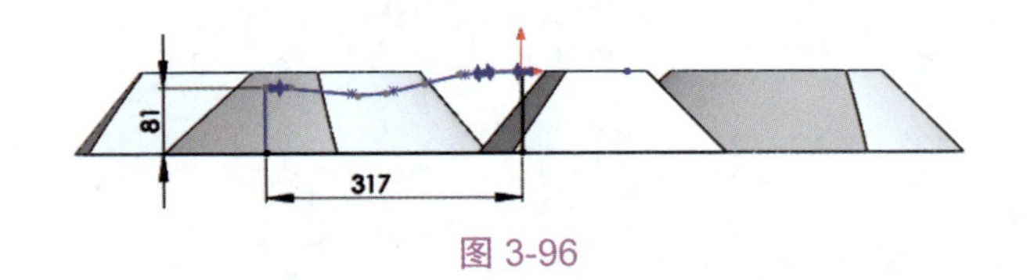

图 3-96

7. 在【旋转】属性面板中激活【旋转轴】选择框，选择草图里的竖直直线作为旋转轴，勾选【合并结果】复选框，系统会自动识别出草图中曲线作为旋转截面，同时会自动收集拉伸凸台特征和多个圆周阵列特征到【受影响的实体】列表框中。然后选中【所选实体】单选按钮，单击【确定】按钮✓，完成旋转凸台特征的创建，如图 3-97 所示。

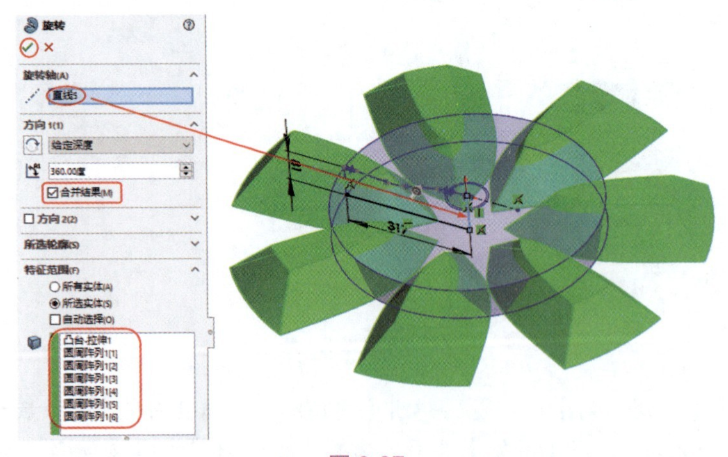

图 3-97

8. 单击【拉伸切除】按钮，弹出【拉伸】属性面板。然后在上视基准面上绘制图 3-98 所示的草图，再使用【圆周阵列】工具阵列草图，结果如图 3-99 所示。

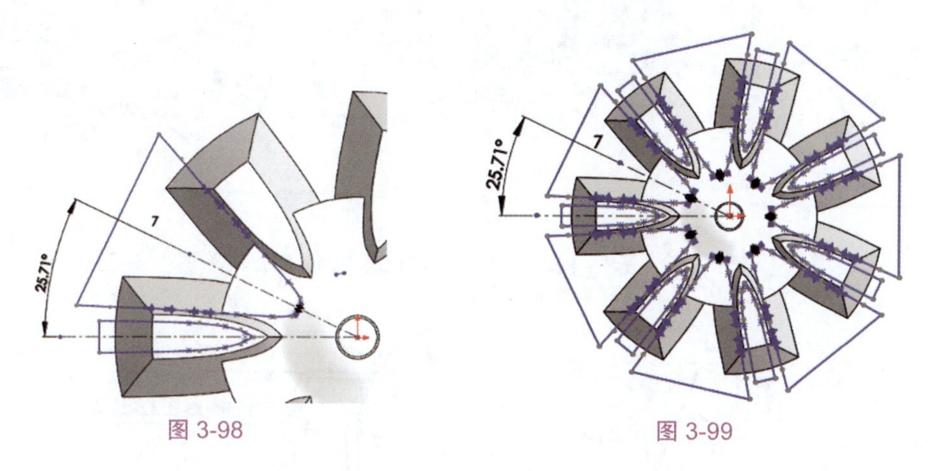

图 3-98　　　　图 3-99

9. 退出草图环境，在弹出的【切除 - 拉伸】属性面板中设置拉伸方式为“完全贯穿”，更改拉伸方向。单击【确定】按钮，完成切除操作，如图 3-100 所示。

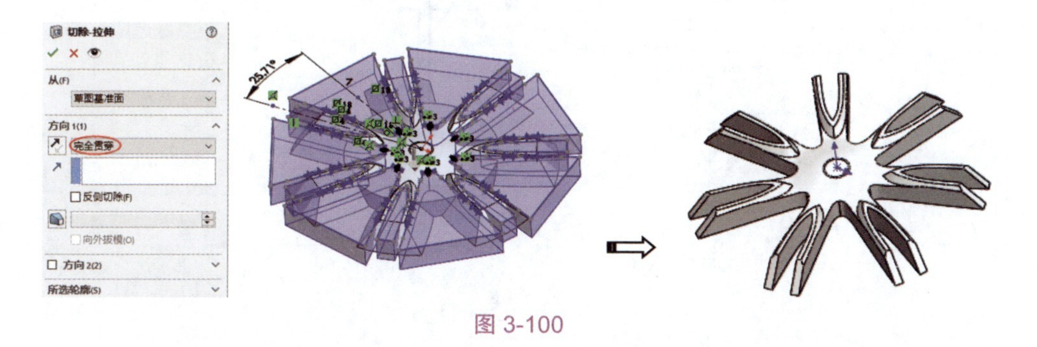

图 3-100

10. 使用【旋转切除】工具，在前视基准面上绘制草图，如图 3-101 所示。

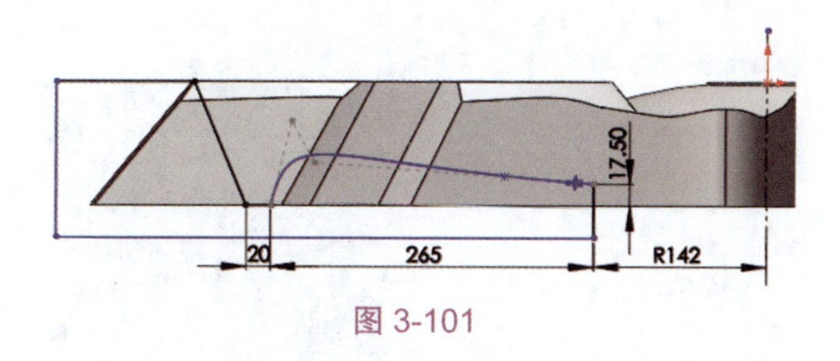

图 3-101

11. 退出草图环境后，选择中心线作为旋转轴，再单击【切除 - 旋转】属性面板中的【确定】按钮，完成切除操作，如图 3-102 所示。

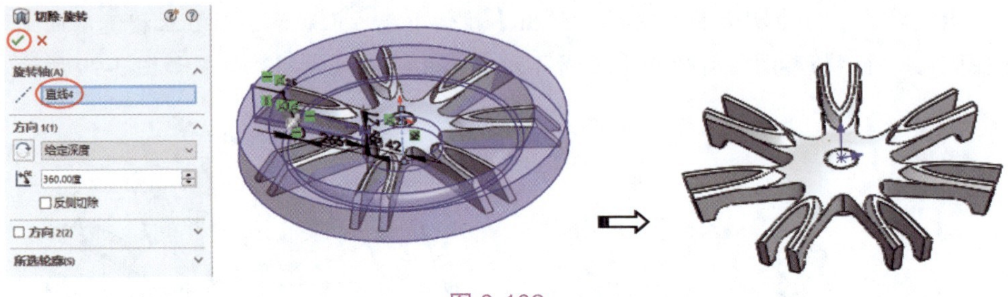

图 3-102

12. 单击【旋转凸台/基体】按钮，在前视基准面上绘制草图，如图 3-103 所示。

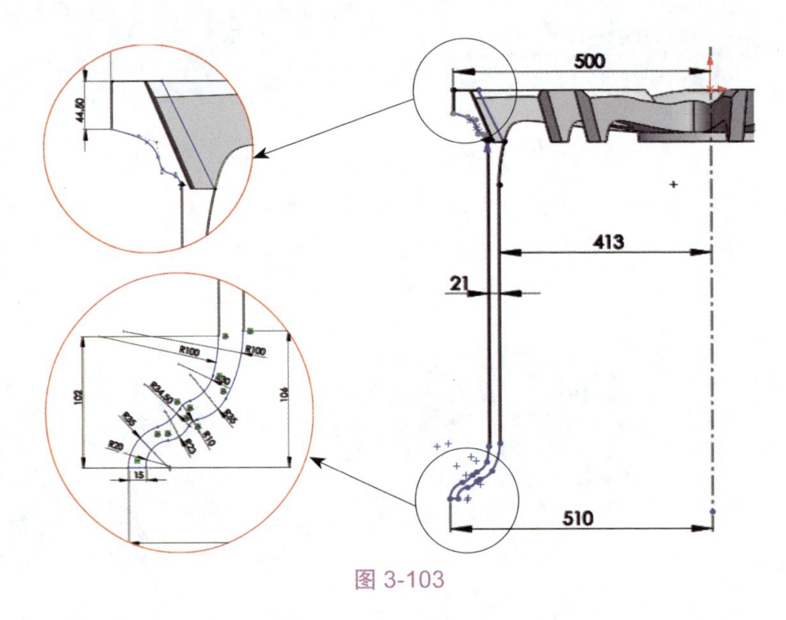

图 3-103

13. 退出草图环境后，在【旋转】属性面板中设置旋转轴，然后单击【确定】按钮，完成旋转凸台特征的创建，如图 3-104 所示。

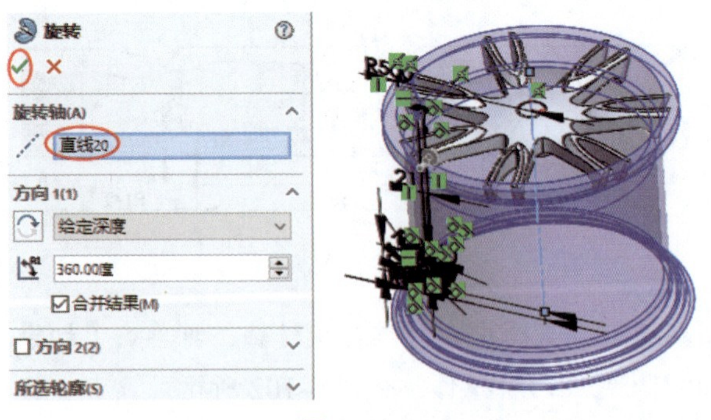

图 3-104

14. 使用【旋转切除】工具，绘制图 3-105 所示的草图后，完成旋转切除特征的创建。

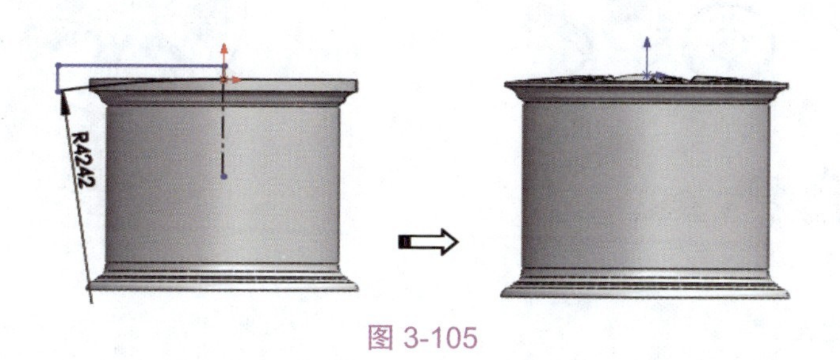

图 3-105

15. 使用【圆角】工具，对轮毂进行圆角处理，圆角半径全为 4，如图 3-106 所示。

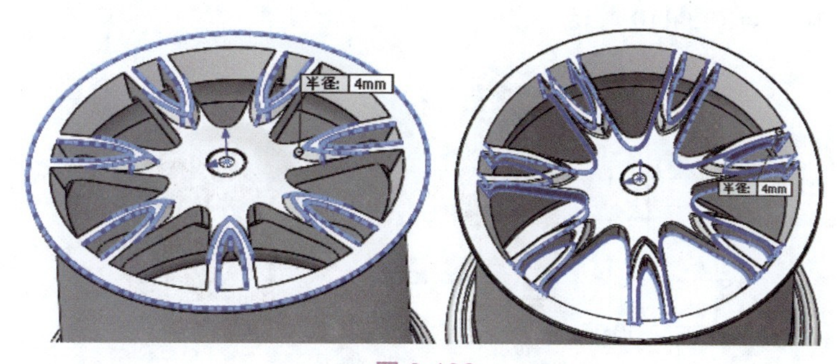

图 3-106

16. 使用【拉伸切除】工具，绘制图 3-107 所示的草图后，设置向下拉伸切除的距离为 80，完成拉伸切除特征的创建。

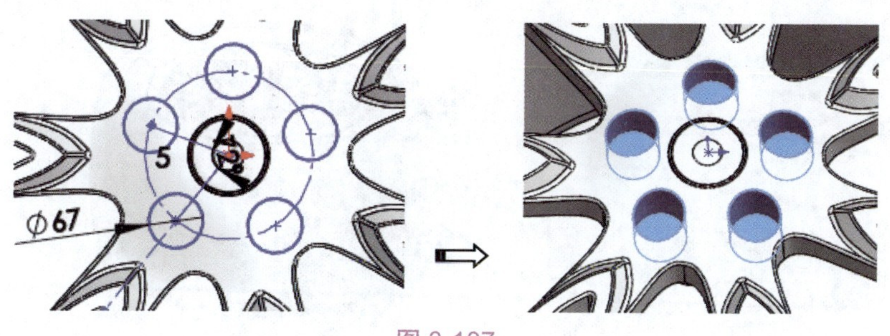

图 3-107

17. 在拉伸切除特征上添加圆角，圆角半径为 4，如图 3-108 所示。

18. 至此，轮毂设计完成，结果如图 3-109 所示，保存文件。

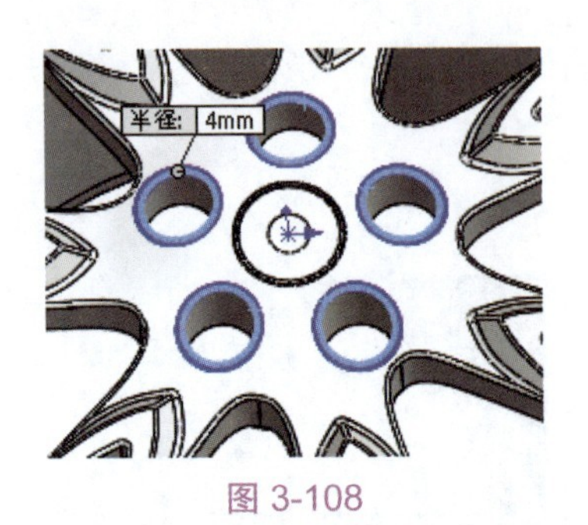

图 3-108

图 3-109

二、轮胎设计

轮胎的设计要稍微复杂一些，会利用一些【曲面】选项卡中的曲面设计工具来完成轮胎表面的纹路设计。

1. 使用【旋转凸台 / 基体】工具，在前视基准面上绘制草图，并完成旋转凸台特征的创建，如图 3-110 所示。

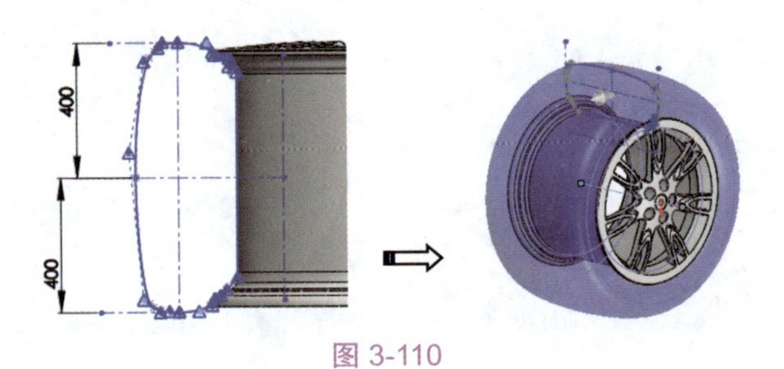

图 3-110

2. 使用【基准面】工具，创建基准面 1，如图 3-111 所示。

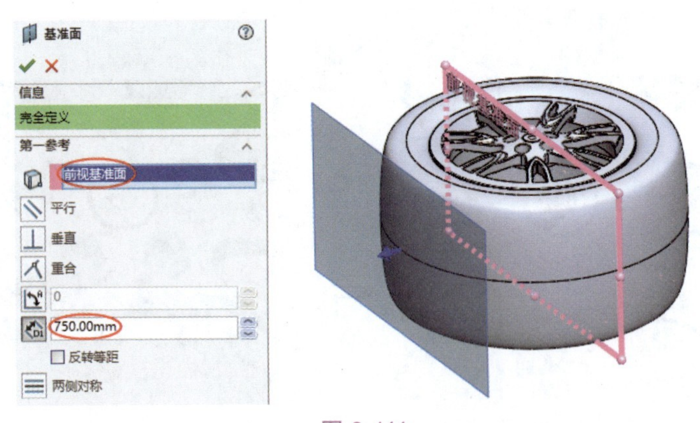

图 3-111

3. 单击【包覆】按钮，弹出【信息】属性面板。选择基准面 1 作为草图平面，绘制图 3-112 所示的草图。

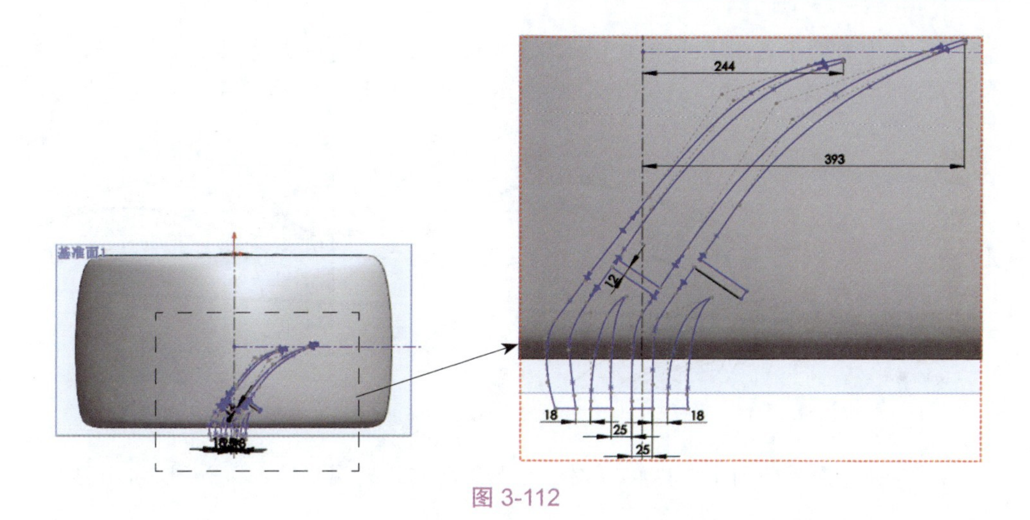

图 3-112

4. 退出草图环境后，在【包覆】属性面板上选择【蚀雕】类型和【分析】方法，并设置深度为 10，单击【确定】按钮，完成轮胎表面的包覆特征的创建，如图 3-113 所示。

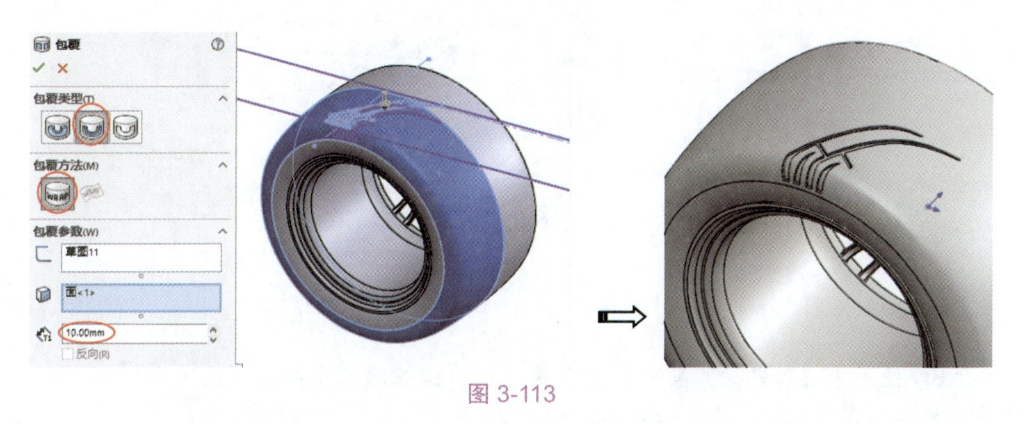

图 3-113

5. 在【曲面】选项卡中单击【等距曲面】按钮，弹出【等距曲面】属性面板。选择包覆特征的底面作为等距曲面的参考，设置等距距离为 0，单击【确定】按钮，创建等距曲面，如图 3-114 所示。

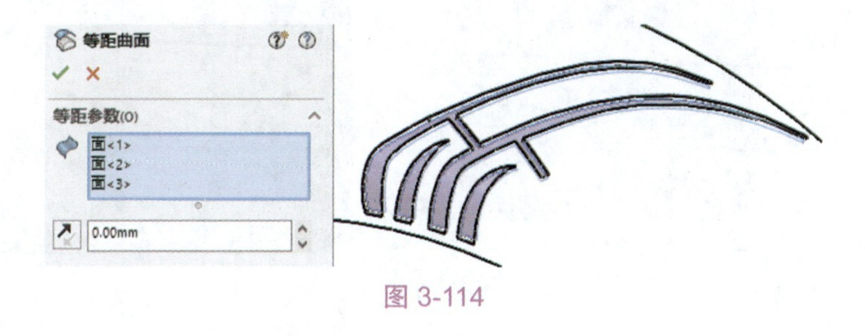

图 3-114

6. 在【曲面】选项卡中单击【加厚】按钮，弹出【加厚】属性面板，依次选择等距曲面来创建加厚特征，如图 3-115 所示。同理，将其余两个等距曲面进行加厚。

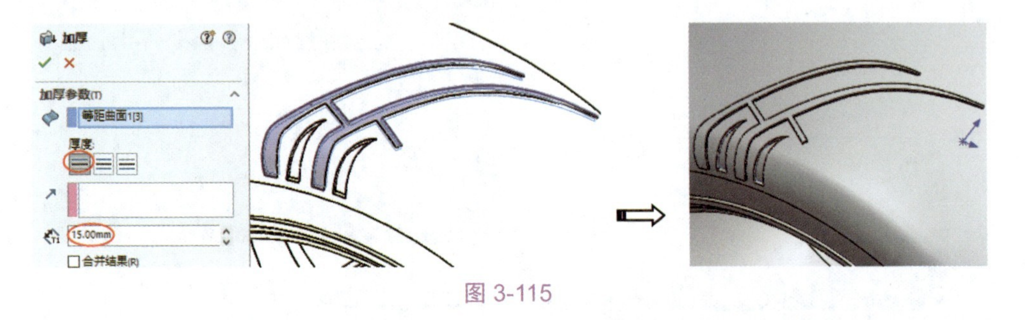

图 3-115

7. 使用【圆周阵列】工具，对 3 个加厚特征进行圆周阵列，如图 3-116 所示。

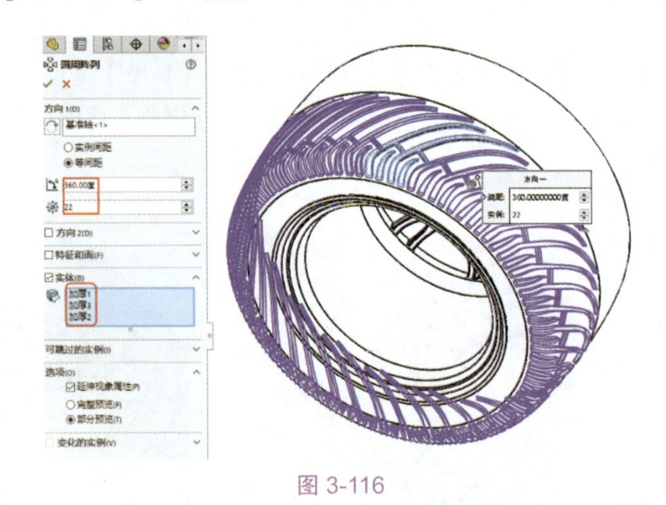

图 3-116

8. 使用【旋转凸台 / 基体】工具，在前视基准面中绘制草图（小矩形）后，完成旋转凸台特征的创建，如图 3-117 所示。

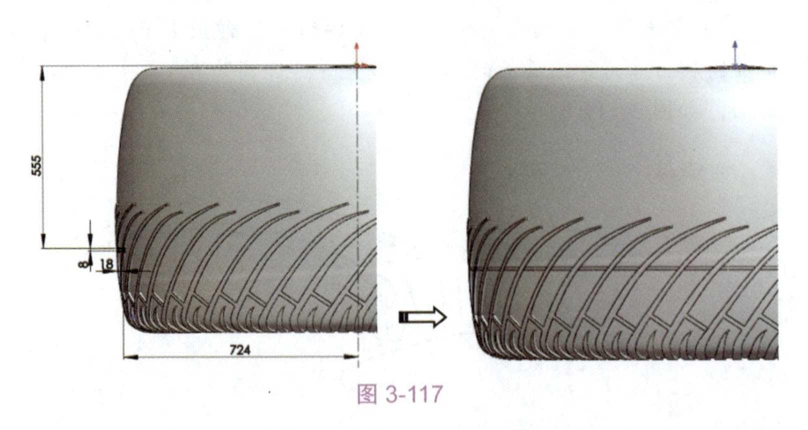

图 3-117

9. 使用【基准面】工具创建基准面 2，如图 3-118 所示。

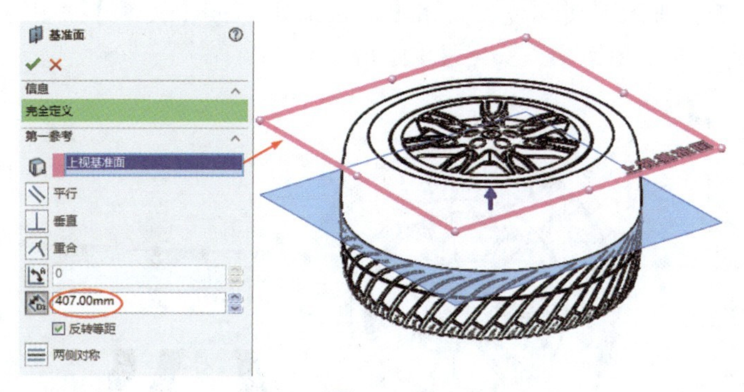

图 3-118

10. 使用【镜像】工具，将前面所创建的轮胎花纹全部镜像到基准面 2 的另一侧，如图 3-119 所示。

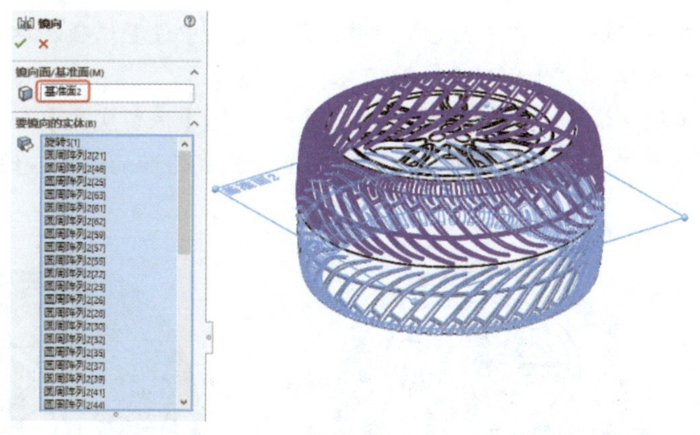

图 3-119

11. 使用【等距曲面】工具，选择轮胎上的一个面来创建等距曲面，如图 3-120 所示。

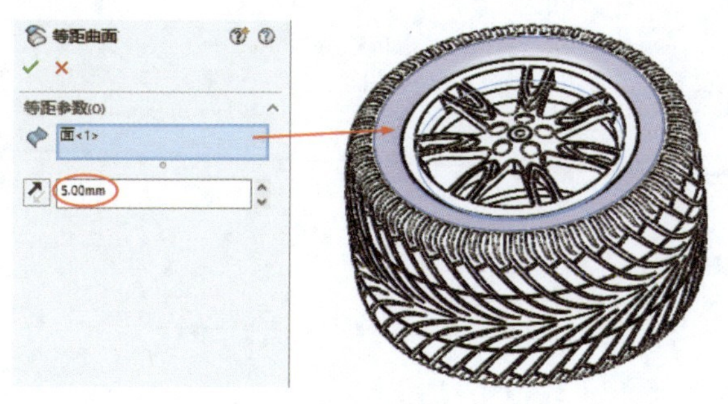

图 3-120

12. 单击【拉伸凸台/基体】按钮，弹出【拉伸】属性面板，选择上视基准面作为草图平面，进入草图环境，使用【圆】工具和【文本】工具，绘制一个直径为1080的圆和草图文字，如图3-121所示。

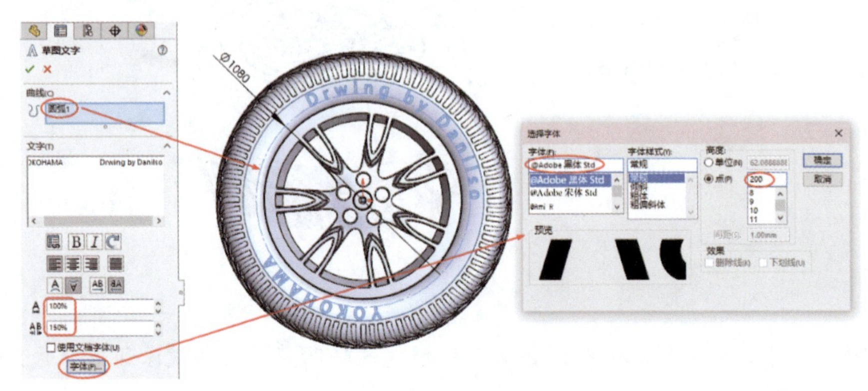

图 3-121

13. 退出草图环境后，在【凸台-拉伸】属性面板中设置选项及参数，单击【确定】按钮，完成字体实体的创建，如图3-122所示。

14. 在菜单栏中执行【插入】/【特征】/【删除】/【保留实体】命令，将等距曲面2（步骤13中作为参考的等距曲面）删除，至此完成轮胎的设计，结果如图3-123所示。

图 3-122　　图 3-123

15. 将设计结果保存。

第 4 章 曲面特征建模

本章主要介绍 SolidWorks 的曲面特征建模工具及其应用技巧及曲面控制方法。曲面在实际工作中经常用到，往往是三维实体模型的基础，因此要熟练掌握其创建方法。

4.1 创建基础曲面

SolidWorks 的曲面工具在功能区的【曲面】选项卡中。基础曲面是构建模型形状的第一个曲面，可使用【拉伸曲面】工具、【旋转曲面】工具、【扫描曲面】工具、【放样曲面】工具、【边界曲面】工具或【平面区域】工具等来创建。接下来逐一介绍这些创建基础曲面的工具。

4.1.1 拉伸曲面

拉伸曲面与拉伸凸台 / 基体的含义是相同的，都是将草图沿指定方向进行拉伸。不同的是，拉伸凸台特征是实体特征，拉伸曲面是曲面特征。

1. 单击【拉伸曲面】按钮，然后选择上视基准面为草图平面，绘制图 4-1 所示的草图。

2. 退出草图环境后，在【曲面 - 拉伸】属性面板中设置拉伸参数及选项。

3. 单击【确定】按钮，完成拉伸曲面的创建，如图 4-2 所示。

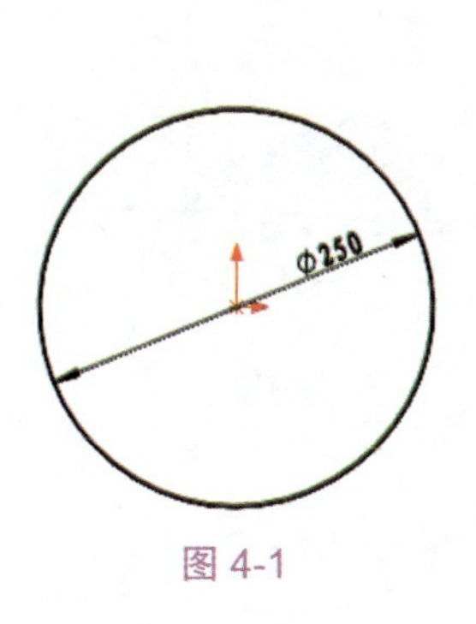

图 4-1

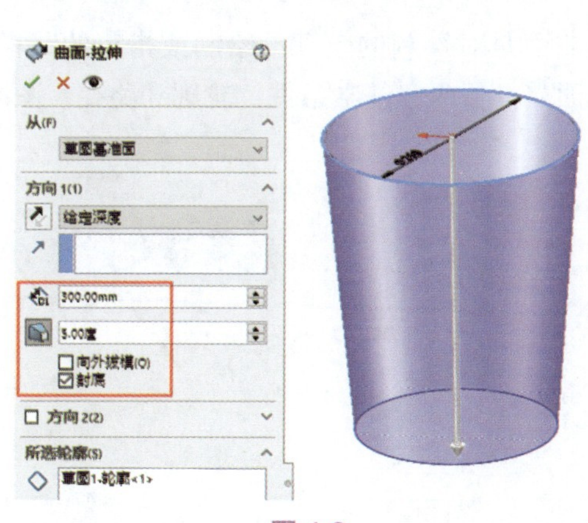

图 4-2

4.1.2　旋转曲面

要创建旋转曲面，必须具备两个条件：旋转轮廓和旋转中心线。旋转轮廓可以是开放的，也可以是封闭的；旋转中心线可以是草图中的直线、中心线或构造线，也可以是基准轴。

1. 在功能区的【曲面】选项卡中单击【旋转曲面】按钮，选择草图平面并完成草图的绘制。

2. 退出草图环境后，在弹出的【曲面 - 旋转 1】属性面板中设置选项，一般保持默认设置，如图 4-3 所示。

3. 默认的旋转角度为 360°，如果要创建小于默认旋转角度的曲面，可设置旋转角度。图 4-4 所示为设置旋转角度为 180° 后创建的旋转曲面。

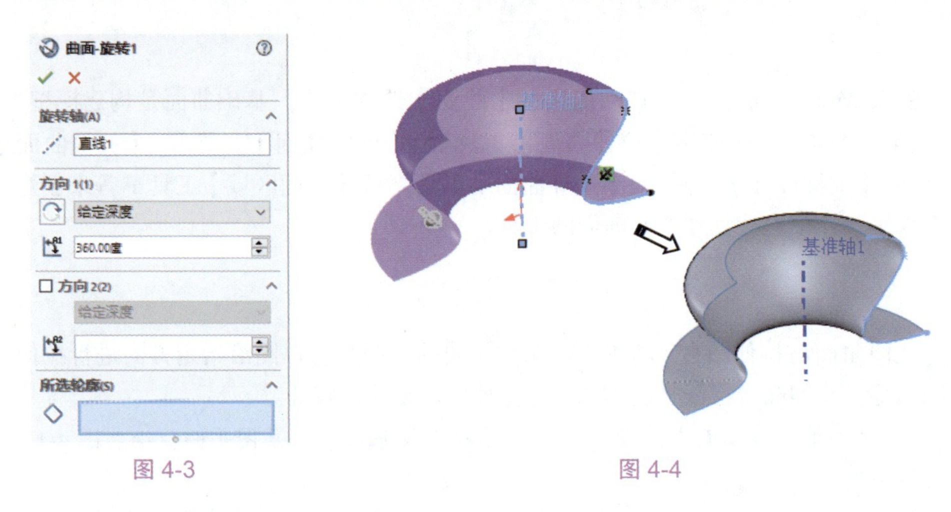

图 4-3　　图 4-4

4.1.3　扫描曲面

扫描曲面是对绘制的轮廓沿绘制或指定的路径进行扫掠而生成的曲面特征。创建扫描曲面需具备两个基本条件：轮廓和路径。图 4-5 所示为扫描曲面的创建过程。

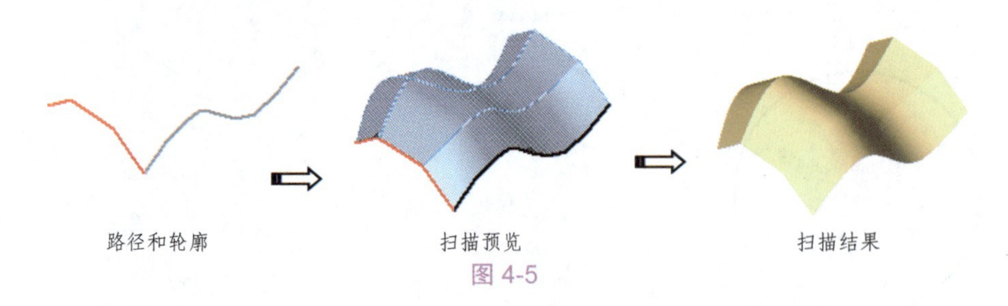

图 4-5

提示：可以在模型面上绘制扫描的路径，也可以使用模型边线作为路径。

【例 4-1】创建田螺曲面。

1. 新建零件文件。

2. 在菜单栏中执行【插入】/【曲线】/【螺旋线 / 涡状线】命令，弹出【螺旋线 / 涡状线】属性面板。

3. 选择上视基准面作为草图平面，绘制草图 1（直径为 0.1 的圆形），如图 4-6 所示。

4. 退出草图环境后，在【螺旋线 / 涡状线】属性面板上设置图 4-7 所示的螺旋线参数。单击【确定】按钮完成螺旋线 1 的创建。

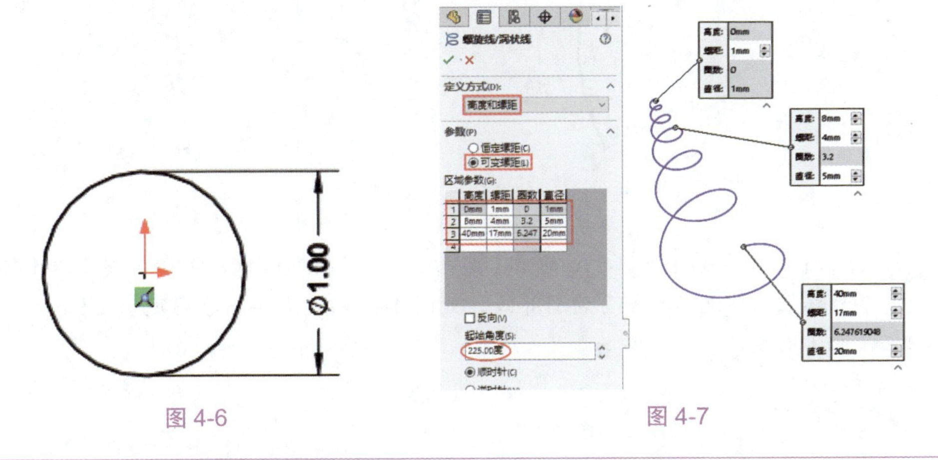

图 4-6　　图 4-7

> **提示：** 要设置或修改高度和螺距，须选择【高度和螺距】定义方式。若还需要设置或修改圈数，再选择【高度和圈数】定义方式即可。

5. 使用【草图】工具，在前视基准面上绘制图 4-8 所示的草图 2。

6. 使用【基准面】工具，选择螺旋线端点和螺旋线分别作为第一参考和第二参考，创建垂直于端点的基准面 1，如图 4-9 所示。

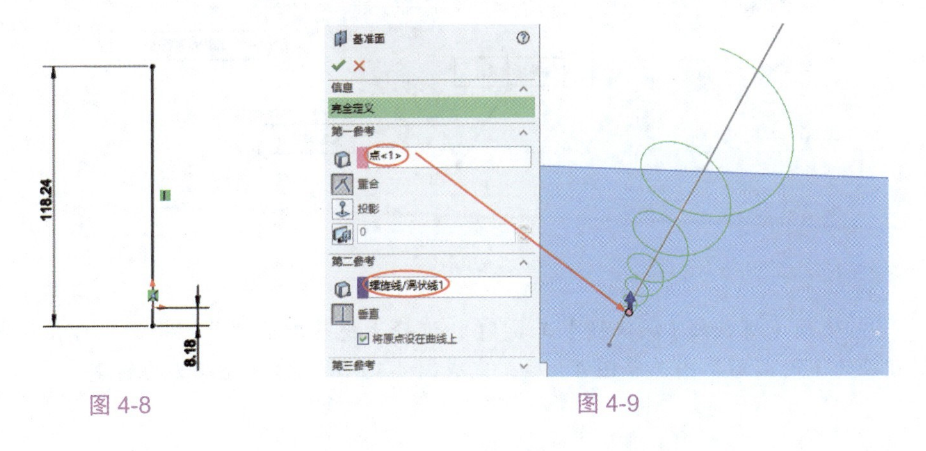

图 4-8　　图 4-9

7. 使用【草图】工具，在基准面 1 上绘制图 4-10 所示的草图 3。

提示：当曲线无法使用草图环境外的曲线进行参考绘制时，可以先随意绘制草图，然后选取曲线端点和外曲线进行穿透约束，如图 4–11 所示。

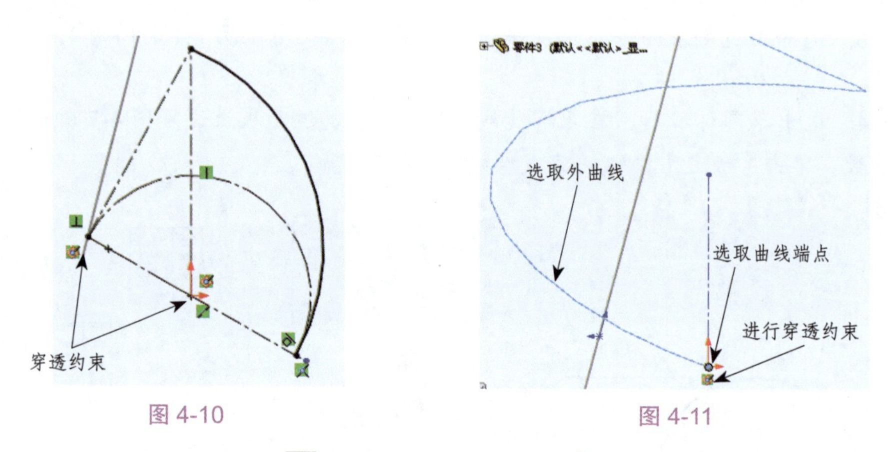

图 4-10　　　　图 4-11

8. 单击【扫描曲面】按钮，弹出【曲面 - 扫描】属性面板，选择草图 3 为轮廓、螺旋线 1 为路径，再选择草图 2 为引导线，如图 4-12 所示。单击【确定】按钮，完成扫描曲面 1 的创建。

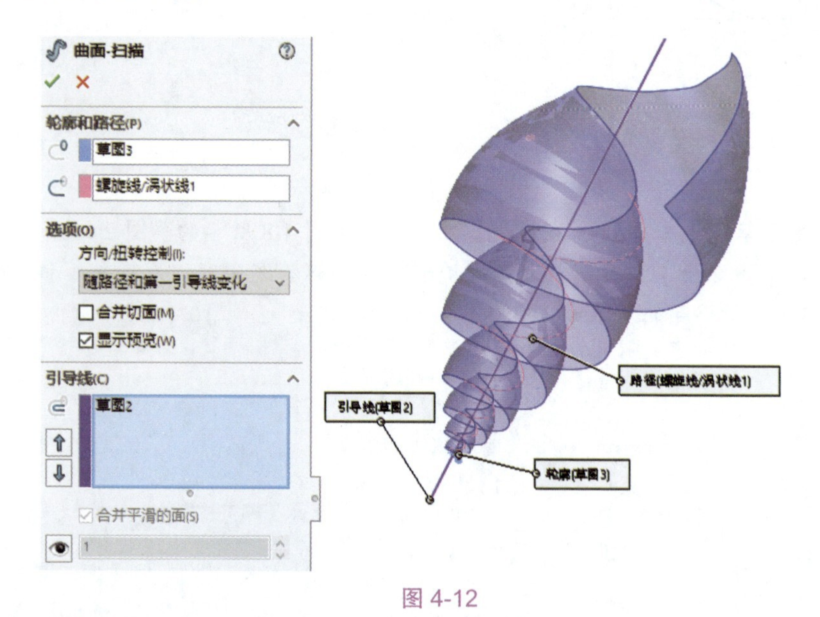

图 4-12

9. 使用【螺旋线 / 涡状线】工具，选择上视基准面为草图平面。再在原点绘制直径为 1 的圆形草图（草图 4）后，完成图 4-13 所示的螺旋线 2 的创建。

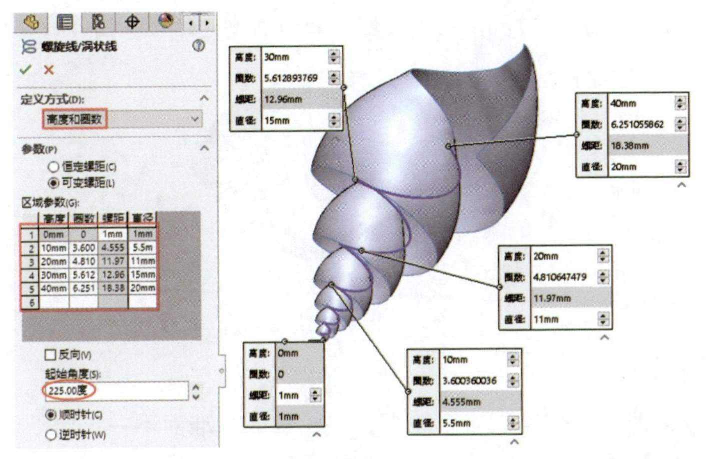

图 4-13

10. 使用【草图】工具，在基准面 1 上绘制图 4-14 所示的圆弧（草图 5）。

11. 单击【扫描曲面】按钮，弹出【曲面 - 扫描】属性面板，选择草图 5 为轮廓，选择螺旋线 2 为路径，选择扫描曲面 1 的边线为引导线，再设置其他选项，如图 4-15 所示。

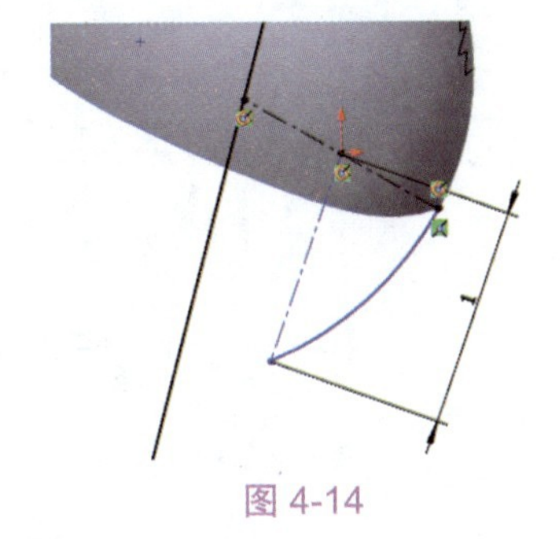

图 4-14

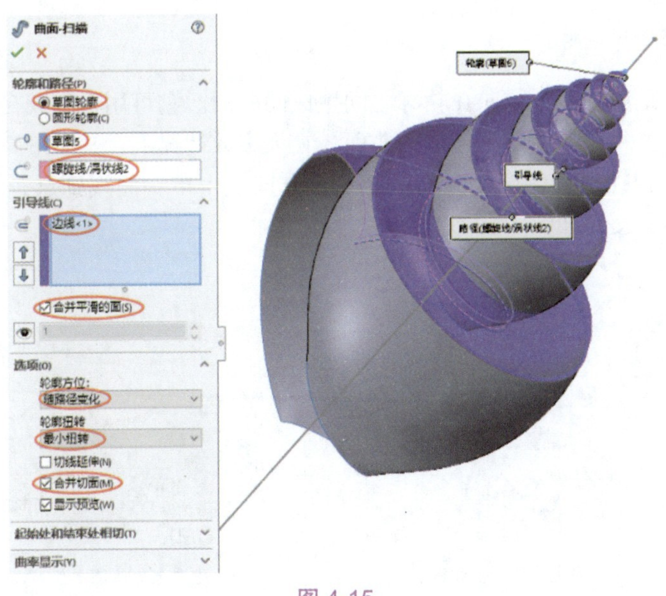

图 4-15

12. 单击【确定】按钮✓，完成田螺曲面的创建，结果如图 4-16 所示。

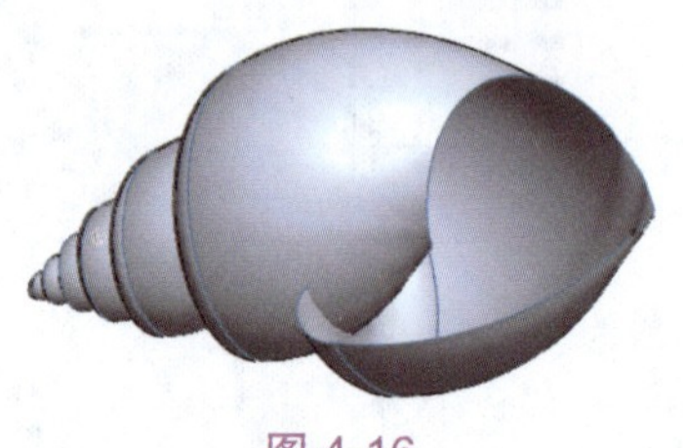

图 4-16

4.1.4　放样曲面

要创建放样曲面，需绘制多个轮廓，各轮廓的基准面不一定要平行。此外，针对一些特殊形状的曲面，除绘制多个轮廓外，还需绘制引导线。

> **提示：** 当然，可以在 3D 草图中将所有轮廓都绘制出来。

图 4-17 所示为放样曲面的创建过程。

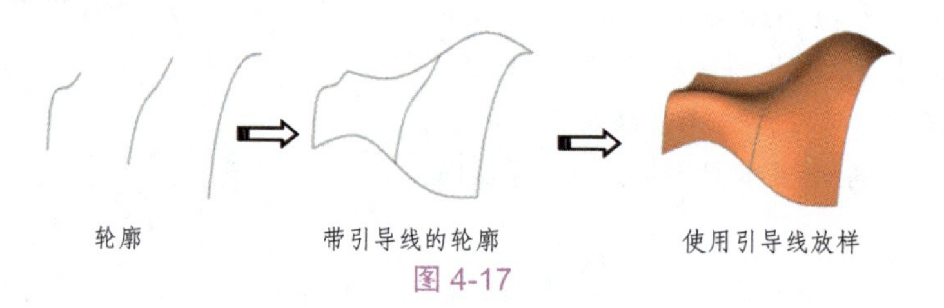

图 4-17

4.1.5　边界曲面

边界曲面是通过两个方向在轮廓之间生成的曲面。它可用于生成在两个方向（即曲面所有边）上相切或者曲率连续的曲面，在大多数情况下，其质量高于放样曲面。

边界曲面存在两种情况：一种是在一个方向上由单一曲线到点；另一种是在两个方向上曲线交叉，如图 4-18 所示。

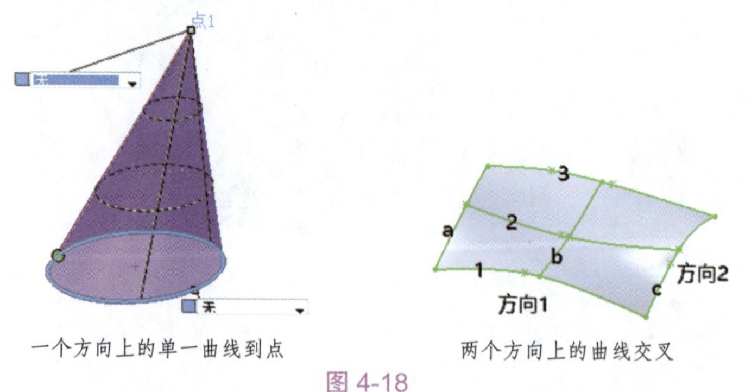

图 4-18

> **提示**：方向 1（包括编号为 1、2 和 3 的 3 条曲线）和方向 2（包括编号为 a、b 和 c 的 3 条曲线）在【边界－曲面】属性面板中可以相互交换，即无论是先选方向 1 还是先选方向 2，都会获得同样的结果。“方向”是指在空间中曲线的整体朝向，常称作 U 方向和 V 方向。U、V 方向包含平面中的 x、y 方向。

4.1.6 平面区域

平面区域是使用草图或一组边线生成的。可以使用草图生成有边界的平面，草图可以是封闭轮廓，也可以是一对平面实体。

草图具备以下条件时可以用于创建平面区域。

- 非相交闭合草图。
- 有一组闭合边线。
- 有多条共平面的分型线，如图 4-19 所示。
- 有一对平面实体，如曲线或边线，如图 4-20 所示。

1. 单击【平面区域】按钮，弹出【平面】属性面板，如图 4-21 所示。

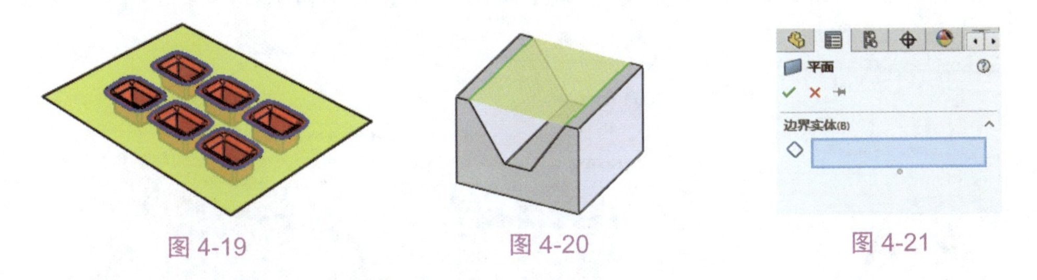

图 4-19　　图 4-20　　图 4-21

> **提示**：【平面区域】工具主要用在模具产品的拆模工作上，即修补产品中出现的破孔，以此获得完整的分型面。

2. 选择要创建平面区域的封闭轮廓，单击【确定】按钮后完成平面区域的创建，如图 4-22 所示。

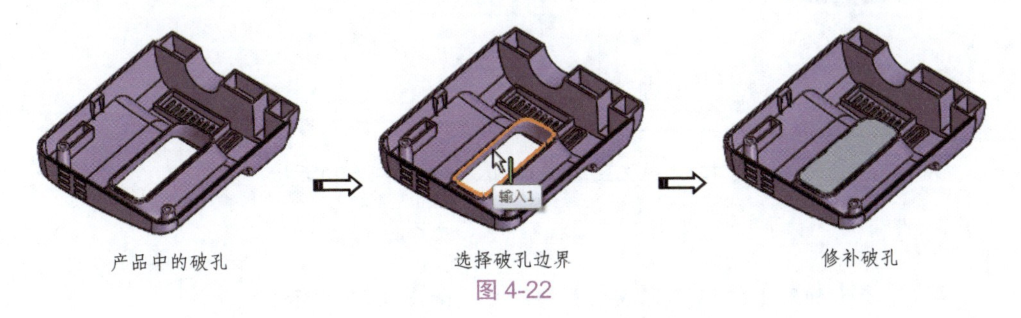

产品中的破孔　　选择破孔边界　　修补破孔

图 4-22

> **提示：**【平面区域】工具只能修补平面中的破孔，不能修补曲面中的破孔。

4.2　创建基于曲面的曲面

用户可以在基础曲面（或已有曲面）的基础上，通过填充、等距复制及延展等方法获得新的曲面。

4.2.1　填充曲面

【填充曲面】工具在现有实体边线、草图或者曲线（包括组合曲线）所定义的边界内，构建修补曲面。

【例 4-2】产品破孔的修补。

1. 打开本例源文件“灯罩.sldprt”。从产品上看，存在5个小孔和1个大孔，由于模具分模要求，将曲面修补在产品外侧，即外侧表面的孔边界上，如图4-23所示。

2. 单击【填充曲面】按钮，弹出【填充曲面】属性面板，依次选取大孔的边界，如图4-24所示。

图 4-23

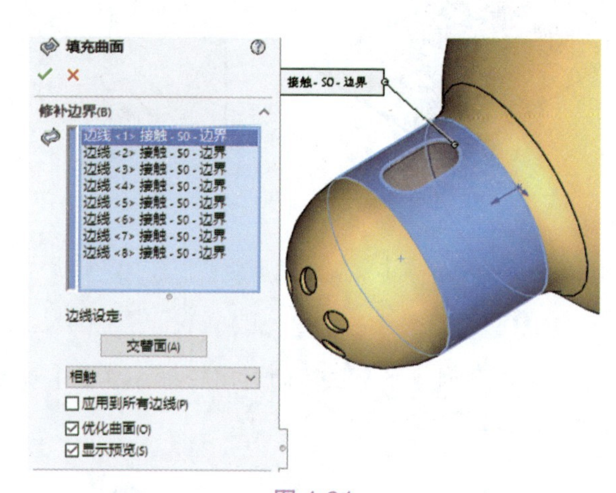

图 4-24

> **提示：**修补边界可以不按顺序进行选取。这不会影响修补效果。

3. 单击【交替面】按钮，改变边界曲面，如图4-25所示。

> **提示：**改变边界曲面可以使修补曲面与产品外表面形状保持一致。

4. 单击【确定】按钮完成大孔的修补，如图4-26所示。

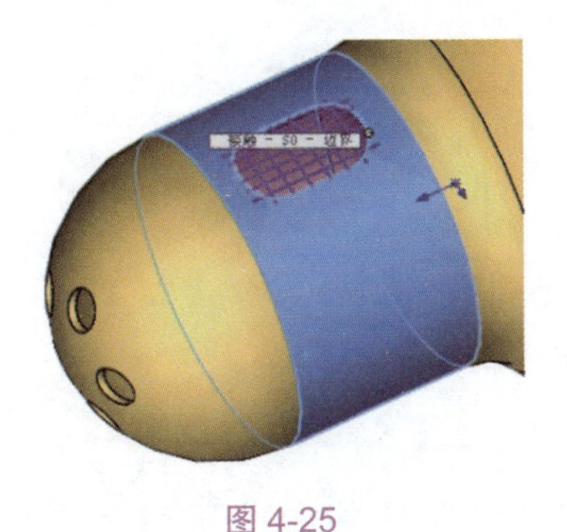

图 4-25

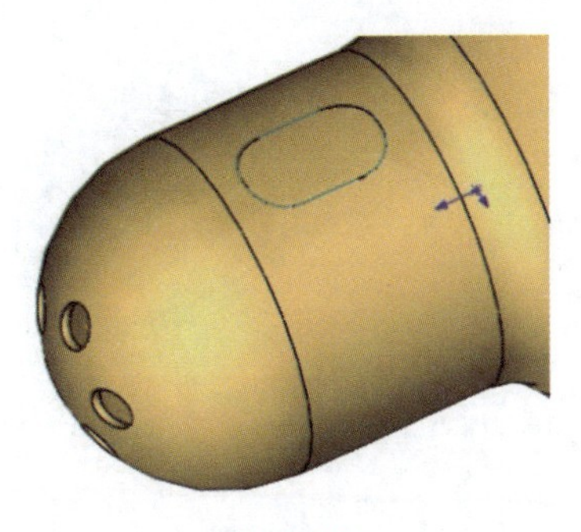

图 4-26

5. 重复执行 5 次【填充曲面】命令，对其余 5 个小孔按此方法进行修补，设置曲面连续性的控制方式为“曲率”，结果如图 4-27 所示。

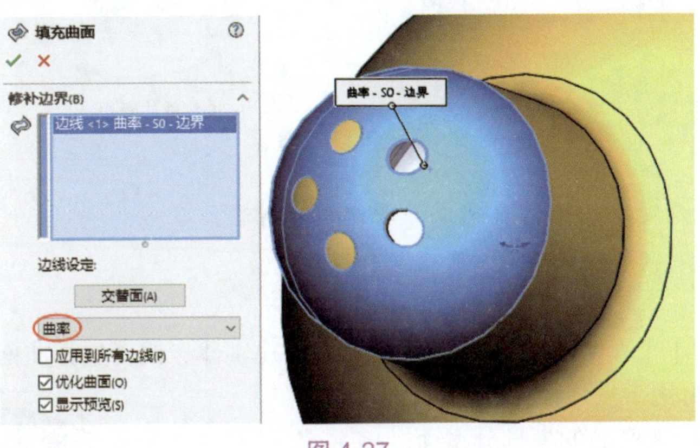

图 4-27

4.2.2 等距曲面

【等距曲面】工具用来创建基于原曲面的等距曲面，当等距距离为 0 时，它是一个复制曲面的工具，这时在功能上等同于【移动 / 复制实体】工具。创建等距曲面的操作步骤如下。

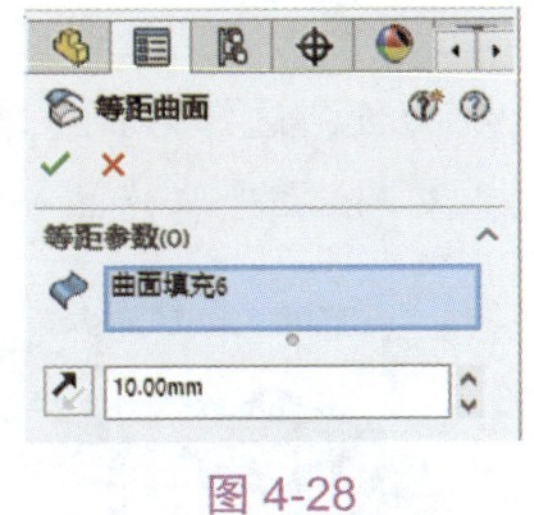

图 4-28

1. 单击【曲面】选项卡中的【等距曲面】按钮，或在菜单栏中执行【插入】/【曲面】/【等距曲面】命令，弹出【等距曲面】属性面板，如图 4-28 所示。

提示： 当等距距离为 0 时，【等距曲面】属性面板将自动切换为【复制曲面】属性面板。

2. 选取要等距复制的曲面或平面，如图 4-29 所示。

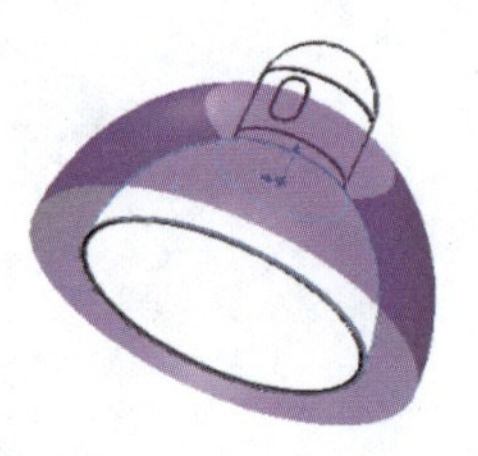

等距复制曲面，缩放

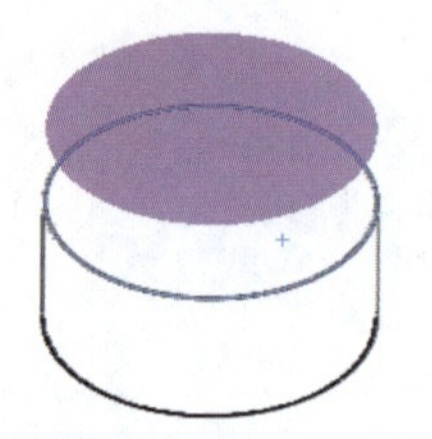

等距复制平面，无缩放

图 4-29

3. 单击【反转等距方向】按钮，更改等距方向，如图 4-30 所示。

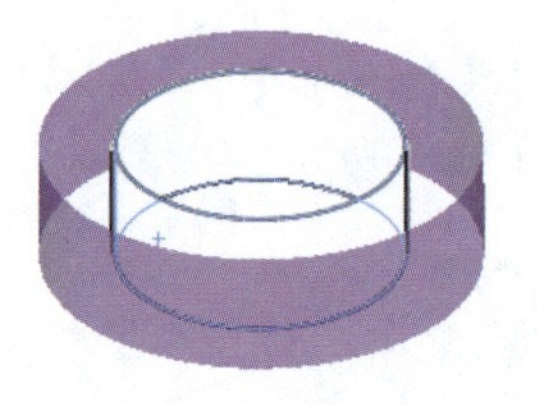

默认等距方向

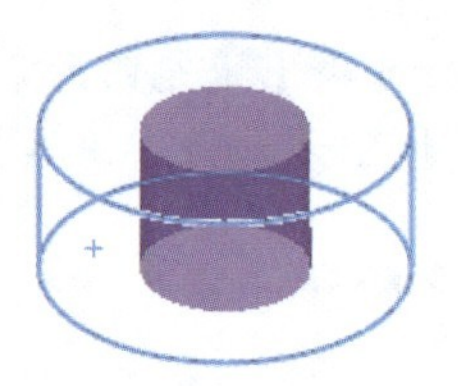

反转后的等距方向

图 4-30

4. 单击【确定】按钮，完成等距曲面的创建。

4.2.3　延展曲面

【延展曲面】工具通过选择平面参考来创建实体，或者选择曲面边线来创建新曲面，此工具可用于创建模具分型面。

【例 4-3】创建产品的模具分型面。

使用【延展曲面】工具，创建图 4-31 所示的某产品的模具分型面。

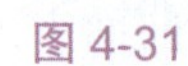

图 4-31

1. 打开本例的源文件“产品 .sldprt”。

2. 单击【延展曲面】按钮，弹出【曲面 - 延展】属性面板，选择右视基准面作为延展方向参考，如图 4-32 所示。

3. 依次选取产品一侧连续的底部边线作为要延展的边线，如图 4-33 所示。

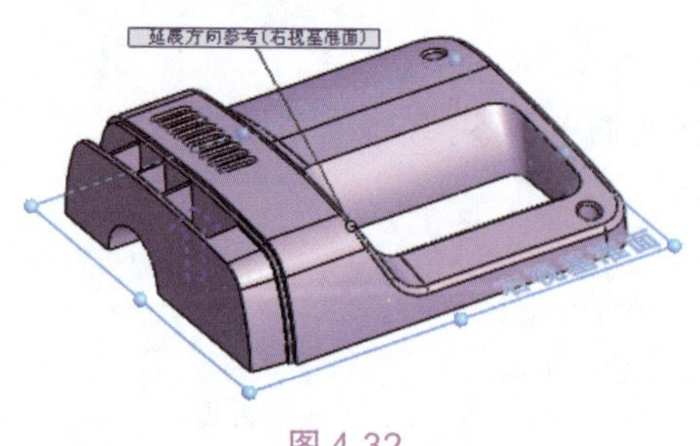

图 4-32

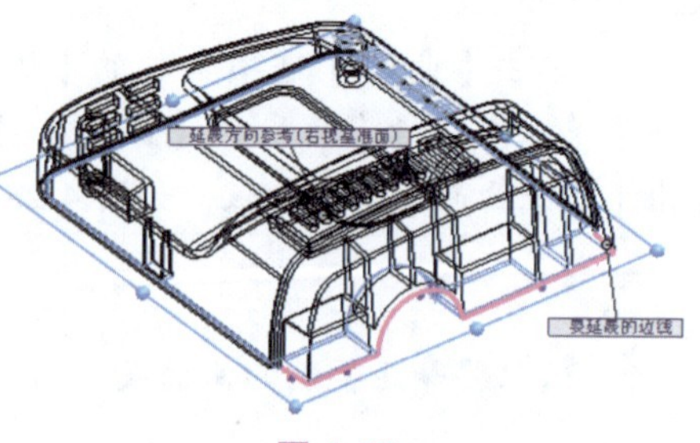

图 4-33

提示：选取的边线必须是连续的。如果边线不连续，可以分多次来创建延展曲面，然后缝合曲面即可。

4. 设置延展距离为 100，再单击【确定】按钮✓，完成延展曲面的创建，如图 4-34 所示。

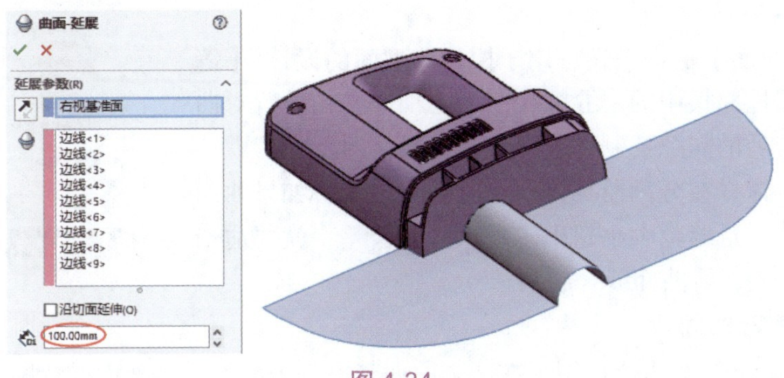

图 4-34

5. 继续选择产品底部其余方向的边线来创建延展曲面，结果如图 4-35 所示。

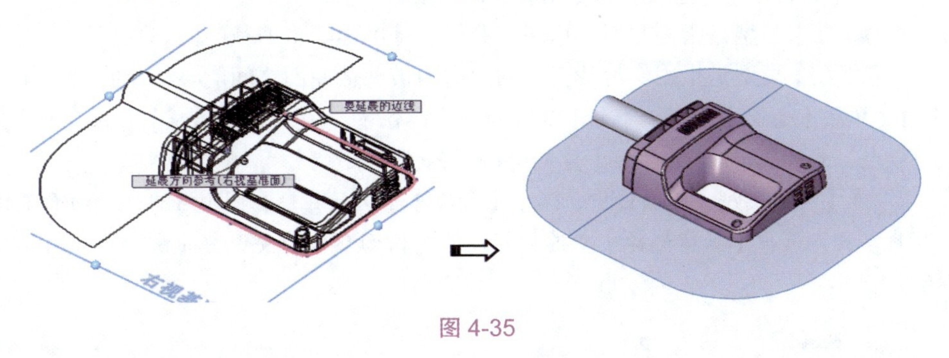

图 4-35

6. 使用【缝合曲面】工具，将两个延展曲面缝合成一个整体，完成模具分型面的创建。

4.3 曲面操作与编辑

使用 SolidWorks 的曲面操作与编辑工具，可以帮助用户完成复杂产品的造型设计工作。

4.3.1 曲面的缝合与剪裁

可以将多个曲面缝合成一个整体曲面，也可以将单个曲面剪裁成多个曲面。

一、缝合曲面

【缝合曲面】工具是曲面的布尔求和运算工具，可以将两个及以上的曲面缝合成一个整体。如果多个曲面形成了封闭状态，可使用【缝合曲面】工具将其缝合，空心的曲面将变成实心的实体。

单击【缝合曲面】按钮，弹出【缝合曲面】属性面板，如图 4-36 所示。

【缝合曲面】工具还可用于模具分型面的设计，【缝合曲面】属性面板中的【缝隙控制】选项区中的设置对曲面之间缝合后的间隙控制十分有效，一般情况下保持默认缝合公差，这样在分割模具体积块时不会出错。如果曲面之间有缝隙，且缝隙大小超出了默认缝合公差，就要适当加大缝合公差，将曲面缝合起来。

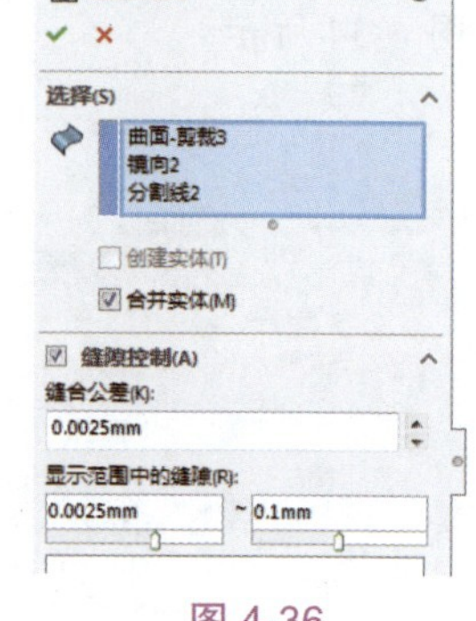

图 4-36

二、剪裁曲面

【剪裁曲面】工具可用于在一个曲面与另一个曲面、基准面或草图交叉处对曲面进行修剪，也可将曲面与其他曲面联合使用以相互修剪。

剪裁类型主要有【标准】和【相互】两种类型。

- 【标准】类型是指用曲面、草图、曲线、基准面等来剪裁曲面。
- 【相互】类型是指用作剪裁工具的曲面与被剪裁曲面之间能够相互剪裁。

1. 单击【曲面】选项卡中的【剪裁曲面】按钮，或选择【插入】/【曲面】/【剪裁】命令，弹出图 4-37 所示的【剪裁曲面】属性面板。

2. 在【剪裁类型】选项区中，选中【标准】单选按钮。在图形区中选择曲面 1 作为剪裁工具，选中【保留选择】单选按钮，选择曲面 2 作为要保留的曲面，如图 4-38 所示。

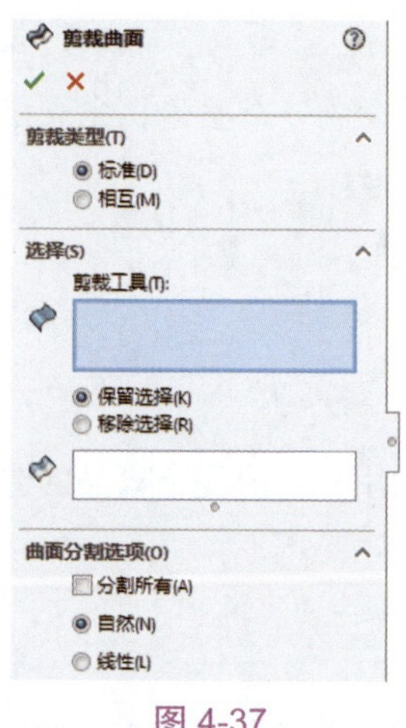

图 4-37

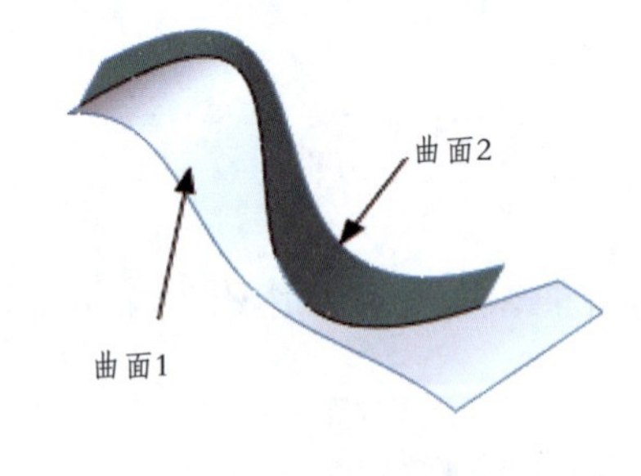

图 4-38

3. 单击【确定】按钮，生成剪裁曲面，如图 4-39（b）所示。若在步骤 2 中选中【移除选择】单选按钮，生成的剪裁曲面如图 4-39（c）所示。

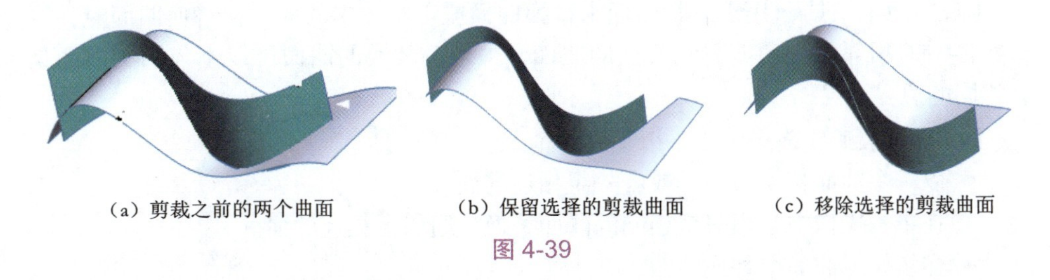

（a）剪裁之前的两个曲面　（b）保留选择的剪裁曲面　（c）移除选择的剪裁曲面

图 4-39

4. 若选中【相互】单选按钮，则相交的两个曲面互为剪裁对象与被剪裁对象，能够进行相互之间的剪裁，如图 4-40 所示。

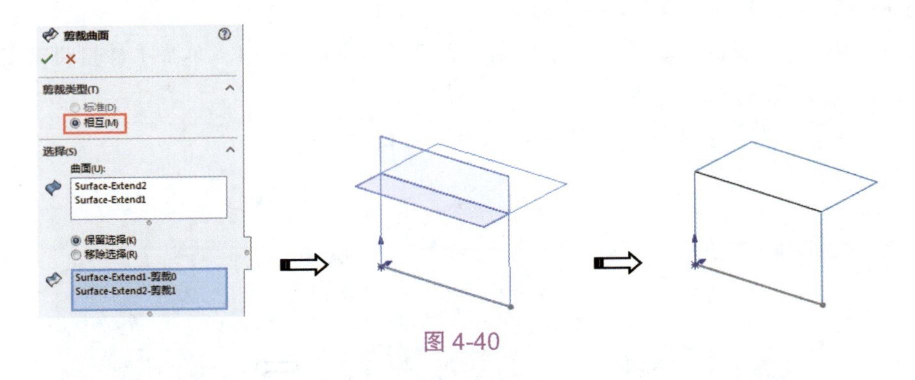

图 4-40

5. 如果要恢复剪裁曲面之前的结果，可以使用【解除剪裁曲面】工具选择已经被剪裁的曲面，即可恢复原始状态，如图 4-41 所示。

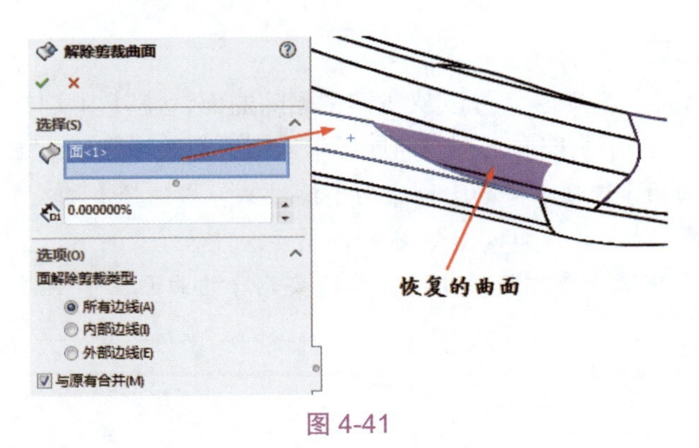

图 4-41

4.3.2 曲面的替换与删除

在 SolidWorks 中，可以对不需要的多余曲面进行删除；也可以对曲面中的破孔进行删除，得到完整曲面；还可以替换曲面。

一、替换曲面

【替换面】工具用于以新曲面来替换曲面或者实体中的面。在替换曲面时，原来实体中的相邻面自动剪裁到替换的曲面，另外，替换的曲面可以不与旧的曲面具有相同的边界。

【替换面】工具通常用于以下几种情况。

- 以一个曲面替换另一个或者一组相连的面。
- 在单一操作中，用一组相同的曲面替换一组以上相连的面。
- 在实体或曲面中替换曲面。

替换曲面的操作步骤如下。

1. 单击【曲面】选项卡中的【替换面】按钮，或者选择【插入】/【面】/【替换】命令，弹出【替换面】属性面板。

2. 单击【替换的目标面】选择框，在图形区中选择面 1，单击【替换曲面】选择框，在图形区中选择面 2。

3. 单击【确定】按钮，替换效果如图 4-42 所示。

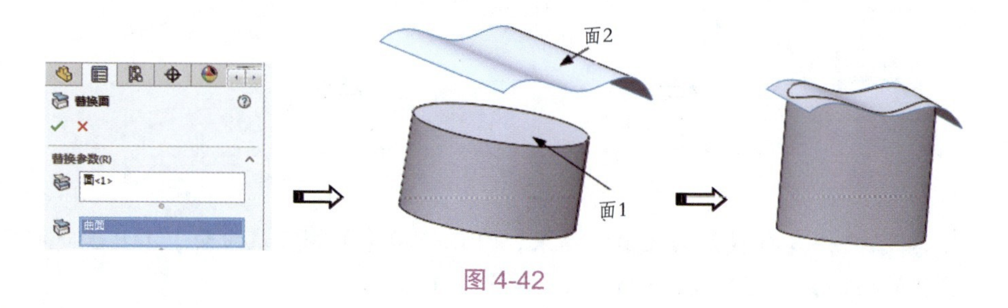

图 4-42

二、删除曲面

使用【删除面】工具，可以从实体中删除曲面，使其由实体变成曲面；也可以从曲面集合中删除个别曲面。删除曲面可以采用下面的操作。

1. 单击【曲面】选项卡中的【删除面】按钮，或选择【插入】/【面】/【删除】命令，弹出【删除面】属性面板，如图 4-43 所示。

2. 在图形区中选择要删除的曲面，此时要删除的曲面在【要删除的面】选择框中显示。

> **提示：** 如果选中【删除】单选按钮，将删除所选曲面；如果选中【删除并修补】单选按钮，则在删除曲面的同时，对删除曲面后的曲面进行自动修补；如果选中【删除并填补】单选按钮，则在删除曲面的同时，对删除曲面后的曲面进行自动填补。

3. 单击【确定】按钮✓，完成曲面的删除，如图 4-44 所示。

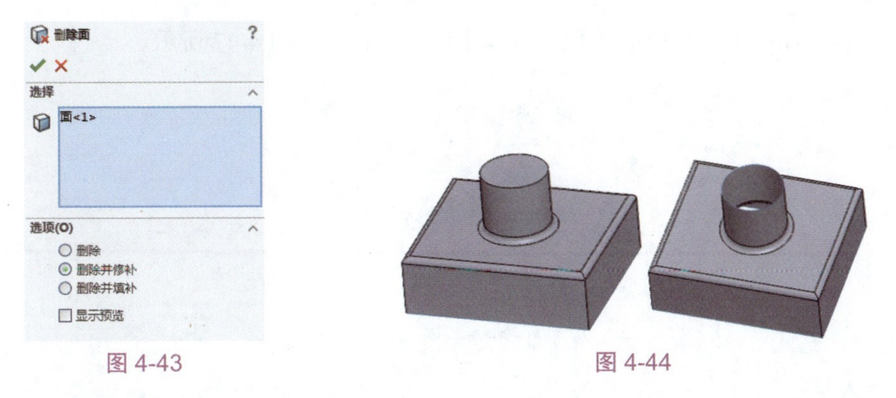

图 4-43　　　　图 4-44

三、删除孔

使用【删除孔】工具可以将曲面中的孔排除，从而得到完整曲面。单击【删除孔】按钮，弹出【删除孔】属性面板，选择曲面中的孔边线，再单击该属性面板中的【确定】按钮✓，完成孔的删除，如图 4-45 所示。

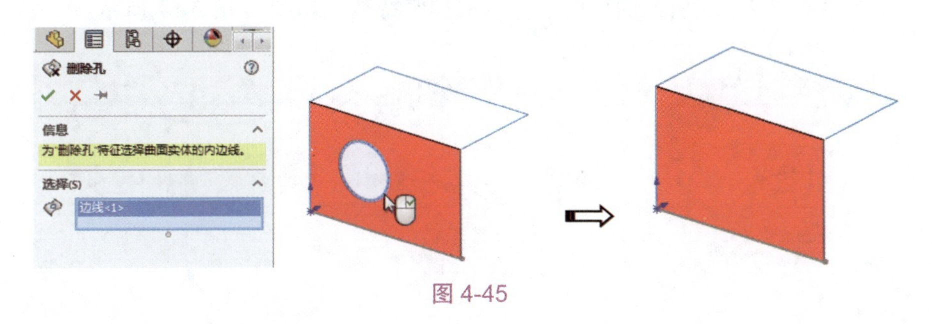

图 4-45

4.3.3　曲面与实体的修改工具

在 SolidWorks 中，可以使用【加厚】工具将曲面变成实体；可以使用曲面修剪实体，从而改变实体的状态。

一、曲面加厚

【加厚】工具用于根据所选曲面创建具有一定厚度的实体，如图 4-46 所示。

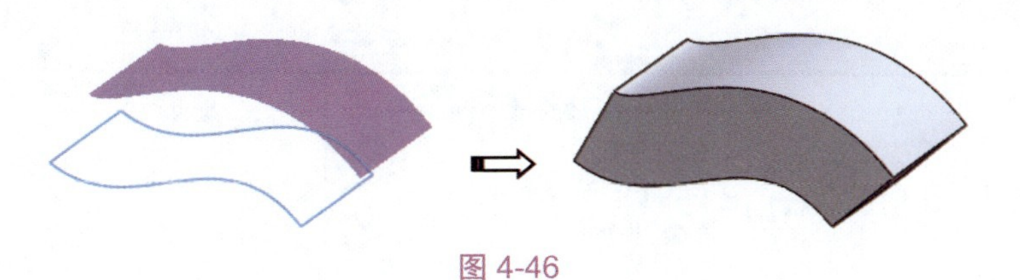

图 4-46

提示：创建曲面后【加厚】工具才可用。

单击【加厚】按钮，弹出【加厚】属性面板，如图 4-47 所示。

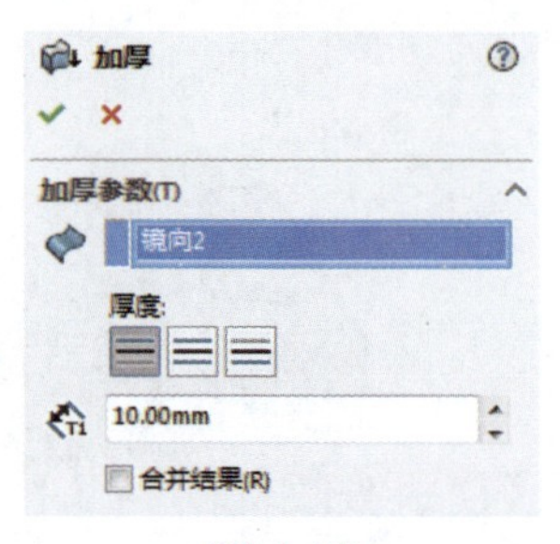

图 4-47

该属性面板中包括 3 种加厚方法：加厚侧边 1、加厚两侧和加厚侧边 2。

- 加厚侧边 1：在所选曲面的上方生成加厚特征，如图 4-48（a）所示。
- 加厚两侧：在所选曲面的两侧同时生成加厚特征，如图 4-48（b）所示。
- 加厚侧边 2：在所选曲面的下方生成加厚特征，如图 4-48（c）所示。

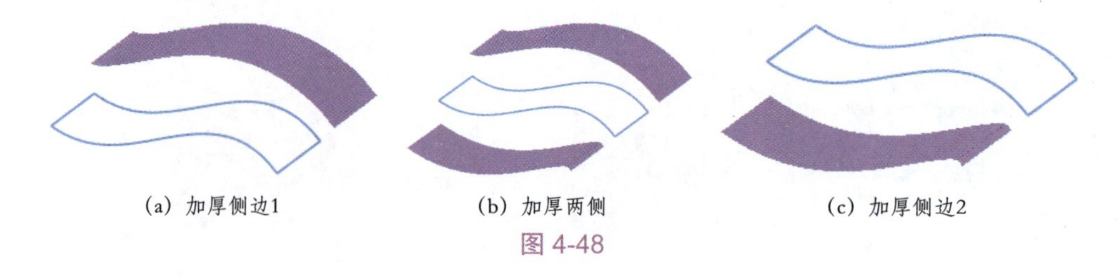

(a) 加厚侧边1　(b) 加厚两侧　(c) 加厚侧边2

图 4-48

二、加厚切除

【加厚切除】工具用于分割实体从而创建出多个实体。

提示：仅当图形区中创建了实体和曲面后，【加厚切除】工具才可用。

单击【加厚切除】按钮，弹出【切除 - 加厚】属性面板，如图 4-49 所示。

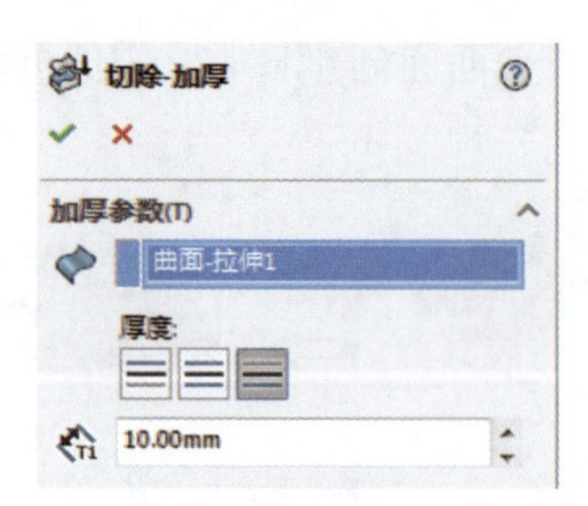

图 4-49

该属性面板中的选项与【加厚】属性面板中的选项完全相同。图 4-50 所示为加厚切除的操作过程。

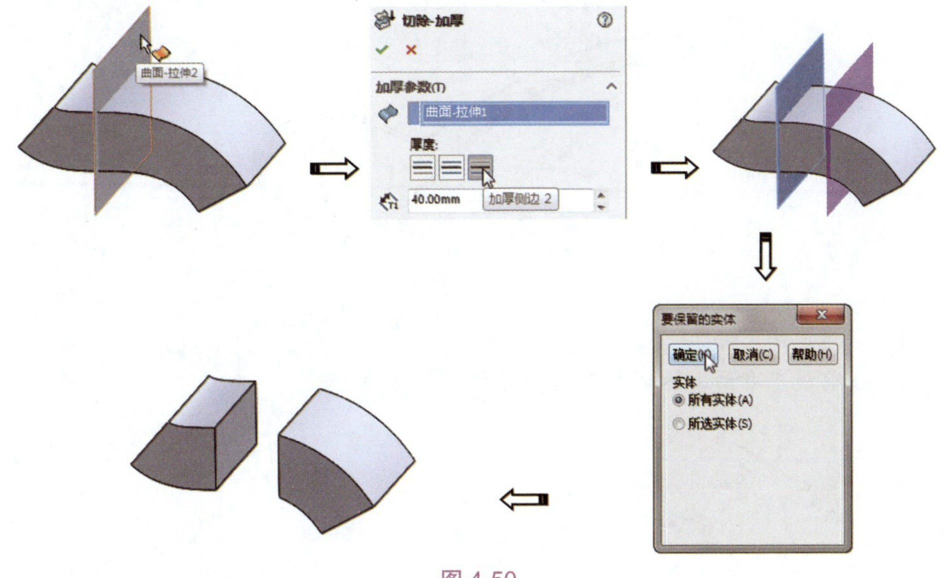

图 4-50

三、使用曲面切除

【使用曲面切除】工具用曲面来分割实体。如果切除多实体零件，可选择要保留的实体。单击【使用曲面切除】按钮，弹出【使用曲面切除】属性面板，如图 4-51 所示。

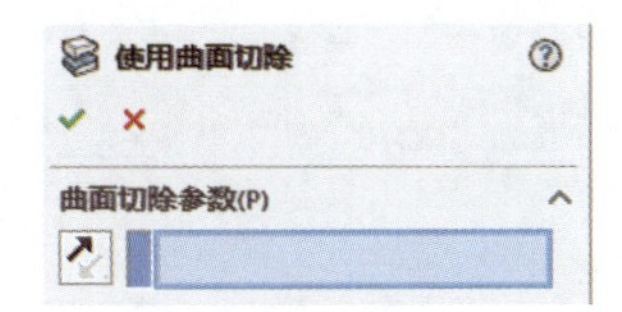

图 4-51

图 4-52 所示为使用曲面切除的操作过程。

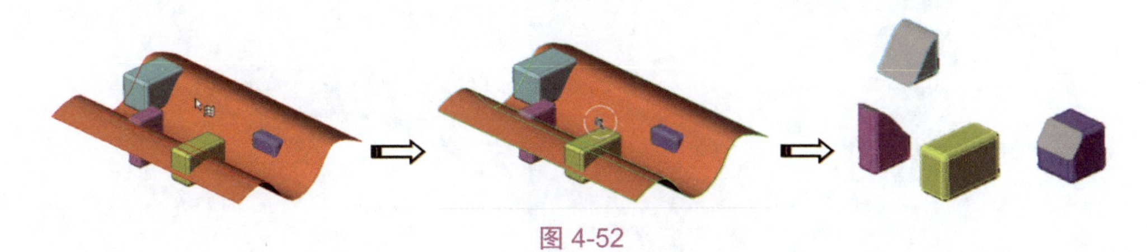

图 4-52

4.4 综合实战

下面以几个曲面特征建模案例将产品造型设计的方法和软件工具的使用方法结合起来，详细介绍操作步骤。

4.4.1　案例一：塑胶小汤匙造型

使用剪裁曲面功能设计图 4-53 所示的塑胶小汤匙。

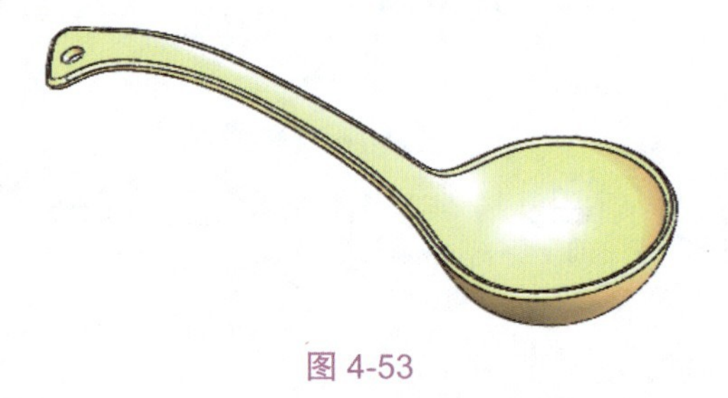

图 4-53

1. 新建零件文件。
2. 在前视基准面上绘制图 4-54 所示的草图 1。

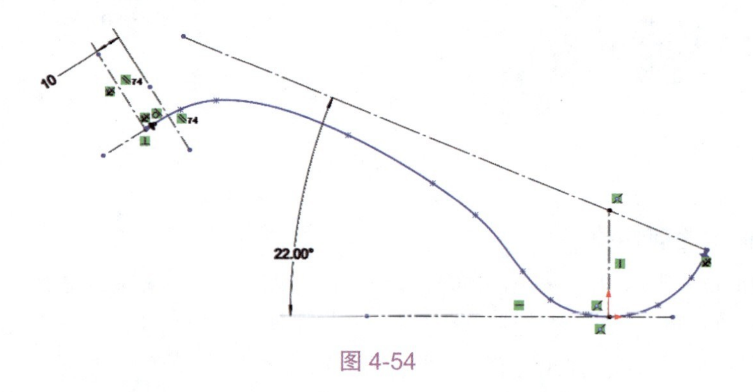

图 4-54

3. 使用【旋转曲面】工具，创建图 4-55 所示的旋转曲面。

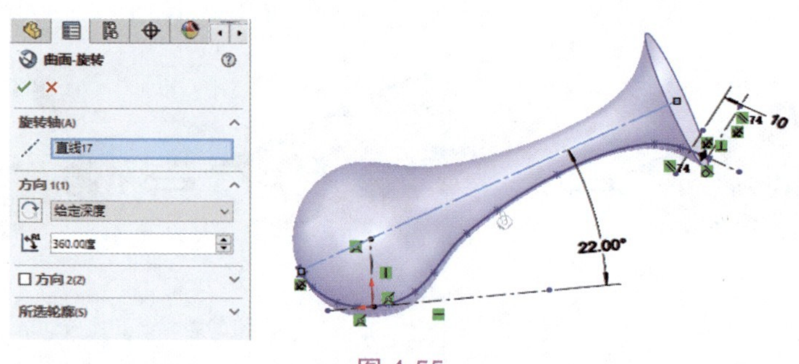

图 4-55

4. 在前视基准面上绘制图 4-56 所示的草图 2（样条曲线）。
5. 单击【剪裁曲面】按钮，弹出【剪裁曲面】属性面板。然后选择草图 2 作为剪裁工具，并选择要保留的曲面，如图 4-57 所示。

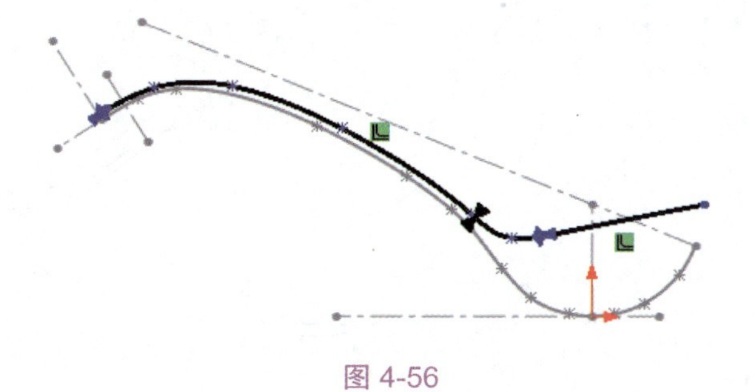

图 4-56

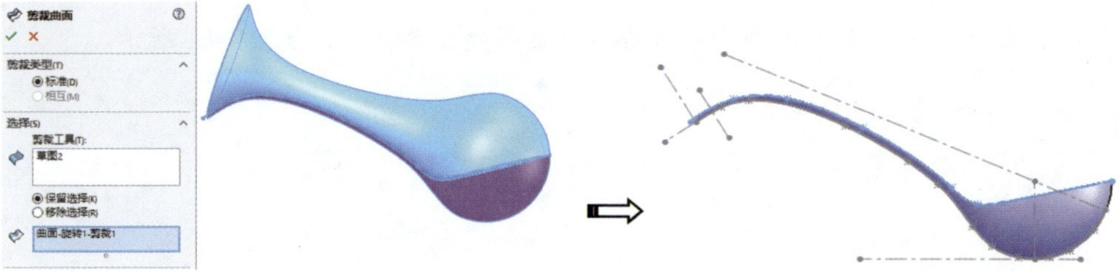

图 4-57

6. 在上视基准面上绘制草图 3，如图 4-58 所示。

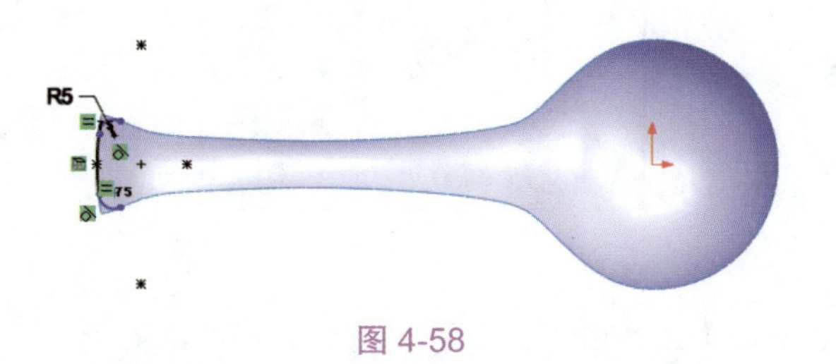

图 4-58

7. 使用【剪裁曲面】工具，选择草图 3 作为剪裁工具，完成曲面的剪裁操作，如图 4-59 所示。

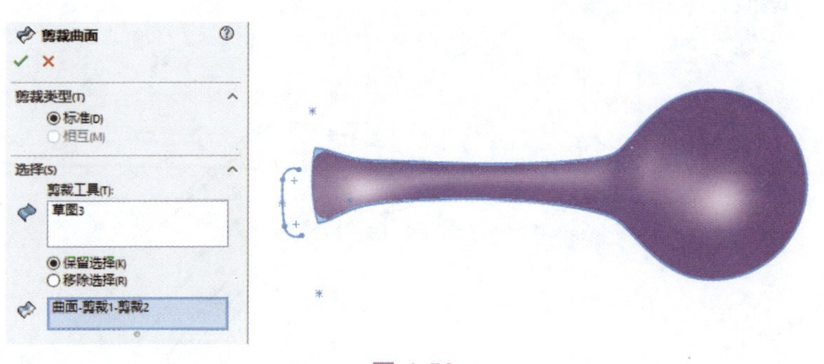

图 4-59

8. 使用【加厚】工具，创建加厚特征，如图 4-60 所示。

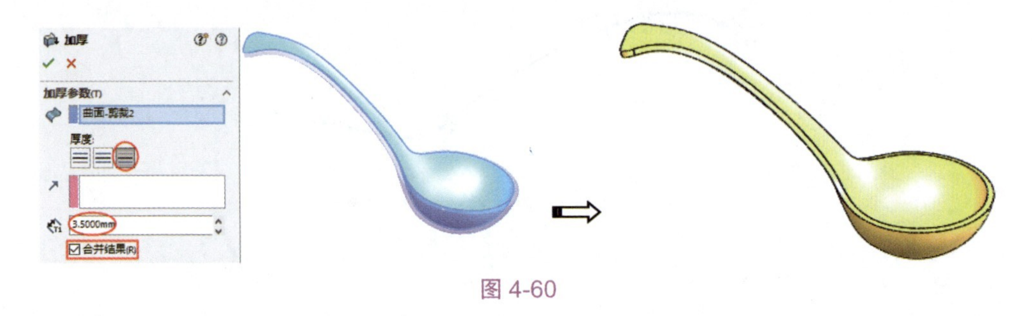

图 4-60

9. 使用【圆角】工具，在加厚特征上创建圆角特征，如图 4-61 所示。

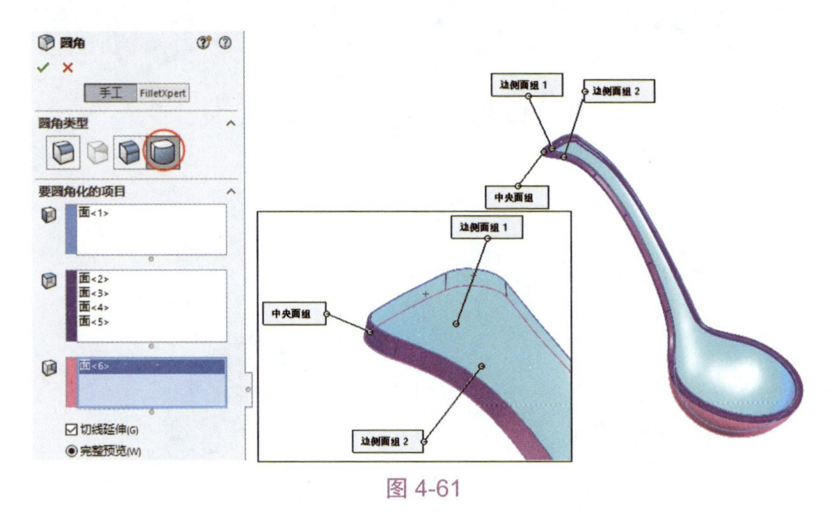

图 4-61

10. 使用【基准面】工具，新建图 4-62 所示的基准面 1。

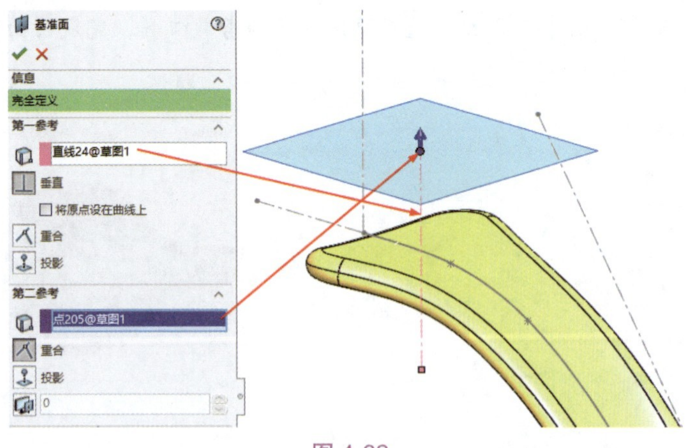

图 4-62

11. 使用【拉伸切除】工具，在基准面1上绘制草图5后，创建图4-63所示的汤勺挂孔。

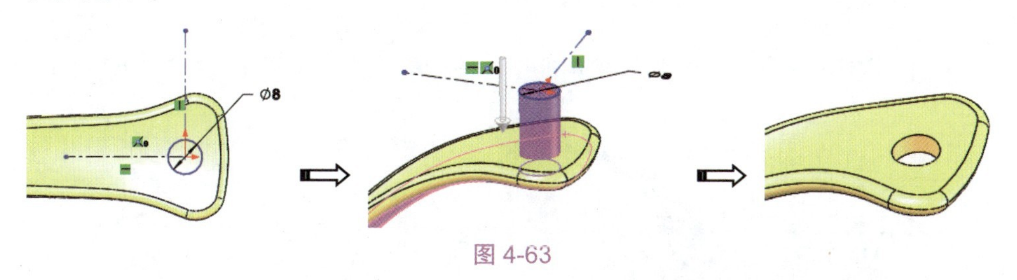

图 4-63

4.4.2 案例二：烟斗造型

下面使用旋转曲面、剪裁曲面、扫描曲面、扫描切除、曲面缝合等功能，设计图4-64所示的烟斗。

1. 新建零件文件。

2. 使用【草图】工具，选择右视基准面作为草图平面，进入草图环境。

3. 在菜单栏中执行【工具】/【草图工具】/【草图图片】命令，打开本例的素材图片“烟斗.bmp”，如图4-65所示。

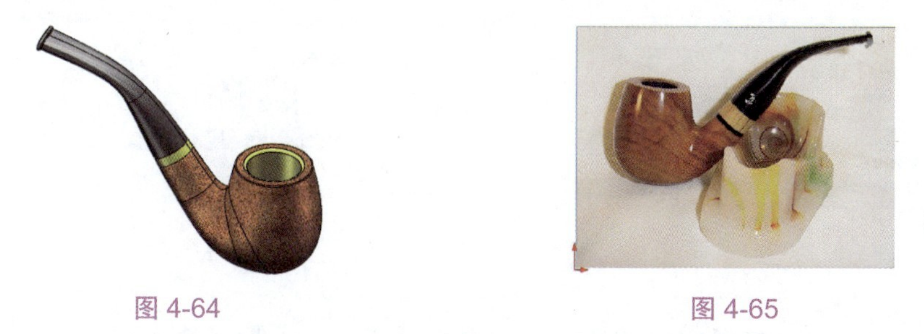

图 4-64　　图 4-65

4. 双击图片，然后将图片旋转并移动到图4-66所示的位置。

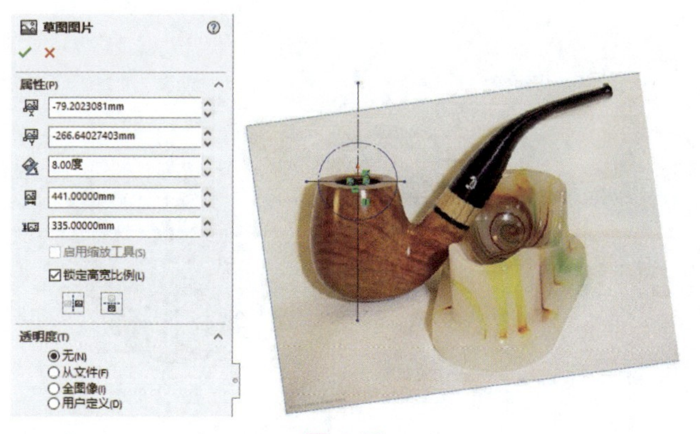

图 4-66

> **提示：** 对正的方法是先绘制几条辅助线，找到烟斗模型的尺寸基准或定位基准。不难看出，烟斗模型的设计基准就是烟斗的烟嘴部分（圆心）。

5. 使用【样条曲线】命令 按烟斗图片的轮廓来绘制草图 1，如图 4-67 所示。

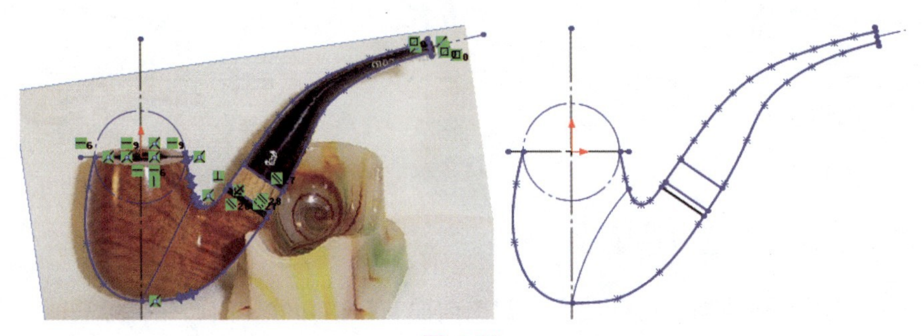

图 4-67

6. 使用【旋转曲面】工具，创建图 4-68 所示的旋转曲面 1。

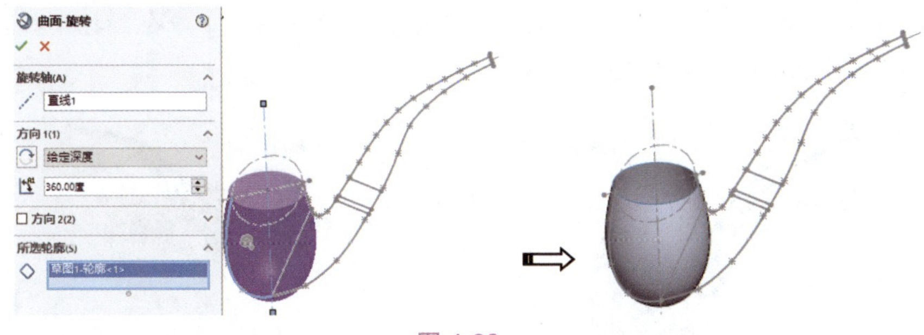

图 4-68

7. 使用【拉伸曲面】工具 创建拉伸曲面 1，如图 4-69 所示。
8. 使用【剪裁曲面】工具，用拉伸曲面 1 剪裁旋转曲面，结果如图 4-70 所示。

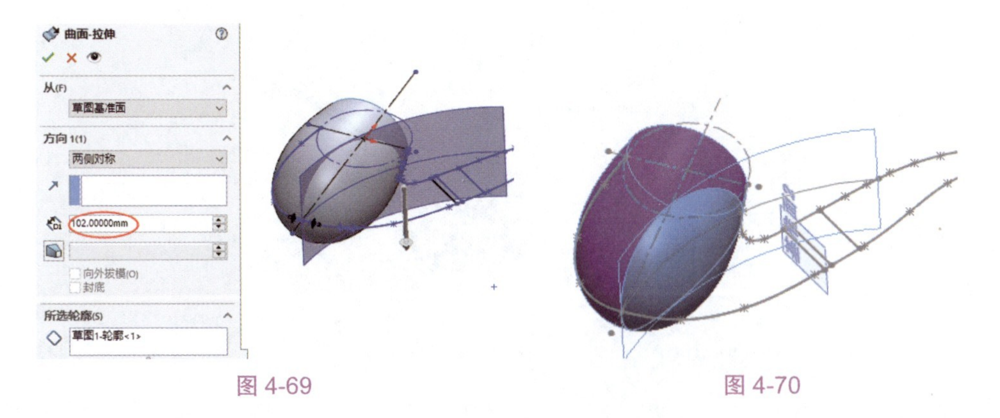

图 4-69　　图 4-70

9．使用【基准面】工具创建基准面 1，如图 4-71 所示。

10．在基准面 1 上绘制圆形（草图 2），圆上的点与草图 1 中直线 2 的端点重合，如图 4-72 所示。

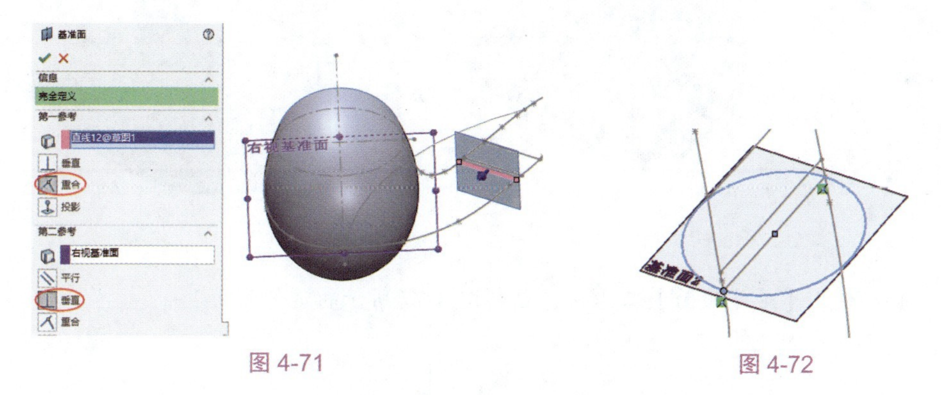

图 4-71　　图 4-72

11．使用【拉伸曲面】工具创建拉伸曲面 2，如图 4-73 所示。

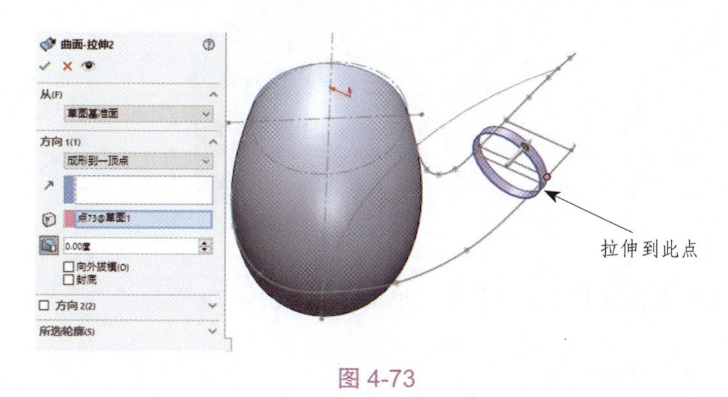

图 4-73

12．在右视基准面上先后绘制草图 3 和草图 4，如图 4-74 和图 4-75 所示。

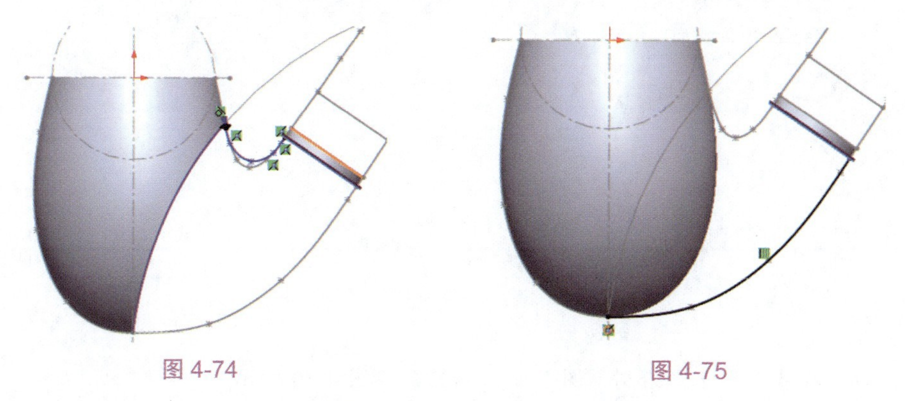

图 4-74　　图 4-75

13．使用【放样曲面】工具，创建图 4-76 所示的放样曲面 1。

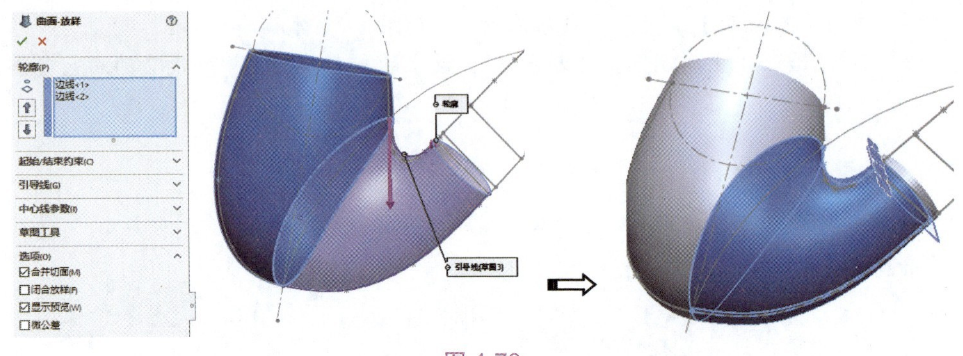

图 4-76

14. 使用【延伸曲面】工具，创建图 4-77 所示的延伸曲面 1。

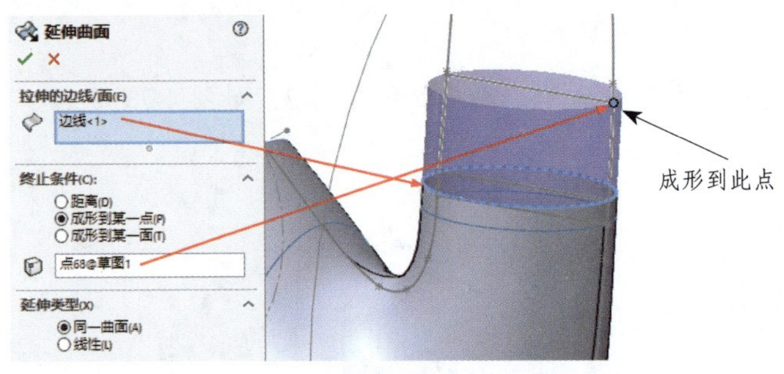

图 4-77

15. 使用【基准面】工具创建基准面 2，如图 4-78 所示。

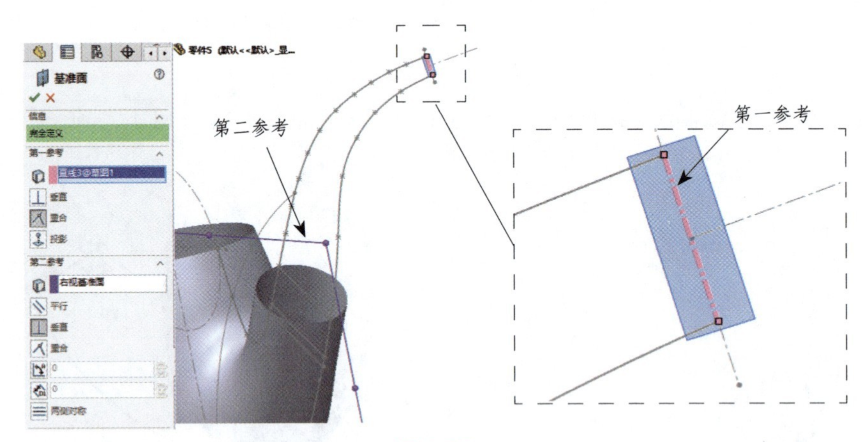

图 4-78

16. 在基准面 2 上绘制草图 5——椭圆，如图 4-79 所示。

17. 在右视基准面上绘制草图 6，如图 4-80 所示。

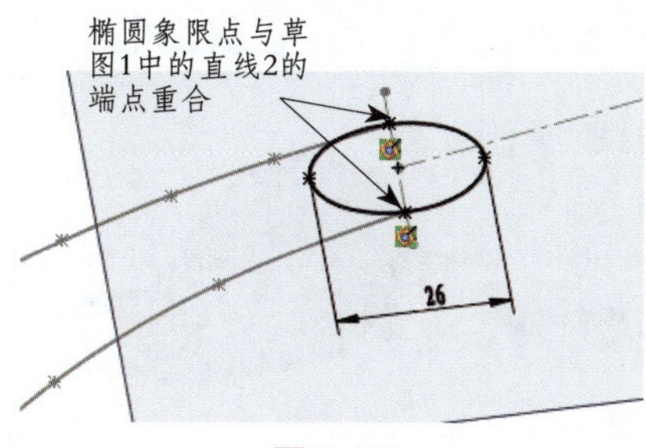

图 4-79

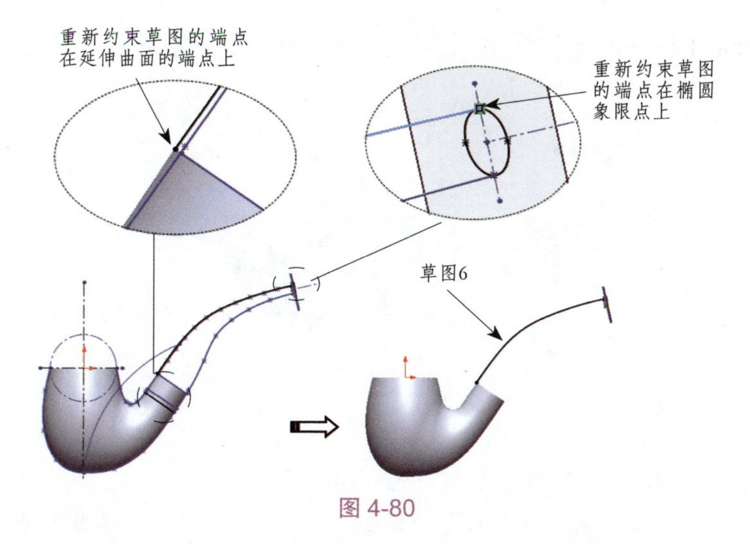

图 4-80

18. 在草图 1 的基础上，等距绘制草图 7，如图 4-81 所示。

19. 使用【放样曲面】工具，创建图 4-82 所示的放样曲面 2。

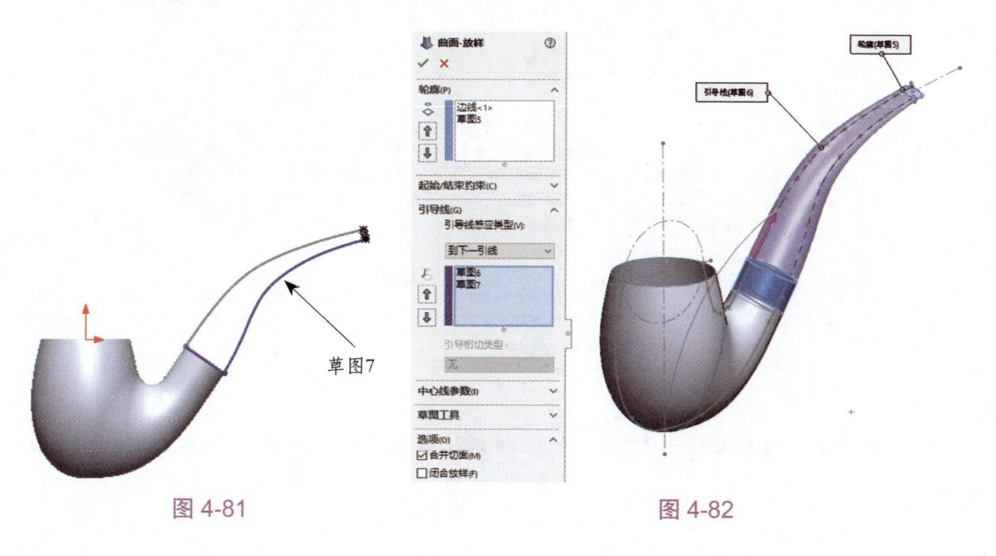

图 4-81　　图 4-82

20. 使用【平面】工具创建平面，如图 4-83 所示。

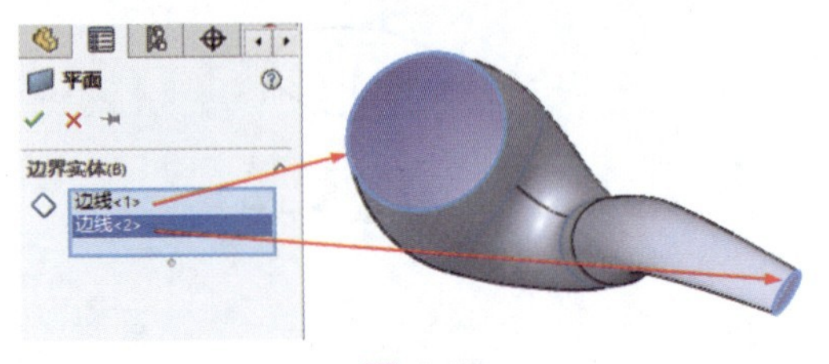

图 4-83

21. 使用【缝合曲面】工具，将所有曲面缝合，并生成实体模型，如图 4-84 所示。

图 4-84

22. 在右视基准面上绘制草图 8，如图 4-85 所示。

23. 使用【特征】选项卡中的【扫描凸台 / 基体】工具，创建扫描凸台特征，如图 4-86 所示。

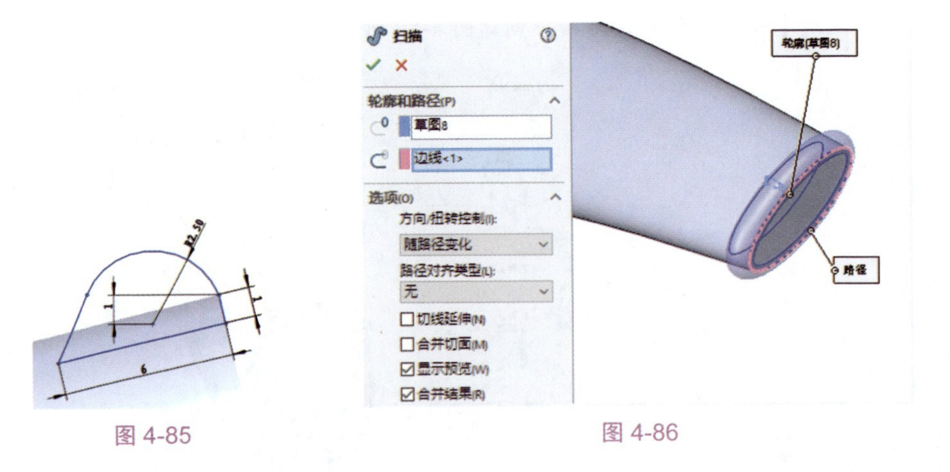

图 4-85

图 4-86

24. 使用【旋转切除】工具，创建烟斗部分的空腔。草图与切除结果如图 4-87 所示。

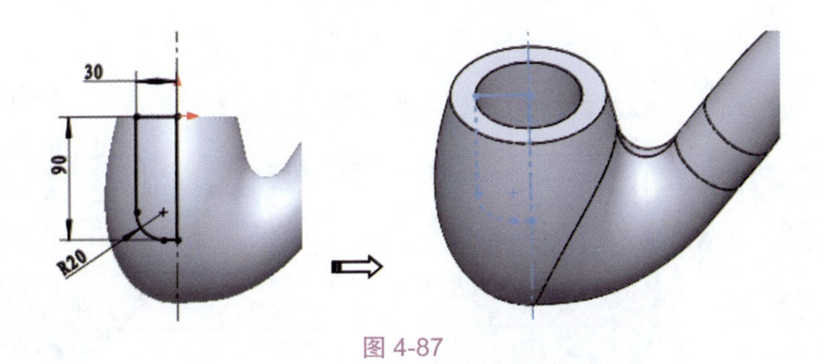

图 4-87

25. 在右视基准面上绘制草图 10，如图 4-88 所示。

26. 在烟嘴平面上绘制草图 11，如图 4-89 所示。

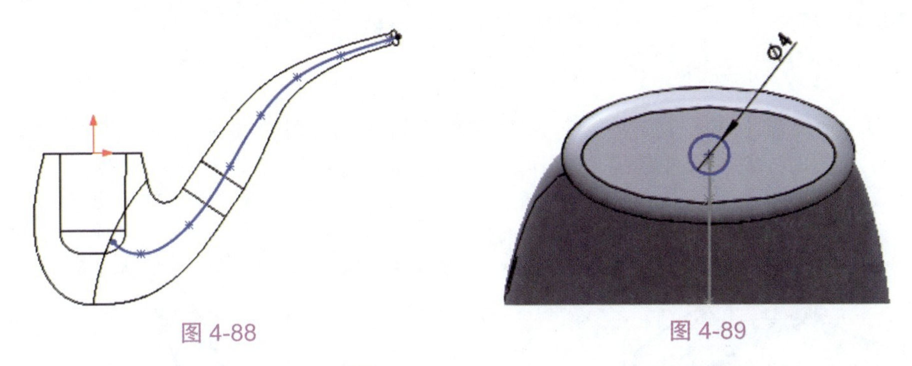

图 4-88　　图 4-89

27. 使用【扫描切除】工具，创建图 4-90 所示的扫描切除特征。

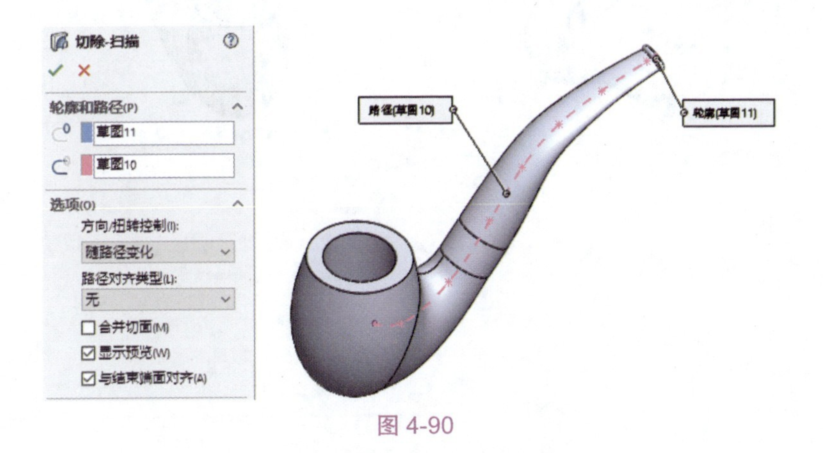

图 4-90

28. 使用【倒角】工具，为烟斗外侧的边创建倒角，如图 4-91 所示。

29. 使用【圆角】工具，为烟斗内侧的边创建圆角，如图 4-92 所示。

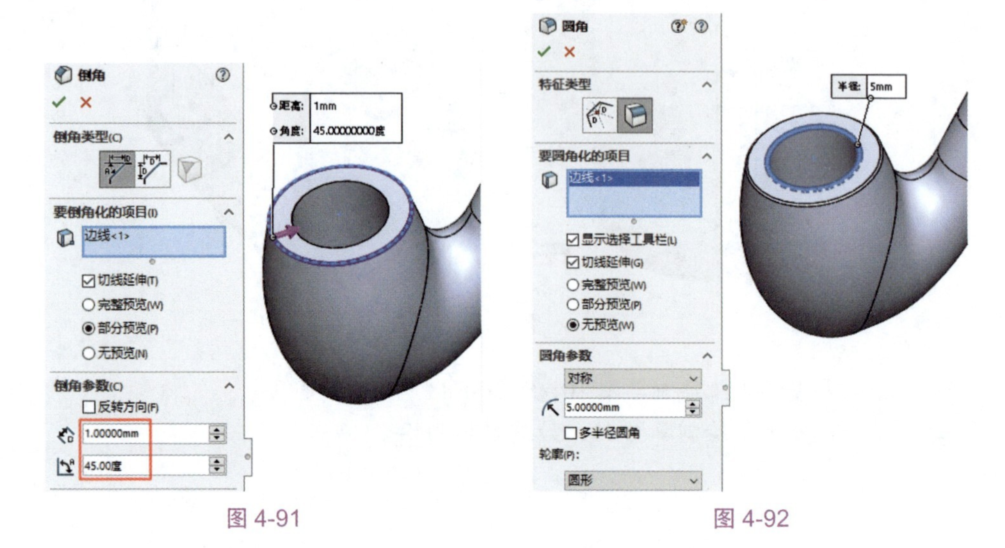

图 4-91　　图 4-92

30. 再使用【圆角】工具，对烟嘴部分的边进行圆角处理，如图 4-93 所示。

31. 至此，完成烟斗的造型设计工作，结果如图 4-94 所示，保存文件。

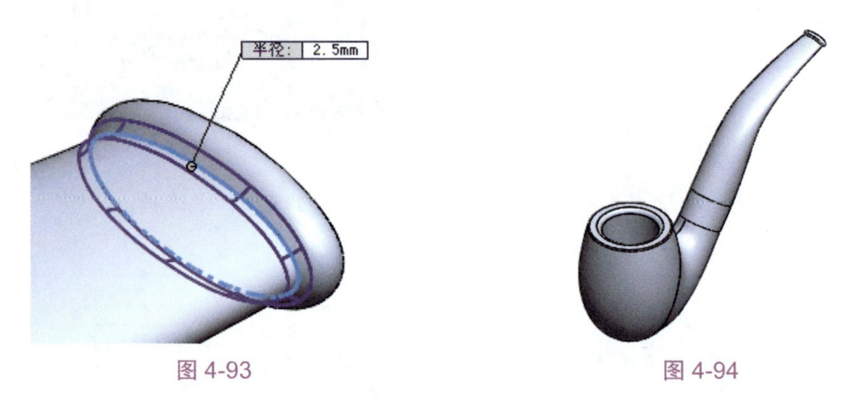

图 4-93　　图 4-94

第 5 章 装配设计

为了让读者了解 SolidWorks 的装配设计流程，本章全面介绍从装配体的建立、零部件的压缩与轻化、装配体的干涉检测、控制装配体的显示、其他装配体技术的应用到创建和编辑装配体爆炸视图的完整设计流程。

5.1 装配概述

在工程设计中，装配是将各个零部件组合在一起以创建一个功能完整的整体系统或产品的过程。这个过程涉及把不同的零部件放置在正确的位置，确保它们互相配合良好、符合设计要求，并能够实现预期的功能。

5.1.1 计算机辅助装配设计

计算机辅助装配设计是利用计算机软件和工具来辅助和优化产品装配的方法。这种方法使用 CAD 软件和其他辅助工具，可以更快、更精确地创建、分析和优化产品装配。

一、产品装配建模

产品装配模型是能完整、正确地传递不同装配设计参数、装配层次和装配信息的产品模型。产品装配模型是产品设计过程中数据管理的核心，是产品开发和支持设计灵活变动的强有力工具。

产品装配模型不仅描述了零部件本身的信息，而且描述了产品零部件之间的层次关系、装配关系，以及不同层次的装配体中的装配设计参数的约束和传递关系。

建立产品装配模型的目的在于进行完整的产品装配信息表达：一方面使系统对产品设计能进行全面支持；另一方面它可以为 CAD 软件中的装配自动化和装配工艺规划提供信息源，并对设计进行分析和评价。图 5-1 所示为基于 CAD 软件进行装配的产品零部件。

图 5-1

二、部件可视化

可以通过 CAD 软件实时查看产品的装配结构，以更好地理解和评估产品的结构和组成。

三、约束和关系建立

在 CAD 软件中，使用约束和关系可以确保零部件在装配中的正确定位和相互作用，包括旋转、对齐、配合等。

四、碰撞检查

利用计算机软件进行碰撞检测，可以确保各零部件在装配中不会发生干涉和碰撞，避免潜在的装配问题。

五、优化设计及装配仿真

通过装配设计环境，可以对装配进行优化；通过模拟和分析，可以寻找更好的零部件布局和组合方式；通过分析装配的功能和性能，可以确保装配系统按照预期的方式工作。

六、协同设计

装配体允许团队成员在不同地点同时参与装配设计，通过在线协作、共享和修改来装配模型，以减少设计错误。

5.1.2 装配设计环境的进入

进入装配设计环境主要有两种方法。

第 1 种方法是在新建文件时，在弹出的【新建 SOLIDWORKS 文件】对话框中选择【装配体】模板，如图 5-2 所示，然后单击【确定】按钮。

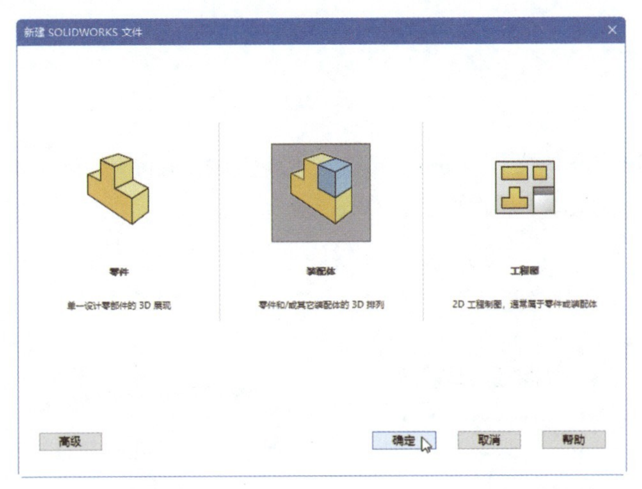

图 5-2

第 2 种方法是在零件设计环境下执行菜单栏中的【文件】/【从零部件制作装配体】命令。

创建或打开一个装配体文件时将进入 SolidWorks 的装配设计环境。装配设计环境和零部件编辑环境很相似，拥有菜单栏、选项卡、设计树、控制区和零部件显示区等。控制区位于左侧，其中列出了构成装配体的所有零部件。在设计树的底部有一个装配文件夹，其中包含所有零部件之间的配合关系，如图 5-3 所示。

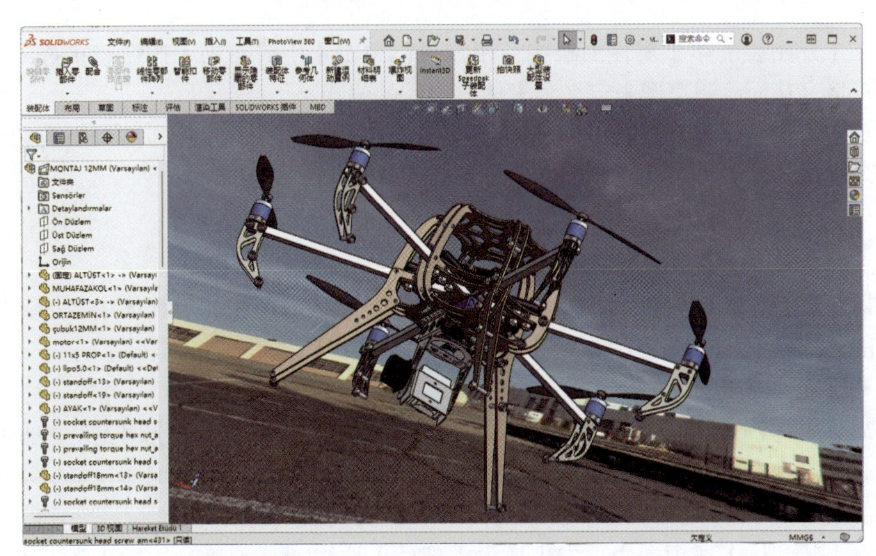

图 5-3

由于 SolidWorks 提供了用户定制界面的功能，本书中的装配操作界面可能与读者实际应用时的有所不同，但大部分界面应是一致的。

5.2 开始装配体

在用户新建装配体文件并进入装配设计环境时，在【PropertyManager】选项卡中会弹出【开始装配体】属性面板，如图 5-4 所示。

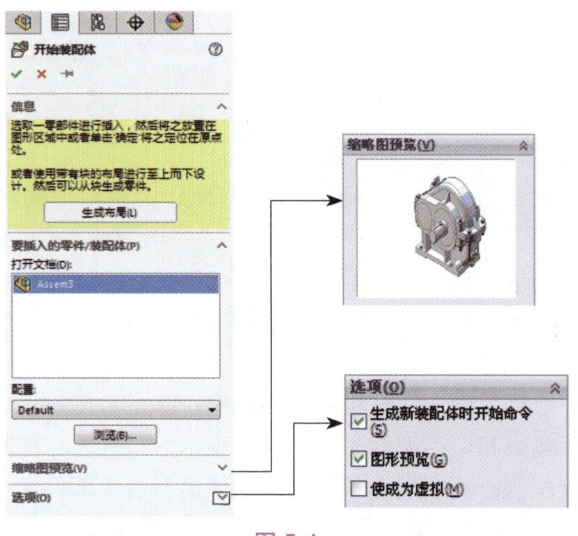

图 5-4

在【开始装配体】属性面板中，用户可以单击【生成布局】按钮直接进入布局草图环境，从而绘制草图来定义装配体零部件的位置。

单击【浏览】按钮，用户可以浏览所需的装配体文件，并将其插入当前的装配设计环境中，然后可以进行装配体的设计、编辑等操作。

5.2.1 插入零部件

插入零部件功能允许用户将零部件添加到新的或已存在的装配体中。插入零部件功能包括以下几种装配方法。

一、插入零部件

插入零部件是指在现有装配体中插入零部件。用户可选择自下而上的装配设计方式，首先在零部件编辑环境中进行建模，然后将零部件插入装配体，最后通过配合功能来定位零部件。

在【装配体】选项卡中单击【插入零部件】按钮，会弹出【插入零部件】属性面板。【插入零部件】属性面板中的选项设置与【开始装配体】属性面板中的选项设置类似，这里就不重复介绍了。

提示：在自上而下的装配设计过程中，将首个插入装配体的零部件称为主零部件，后续插入的零部件将以它作为参考。

二、新零件

使用【装配体】选项卡中的【新零件】工具，可以在关联的装配体中设计全新的零部件。在这个设计过程中，可以利用其他装配体零部件的几何特征。然而，只有在用户选择自上而下的装配设计方式后，才能使用此工具。

提示：在生成关联装配体的新零部件之前，用户可以指定默认行为，将新零部件保存为独立的外部零部件，或者将其作为装配体文件内的虚拟零部件。

在【装配体】选项卡中单击【新零件】按钮后，设计树中显示一个空的名为“[零件 1^ 装配体 1]”的虚拟装配体文件，且鼠标指针变为，如图 5-5 所示。

当鼠标指针在设计树中移动至基准面位置时，鼠标指针变为，如图 5-6 所示。指定一个基准面后，就可以在插入的新零件中创建模型了。

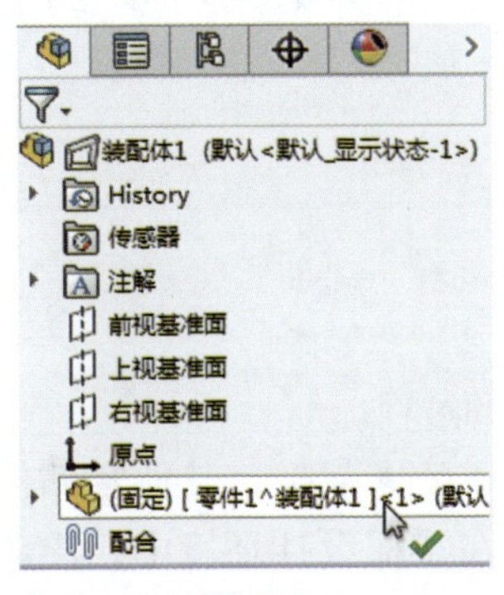

图 5-5

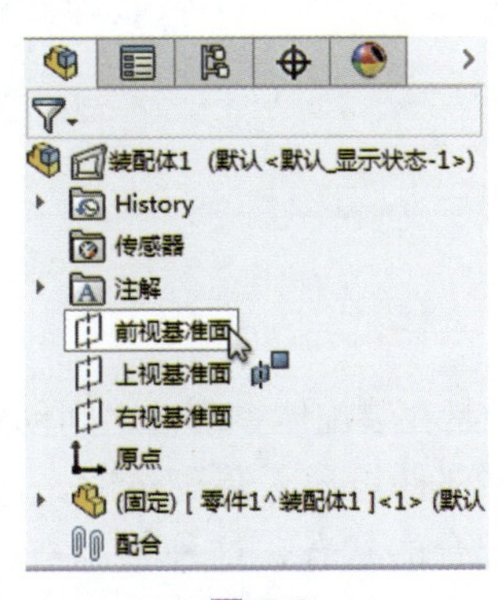

图 5-6

对于装配体内部的零部件，用户无须选择基准面，可以单击图形区中的空白部分，从而将内部零部件添加到装配体中。用户可以打开或编辑零部件，并创建几何体。如果零部件的原点与装配体的原点重合，那么零部件的位置将会是固定的。

三、新装配体

当需要在装配体的任何层次中插入子装配体时，可以使用【装配体】选项卡中的【新装配体】工具。一旦创建了子装配体，就可以用多种方式将零部件添加到子装配体中。

这个插入新的子装配体的方法遵循自上而下的装配设计方式。插入的新子装配体是虚拟装配体。

四、随配合复制

当使用【随配合复制】工具复制零部件或子装配体时，可以同时复制它们关联的配合关系。举例来说，在【装配体】选项卡中单击【随配合复制】按钮后，在减速器装配体中复制其中一个被动轴通盖时，会弹出【随配合复制】属性面板，其中列出了该零部件在装配体中的所有配合关系，如图 5-7 所示。

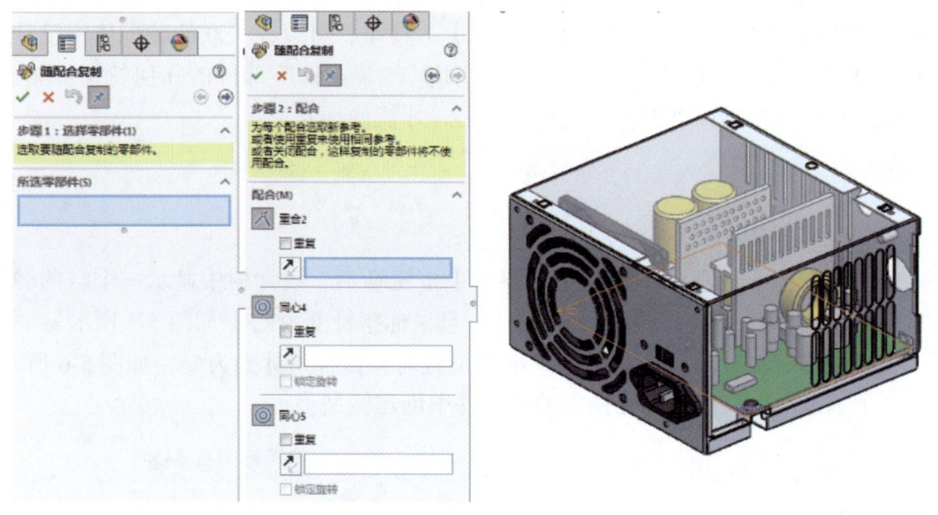

图 5-7

5.2.2　配合

配合是在装配体零部件之间创建几何约束关系的过程。

当零部件被插入装配体时，除了第一个被插入的零部件，其他零部件都处于未添加配合的状态，这种状态被称为浮动状态。在装配设计环境中，浮动状态下的零部件可以在 3 个坐标轴上独立移动，也可以绕这些坐标轴旋转，总共有 6 个自由度。

通过添加配合关系，可以限制零部件的某些自由度，从而将其不完全约束。当添加的配合关系将零部件的 6 个自由度都限制时，被称为完全约束，零部件处于固定状态，类似于第一个被插入装配体的零部件的状态，无法被移动。

> **提示:** 通常情况下，第一个被插入装配体的零部件是固定的，但可以通过快捷菜单中的【浮动】命令取消其“固定”状态。

在【装配体】选项卡中单击【配合】按钮，弹出【配合】属性面板。该属性面板中的【配合】选项卡下包括【高级配合】、【机械配合】、【配合】和【选项】，如图 5-8 所示。【分析】选项卡下的选项用于分析所选的配合。

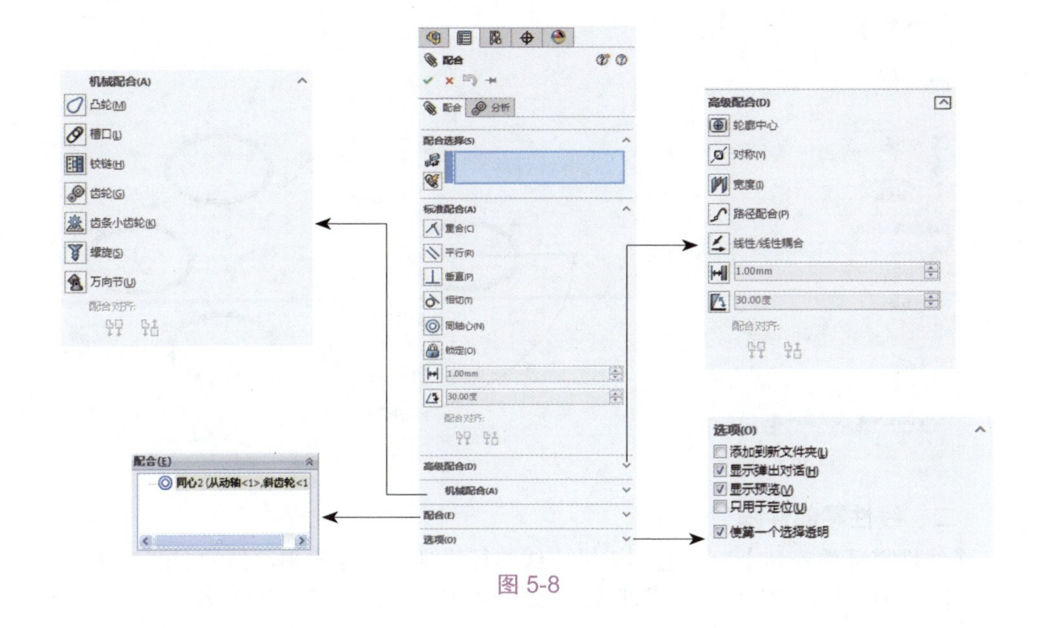

图 5-8

5.3 装配体零部件的操作

在装配过程中，当需要重复装配多个相同的零部件时，可以利用阵列或镜像功能。另外，移动或旋转功能可用于平移或旋转零部件。

5.3.1 零部件的阵列

在装配设计环境下，SolidWorks 提供了 7 种零部件阵列类型，常用的零部件阵列类型包括圆周零部件阵列、线性零部件阵列和阵列驱动零部件阵列。

一、圆周零部件阵列

【圆周零部件阵列】工具用于创建绕轴进行圆形排列的一个或多个零部件的实例。可通过指定阵列轴、阵列角度和实例数，轻松生成零部件的副本。

1. 在【装配体】选项卡的【线性零部件阵列】下拉菜单中选择【圆周零部件阵列】命令，弹出【圆周阵列】属性面板，如图 5-9 所示。

2. 在【圆周阵列】属性面板中，可以指定阵列轴、阵列角度和实例数（也就是阵列中的零部件数量），以及要阵列的零部件。完成设置后，就能生成零部件的圆周阵列，如图 5-10 所示。

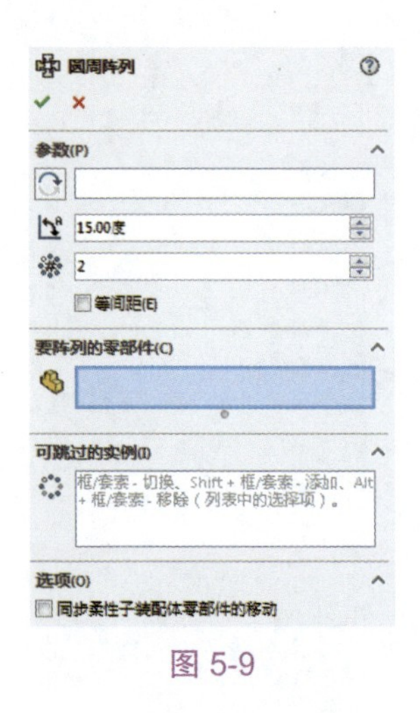

图 5-9

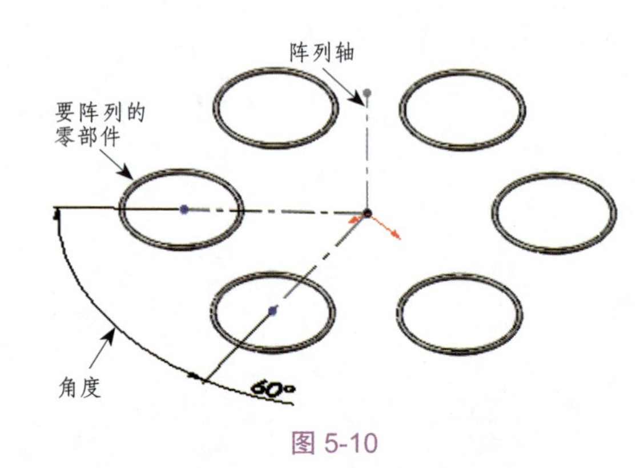

图 5-10

二、线性零部件阵列

【线性零部件阵列】工具用于沿直线路径排列多个相同零部件的实例。通过指定一个基础特征（通常是一个零部件），以及阵列的方向、距离和实例数，该工具能够生成一行或一列相同零部件的副本，使用户可以快速创建线性排列的零部件。

1. 在【装配体】选项卡中单击【线性零部件阵列】按钮，弹出【线性阵列】属性面板，如图 5-11 所示。

2. 在指定线性阵列的方向 1、方向 2，以及各方向的间距、实例数之后，即可生成零部件的线性阵列，如图 5-12 所示。

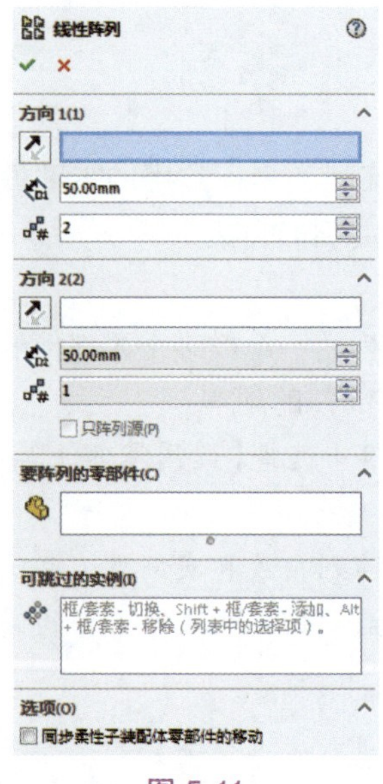

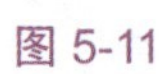

图 5-11

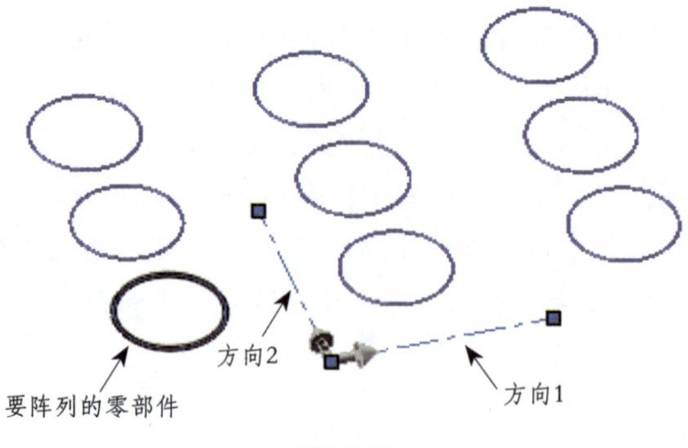

图 5-12

三、阵列驱动零部件阵列

【阵列驱动零部件阵列】工具是根据参考零部件中的特征来驱动的，在装配Toolbox标准件时特别有用。

1. 在【装配体】选项卡的【线性零部件阵列】下拉菜单中选择【阵列驱动零部件阵列】命令，弹出【阵列驱动】属性面板，如图5-13所示。

2. 在指定要阵列的零部件（螺钉）和驱动特征（孔面）后，SolidWorks自动计算出孔盖上有多少个相同尺寸的孔并生成阵列，如图5-14所示。

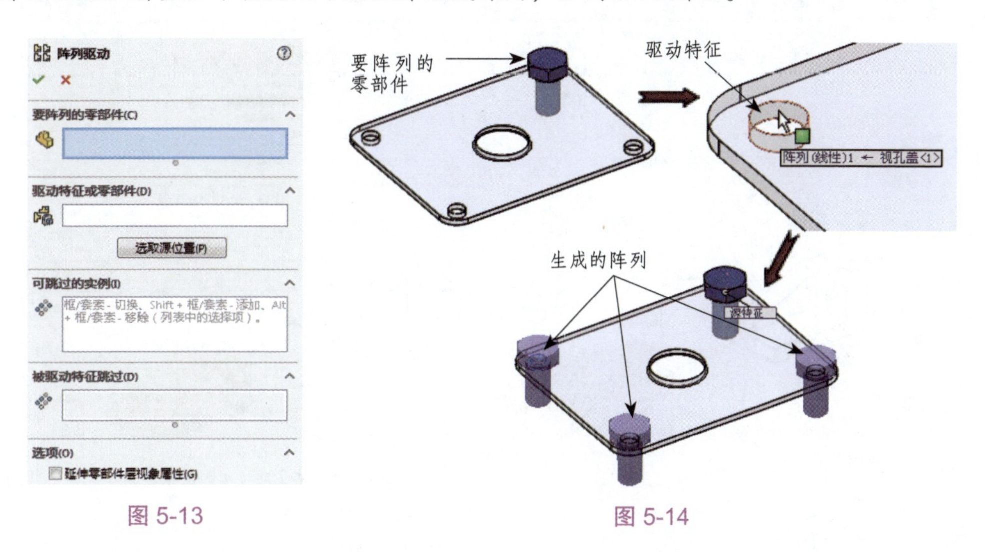

图 5-13　　图 5-14

5.3.2 零部件的镜像

如果已经有一个具有对称结构的参考零部件，要创建一个镜像版本，可以使用【镜像零部件】工具。这个工具能够生成一个新零部件，这个新零部件可以是原零部件的副本，也可以是相反方位版本。

1. 在【装配体】选项卡的【线性零部件阵列】下拉菜单中选择【镜像零部件】命令，弹出【镜像零部件】属性面板，如图5-15所示。

2. 在选择镜像基准面和要镜像的零部件后（完成“步骤1”），在【镜像零部件】属性面板顶部单击【下一步】按钮，进入“步骤2”。在“步骤2”中，用户可以为要镜像的零部件选择镜像类型和定向方式，如图5-16所示。

3. 在“步骤2”中，复制版本的定向方式有5种，前4种定向方式如图5-17所示。

4. 相反方位版本的定向方式如图5-18所示。生成相反方位版本的零部件后，图标会显示在该零部件旁边，表示已经生成该零部件的一个相反方位版本。

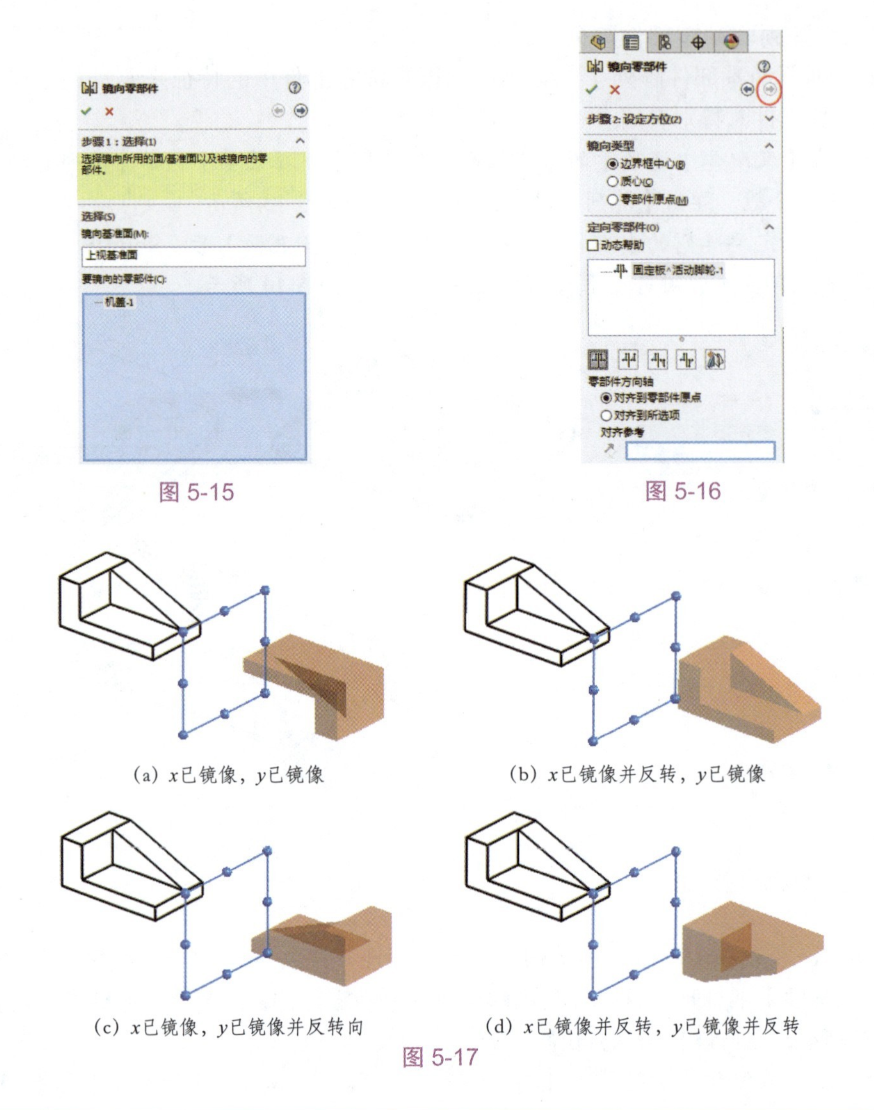

图 5-15

图 5-16

(a) x已镜像，y已镜像

(b) x已镜像并反转，y已镜像

(c) x已镜像，y已镜像并反转向

(d) x已镜像并反转，y已镜像并反转

图 5-17

> **提示：** 对于设计库中的 Toolbox 标准件，通过镜像零部件操作，可以镜像零部件，如图 5-19 所示。

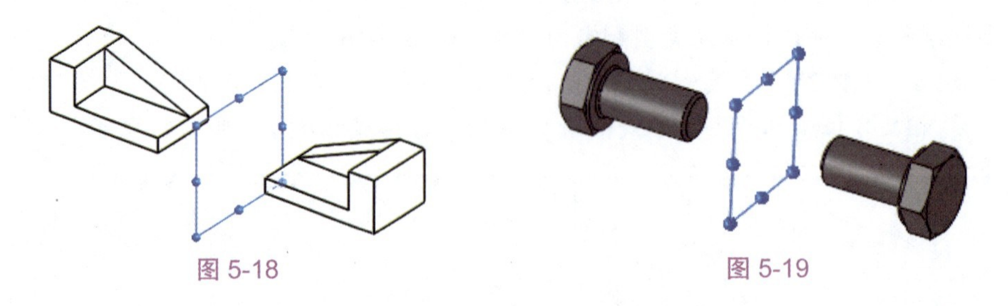

图 5-18

图 5-19

5.4 布局草图

布局草图对装配体设计来说是一个非常有用的工具。通过布局草图能够控制零部件和特征的尺寸与位置。修改布局草图将引发所有零部件的更新，而如果结合装配设计表，这个工具的功能会进一步扩展，自动创建装配体的不同配置。

5.4.1 布局草图的建立

自上而下设计是一种从装配模型的顶层开始，通过在装配设计环境中创建零部件来完成整个装配模型设计的方式。在装配模型设计的初始阶段，根据装配模型的基本功能和要求，用户可以在顶层装配中构建布局草图，这个布局草图将充当装配模型的顶层骨架。在随后的设计过程中，基本是在这个顶层骨架的基础上进行复制、修改、细化和完善的，最终完成整个设计过程。这种装配体设计方式有助于确保设计的一致性和高效性。

要构建一个布局草图，可以在【开始装配体】属性面板中单击【生成布局】按钮，随后进入布局草图环境。在设计树中将生成一个命名为“布局”的文件，如图 5-20 所示。

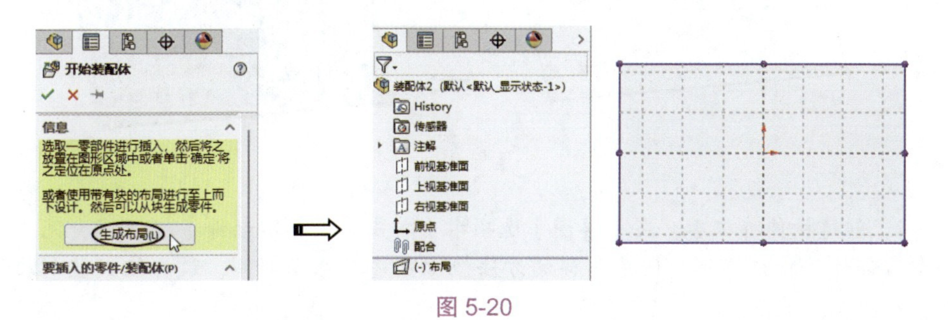

图 5-20

5.4.2 基于布局草图的装配体设计

布局草图在装配模型中扮演着重要的角色，它代表了主要的空间位置和形状，反映了构成装配体的各个零部件之间的拓扑关系。在自上而下的装配设计方式中，布局草图是核心部分，是各个子装配体之间的桥梁和纽带。因此，在构建布局草图时，重点是在最初的总体装配布局中捕捉和呈现各个子装配体和零部件之间的相互联系和依赖关系。

1. 在布局草图环境中构建图 5-21 所示的草图，完成布局草图的构建后单击【布局】按钮退出布局草图环境。

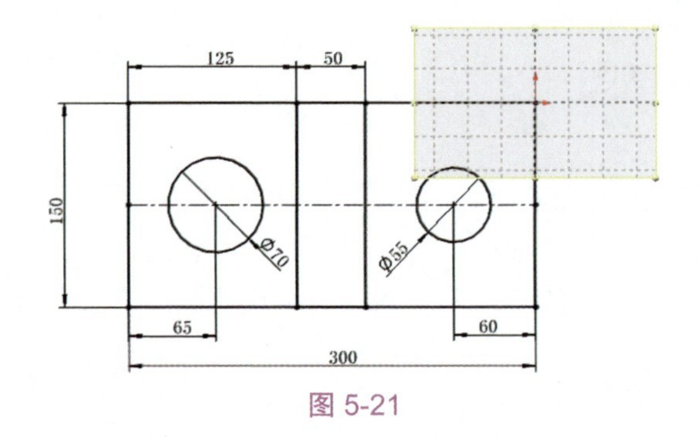

图 5-21

2. 从构建的布局草图中可以看出整个装配体由 4 个零部件组成。在【装配体】选项卡中，使用【新零件】工具，生成一个新零部件文件。在设计树中选中新零部件文件，然后选择快捷菜单中的【编辑】命令，激活新零部件文件，并进入零部件编辑环境添加或编辑零部件的特征。

3. 使用【特征】选项卡中的【拉伸凸台/基体】工具，基于布局草图重新绘制二维草图，创建拉伸特征，如图 5-22 所示。

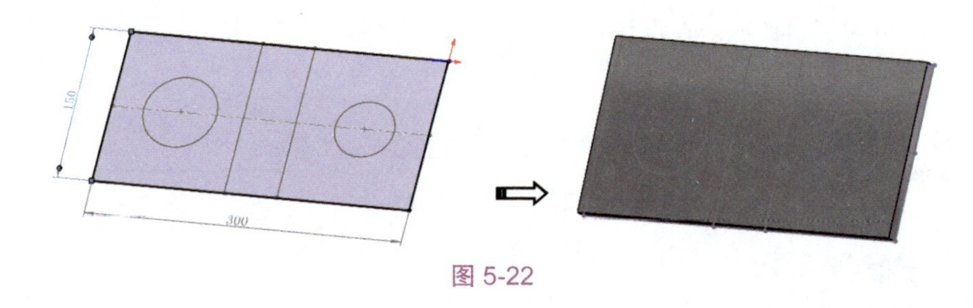

图 5-22

4. 创建拉伸特征后，在【草图】选项卡中单击【编辑零部件】按钮，完成第一个零部件的特征编辑。使用同样的方法依次创建其他零部件，最终组成整个装配体，如图 5-23 所示。

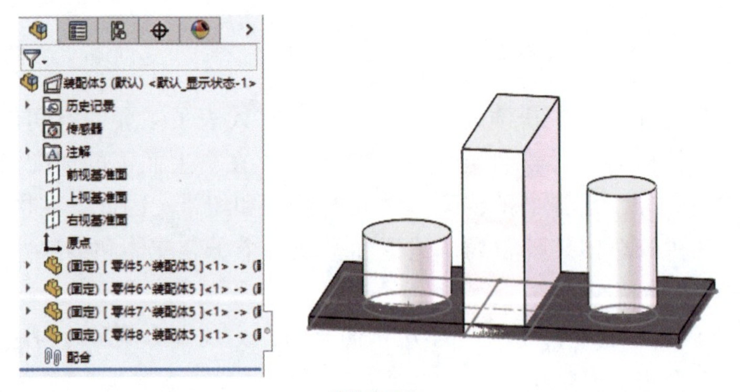

图 5-23

5.5 爆炸视图

装配体的爆炸视图是将装配模型中的零部件按照其装配关系分离并显示在原位置的图。创建爆炸视图能够方便用户查看装配体中的各个零部件及它们之间的装配关系。装配体的爆炸视图如图 5-24 所示。

图 5-24

5.5.1 创建和编辑爆炸视图

创建爆炸视图的操作步骤如下。

1. 在【装配体】选项卡中单击【爆炸视图】按钮，弹出【爆炸】属性面板，如图 5-25 所示。

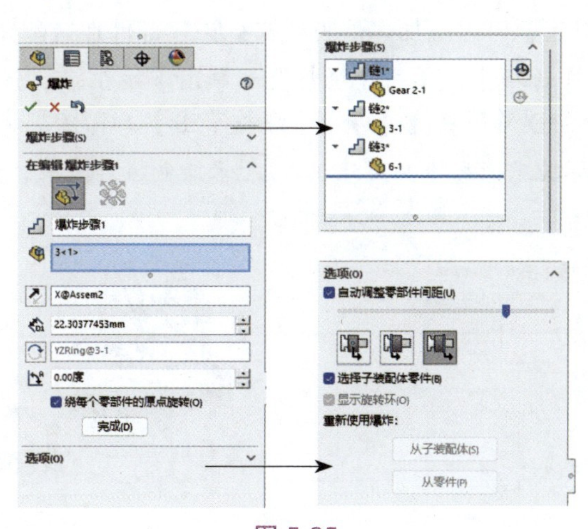

图 5-25

2. 激活【爆炸步骤零部件】选择框，在图形区中选择要爆炸的零部件，随后图形区中会显示三重轴，如图 5-26 所示。

提示: 只有在改变零部件位置的情况下，所选的零部件才会显示在【爆炸步骤】列表框中。

3. 查看当前爆炸步骤所选的方向。可单击【反向】按钮改变方向。

4. 设置爆炸距离，即零部件的移动距离。

5. 如果要旋转零部件，可单击【轴】按钮，在图形区中选择旋转轴，然后输入旋转值以设定零部件的旋转。单击【完成】按钮，将变换每一个零部件的位置。

6. 勾选【自动调整零部件间距】复选框，将沿旋转轴自动、均匀地分布零部件的间距。有 3 种间距的自动调整方式。

7. 若勾选【选择子装配体零件】复选框，选择子装配体的单个零部件，反之则选择整个子装配体。

除了可以在属性面板中设定爆炸参数来生成爆炸视图外，用户可以自由拖动三重轴来改变零部件在装配体中的位置，如图 5-27 所示。

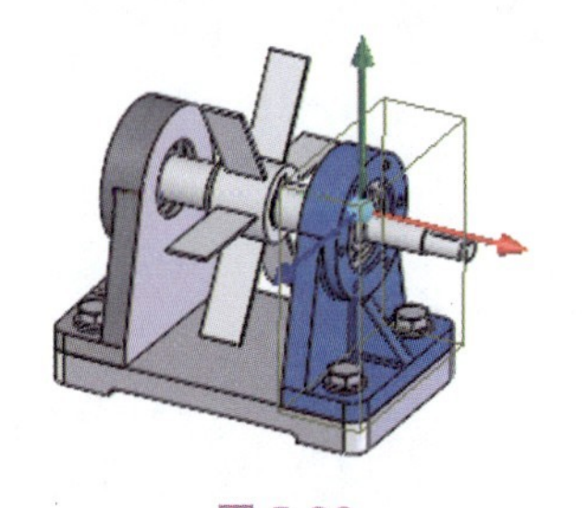

图 5-26

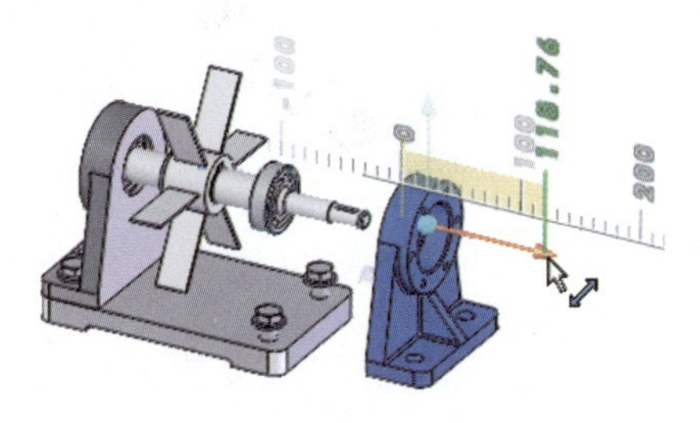

图 5-27

5.5.2 添加爆炸直线

创建爆炸视图以后，可以添加爆炸直线来标识零部件在装配体中移动的轨迹。

1. 在【装配体】选项卡中单击【爆炸直线草图】按钮，弹出【步路线】属性面板，随后自动进入 3D 草图环境并弹出【爆炸草图】工具栏，如图 5-28 所示。

2. 在 3D 草图环境中使用【直线】工具来绘制爆炸直线，如图 5-29 所示。爆炸直线将以幻影线显示。

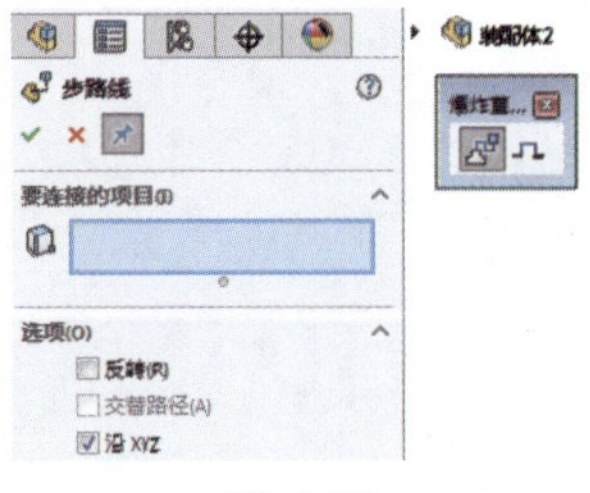

图 5-28

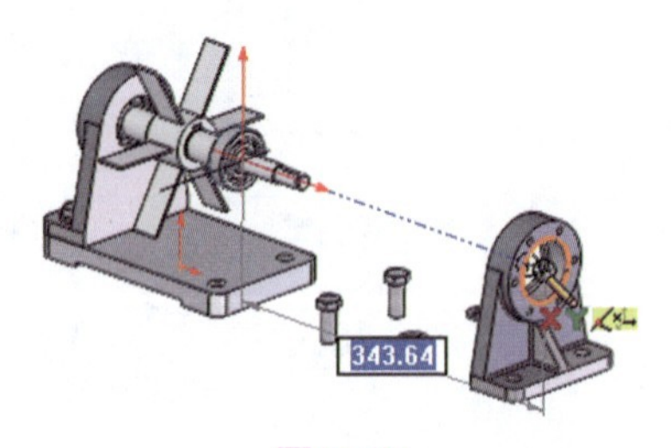

图 5-29

3. 在【爆炸草图】工具栏中单击【转折线】按钮，然后在图形区中选择爆炸直线并拖动草图线条以将转折线添加到该爆炸直线中，如图 5-30 所示。

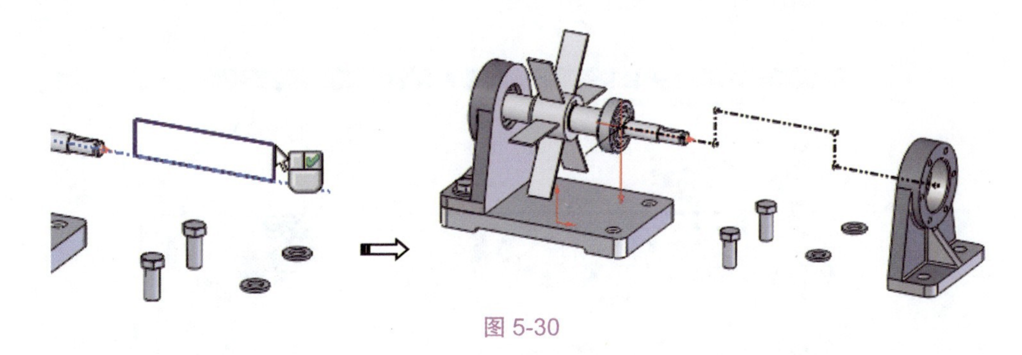

图 5-30

5.6 综合案例

SolidWorks 中的装配设计分为自上而下设计和自下而上设计。下面以两个典型的装配设计案例来介绍自上而下和自下而上的装配设计方式及操作过程。

5.6.1 案例一：台虎钳装配设计

台虎钳是安装在工作台上用以夹稳加工工件的工具。台虎钳主要由两大部分构成：固定钳座和活动钳座。本例将使用装配体的自下而上的装配设计方式来装配台虎钳。

台虎钳如图 5-31 所示。

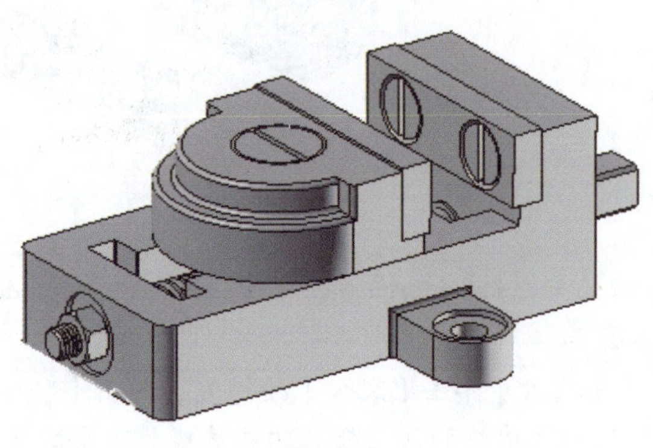

图 5-31

一、装配活动钳座

1. 新建装配体文件，进入装配设计环境。

2. 在【PropertyManager】选项卡的【开始装配体】属性面板中单击【浏览】按钮，然后将本例源文件夹中的“活动钳口 .sldprt”零部件文件插入装配设计环境，如图 5-32 所示。

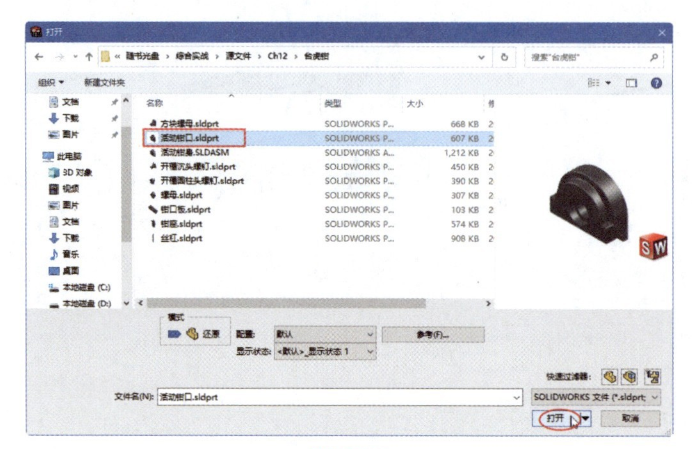

图 5-32

3. 在【装配体】选项卡中单击【插入零部件】按钮，弹出【插入零部件】属性面板。在该属性面板中单击【浏览】按钮，将本例源文件夹中的“钳口板 .sldprt”零部件文件插入装配设计环境并任意放置，如图 5-33 所示。

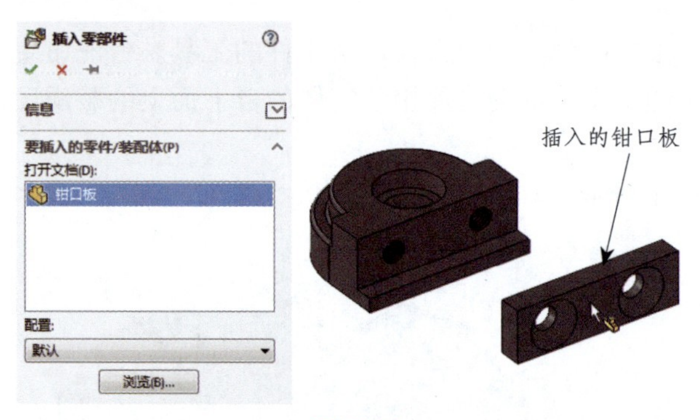

图 5-33

4. 依次将“开槽沉头螺钉 .sldprt”和“开槽圆柱头螺钉 .sldprt”零部件文件插入装配设计环境，如图 5-34 所示。

5. 在【装配体】选项卡中单击【配合】按钮，弹出【配合】属性面板。然后在图形区中选择钳口板的孔边线和活动钳口的孔边线作为要配合的实体，如图 5-35 所示。

6. 钳口板自动与活动钳口孔对齐，并弹出标准配合工具栏。在该工具栏中单击【添加 / 完成配合】按钮，完成“同轴心”配合，如图 5-36 所示。

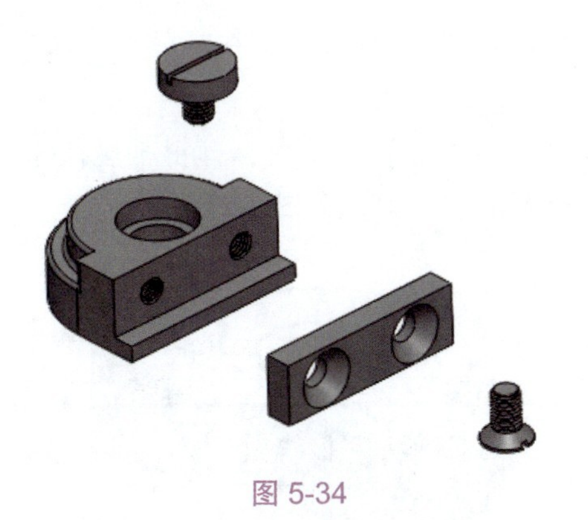

图 5-34

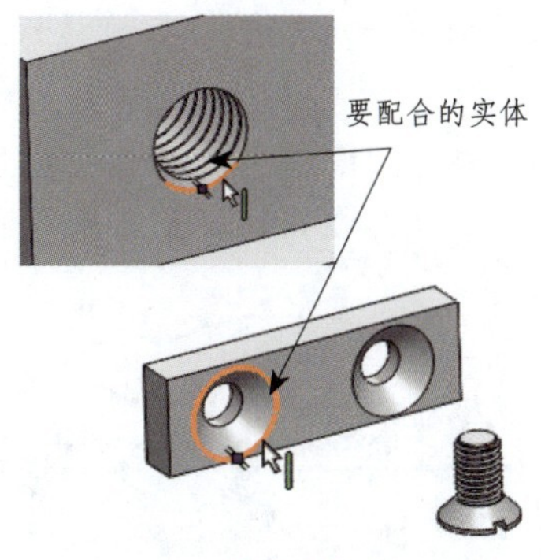

图 5-35

7. 在钳口板和活动钳口上各选择一个面作为要配合的实体，随后钳口板自动与活动钳口完成“重合”配合，在标准配合工具栏中单击【添加 / 完成配合】按钮✓完成配合，如图 5-37 所示。

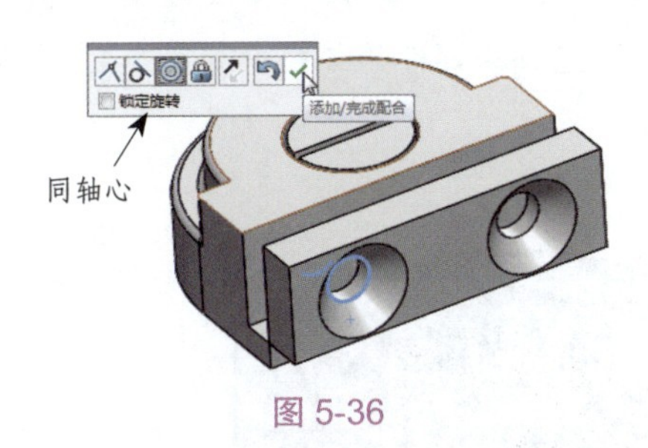

图 5-36

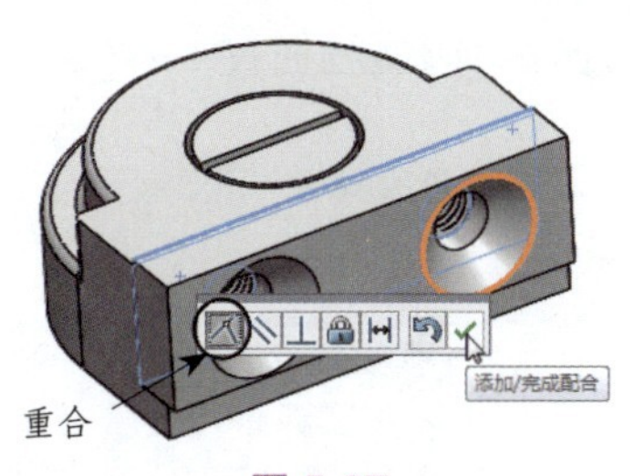

图 5-37

8. 选择活动钳口顶部的孔边线与开槽圆柱头螺钉的边线作为要配合的实体，并完成“同轴心”配合，如图 5-38 所示。

> **提示：** 一般情况下，有孔的零部件使用“同轴心”配合、“重合”配合或“对齐”配合；无孔的零部件可使用除“同轴心”配合外的配合。

9. 选择活动钳口顶部的孔台阶面与开槽圆柱头螺钉的台阶面作为要配合的实体，并完成“重合”配合，如图 5-39 所示。

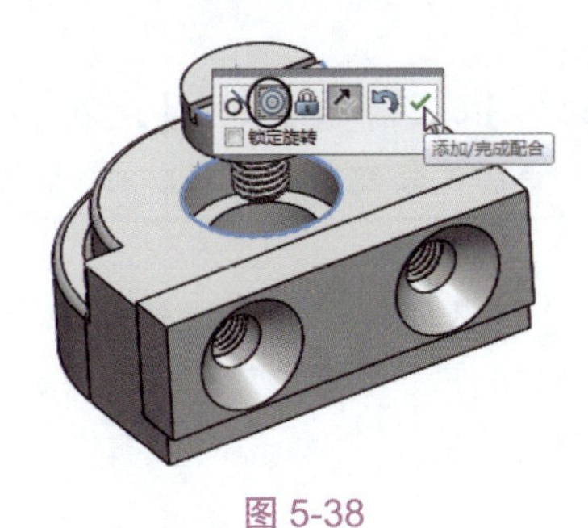

图 5-38

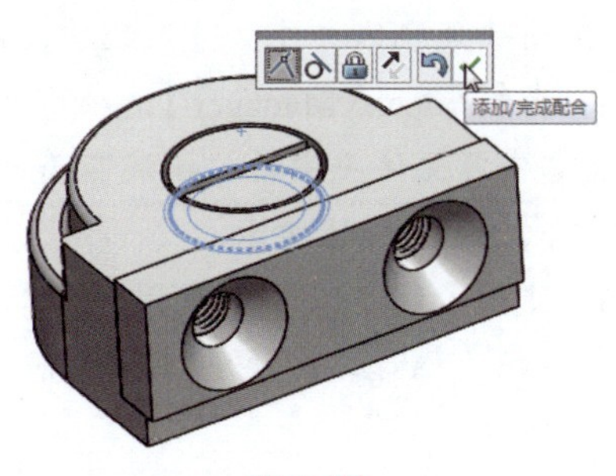

图 5-39

10. 对开槽沉头螺钉与活动钳口使用“同轴心”配合和“重合”配合，结果如图 5-40 所示。

11. 在【装配体】选项卡中单击【线性零部件阵列】按钮，弹出【线性阵列】属性面板。然后在钳口板上选择一边线作为阵列参考方向，如图 5-41 所示。

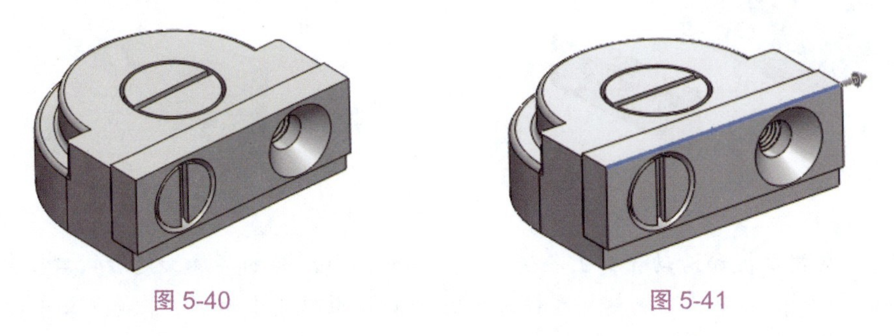

图 5-40　　图 5-41

12. 选择开槽沉头螺钉作为要阵列的零部件，在输入阵列距离及阵列数量后，单击【线性阵列】属性面板中的【确定】按钮，完成零部件的阵列，如图 5-42 所示。

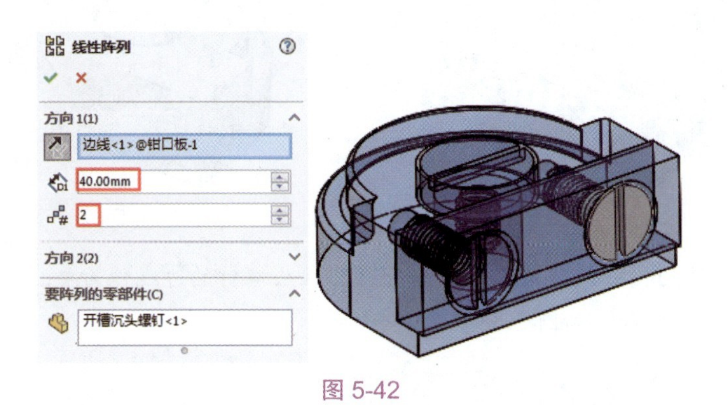

图 5-42

13. 至此，活动钳座设计完成，将装配体文件另存为“活动钳座 .sldasm”，然后关闭窗口。

二、装配固定钳座

1. 新建装配体文件，进入装配设计环境。

2. 在【PropertyManager】选项卡的【开始装配体】属性面板中单击【浏览】按钮，然后将本例源文件夹中的“钳座 .sldprt”零部件文件插入装配设计环境，以此作为固定零部件，如图 5-43 所示。

3. 使用【装配体】选项卡中的【插入零部件】工具，执行相同操作依次将丝杠、钳口板、螺母、方块螺母和开槽沉头螺钉等零部件文件插入装配设计环境，如图 5-44 所示。

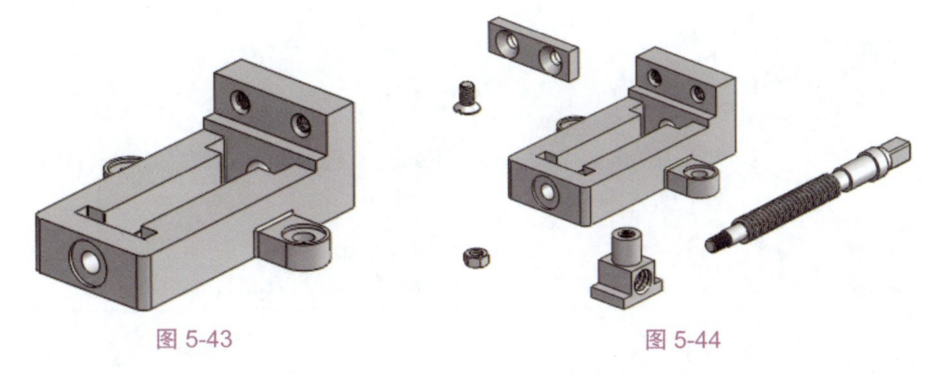
图 5-43　　图 5-44

4. 装配丝杠到钳座上。使用【配合】工具，选择丝杠圆形部分的边线与钳座孔边线作为要配合的实体，并使用“同轴心”配合。然后选择丝杠圆形台阶面和钳座孔台阶面作为要配合的实体，并使用“重合”配合，配合的结果如图 5-45 所示。

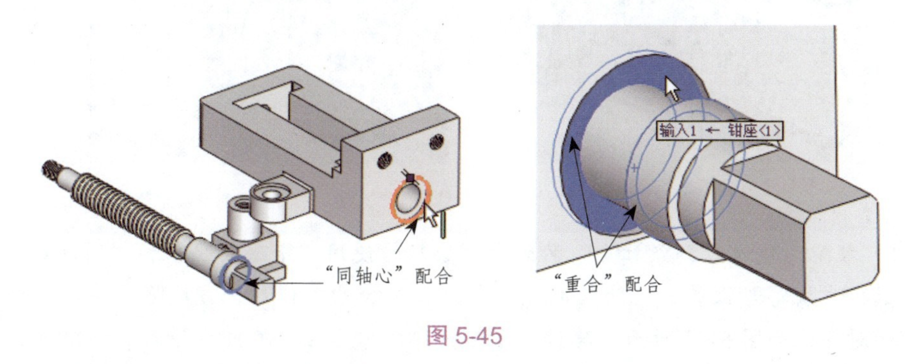

图 5-45

5. 装配螺母到丝杠上。螺母与丝杠也使用“同轴心”配合和“重合”配合，如图 5-46 所示。

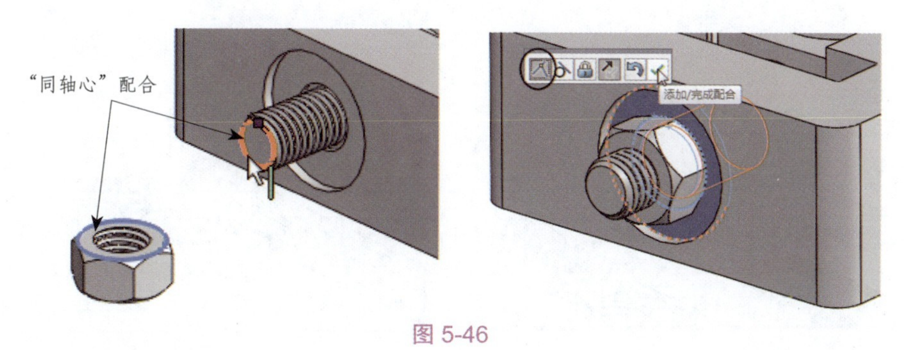

图 5-46

6. 装配钳口板到钳座上。装配钳口板时使用“同轴心”配合和“重合”配合，如图 5-47 所示。

7. 装配开槽沉头螺钉到钳口板上。装配钳口板时使用“同轴心”配合和“重合”配合，如图 5-48 所示。

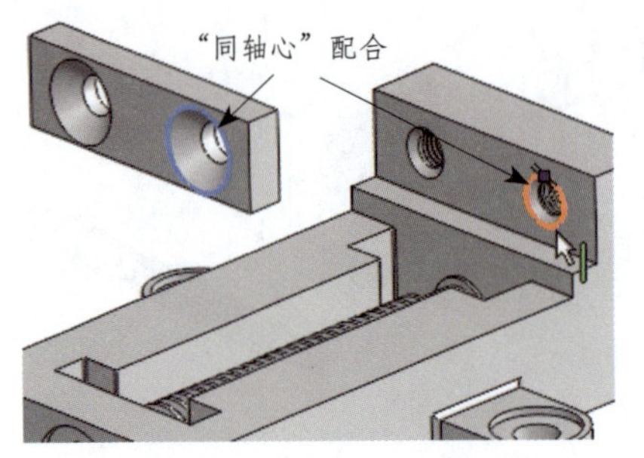

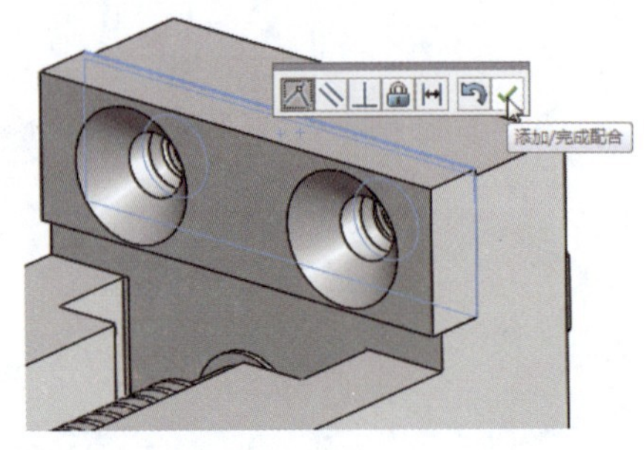

图 5-47

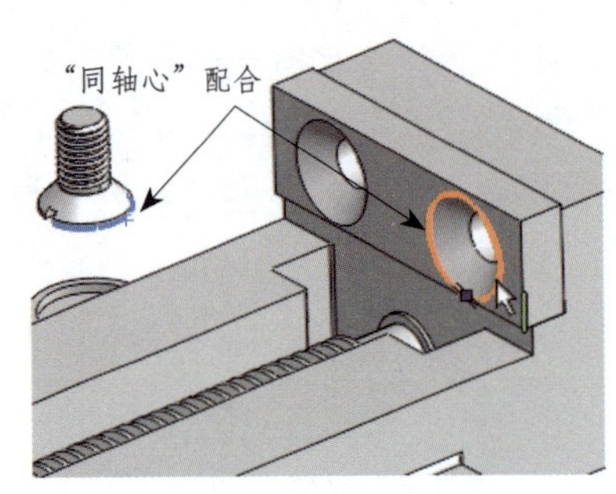

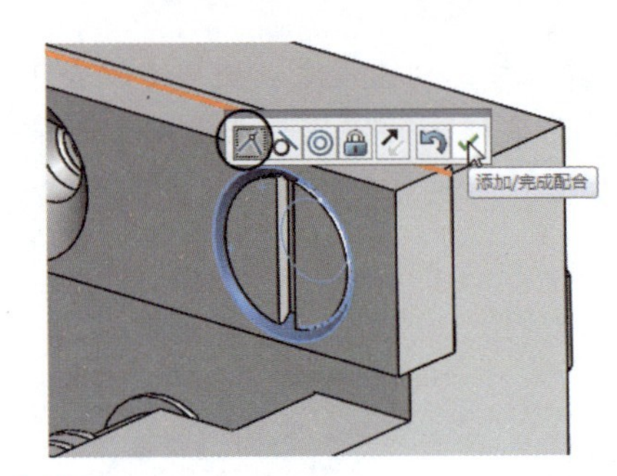

图 5-48

8. 装配方块螺母到丝杠上。装配方块螺母时使用“距离”配合和“同轴心”配合。选择方块螺母上的面与钳座的侧面作为要配合的实体后，方块螺母自动与钳座的侧面对齐，如图 5-49 所示。此时，在标准配合工具栏中单击【距离】按钮，然后在数值微调框中输入 70，再单击【添加 / 完成配合】按钮，完成“距离”配合，如图 5-50 所示。

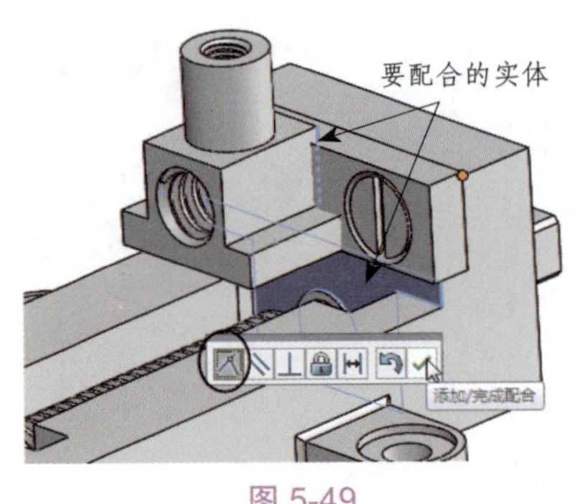

图 5-49

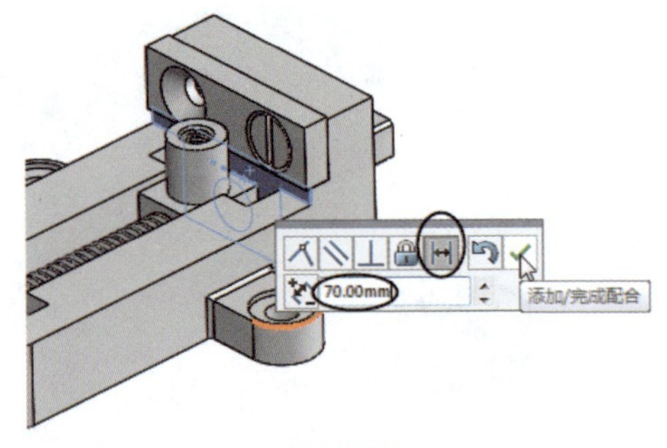

图 5-50

9. 对方块螺母和丝杠使用“同轴心”配合，配合完成的结果如图 5-51 所示。配合完成后，关闭【配合】属性面板。

10. 使用【线性阵列】工具，阵列开槽沉头螺钉，如图 5-52 所示。

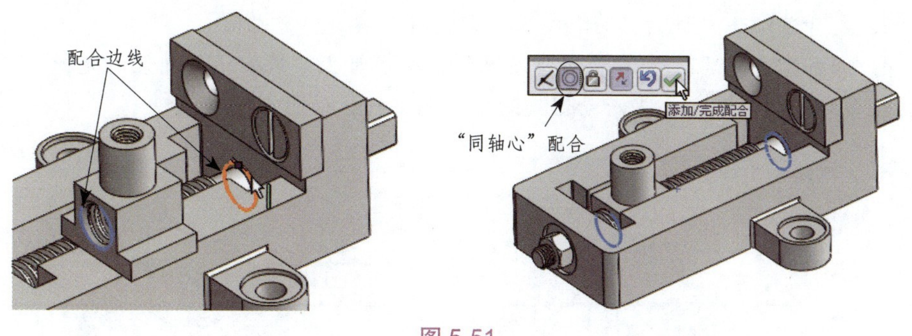

图 5-51

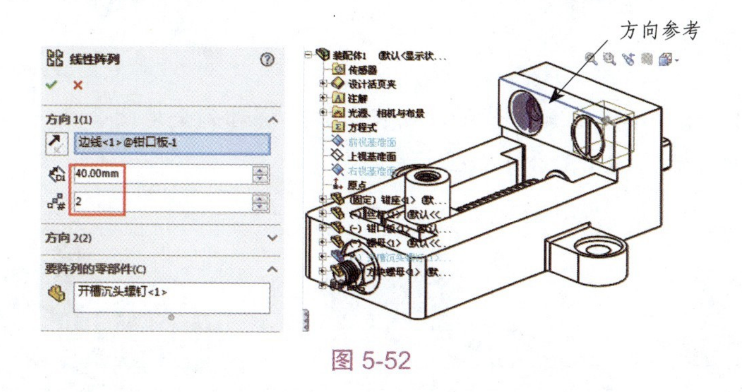

图 5-52

三、插入子装配体

1. 在【装配体】选项卡中单击【插入零部件】按钮，弹出【插入零部件】属性面板。

2. 在该属性面板中单击【浏览】按钮，然后在【打开】对话框中将"活动钳身.sldasm"装配体文件打开，如图 5-53 所示。

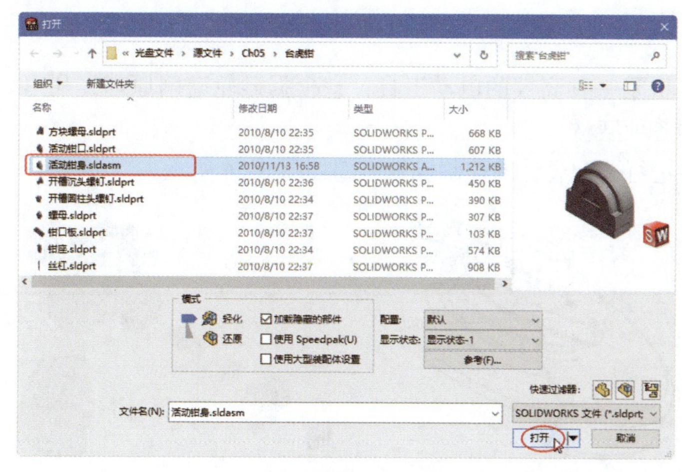

图 5-53

3. 打开装配体文件后，将其插入装配设计环境并任意放置。

4. 添加配合关系，将活动钳座装配到方块螺母上。装配活动钳座时先使用“重合”配合和“角度”配合将活动钳座的方位调整好，如图 5-54 所示。

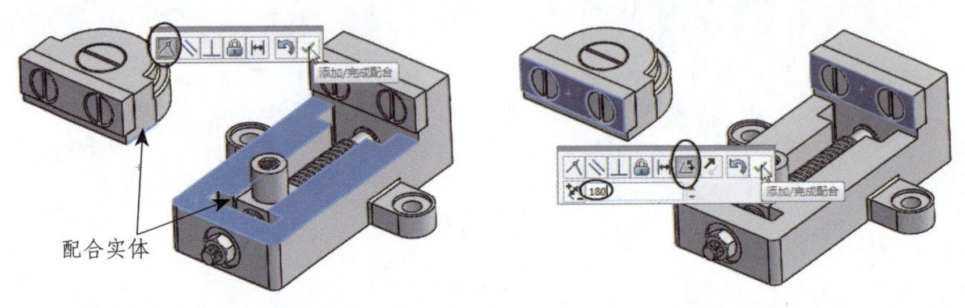

图 5-54

5. 使用“同轴心”配合，使活动钳座与方块螺母完全地配合在一起，如图 5-55 所示。完成配合后关闭【配合】属性面板。

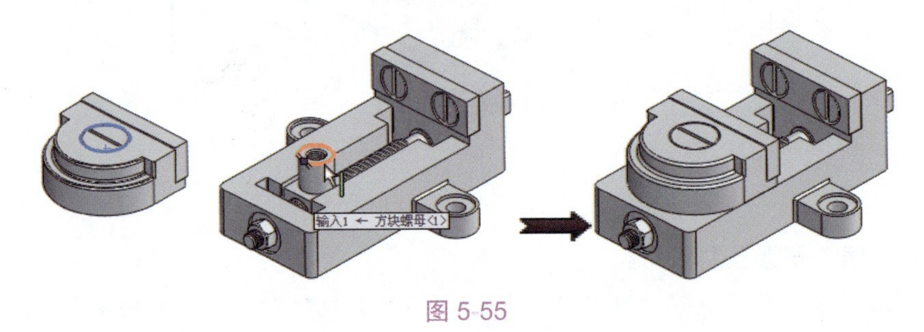

图 5-55

6. 至此台虎钳的装配设计工作已全部完成。将结果另存为“台虎钳 .sldasm”装配体文件。

5.6.2　案例二：切割机工作部装配设计

型材切割机是一种高效的电动工具，它根据砂轮磨削原理，利用高速旋转的薄片砂轮来切割各种型材。

本例中要进行装配设计的切割机工作部如图 5-56 所示。

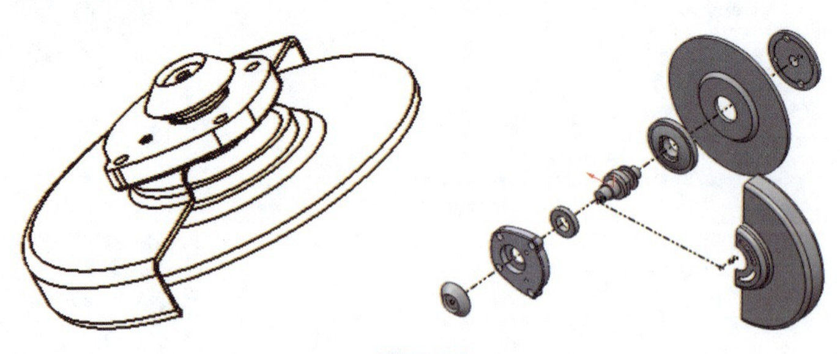

图 5-56

针对切割机工作部的装配设计做出如下分析。

- 切割机工作部的装配采用自下而上的装配设计方式。
- 对于盘类、轴类零部件的装配，其配合关系大多为“同轴心”配合与“重合”配合。
- 个别零部件需要使用“距离”配合和“角度”配合来调整在装配体中的位置与角度。
- 装配完成后，使用【爆炸视图】工具创建爆炸视图。

1. 新建装配体文件，进入装配设计环境。

2. 在【PropertyManager】选项卡的【开始装配体】属性面板中单击【浏览】按钮，然后将本例源文件夹中的“轴 .sldprt”零部件文件打开，如图 5-57 所示。

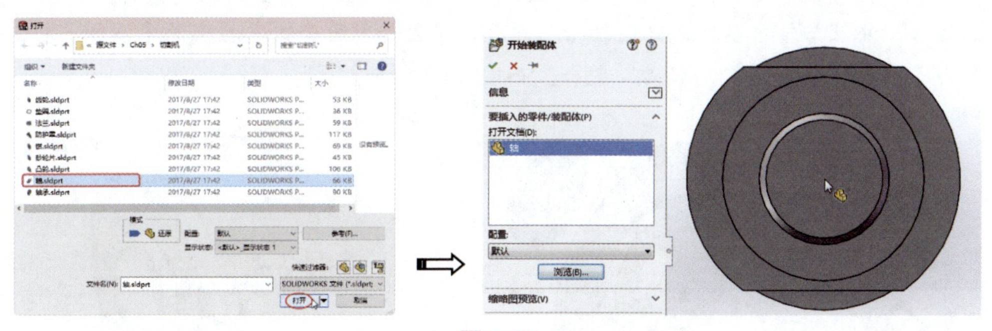

图 5-57

> **提示：** 要想插入的零部件与原点位置重合，应直接在【开始装配】属性面板中单击【确定】按钮✓。

3. 对轴进行旋转操作，这是为了便于装配后续插入的零部件。在设计树中选中轴零部件并在弹出的菜单中选择【浮动】命令，将轴零部件的位置状态从“固定”变为“浮动”。

> **提示：** 只有当零部件的位置状态为“浮动”时，才能移动或旋转零部件。

4. 在【装配体】选项卡中单击【旋转零部件】按钮，弹出【旋转零部件】属性面板。在图形区中选择轴作为旋转对象，然后在属性面板的【旋转】选项区中选择【由 Delta XYZ】选项，并输入“△ X”的值为“180.00° ”，再单击【应用】按钮，完成旋转操作，如图 5-58 所示。完成旋转操作后关闭属性面板。

5. 按照步骤 3 的操作，重新将轴零部件的位置状态设为“固定”。

> **提示：** 当在【移动零部件】属性面板中展开【旋转】选项区时，属性面板发生变化，即由【移动零部件】属性面板变为【旋转零部件】属性面板。

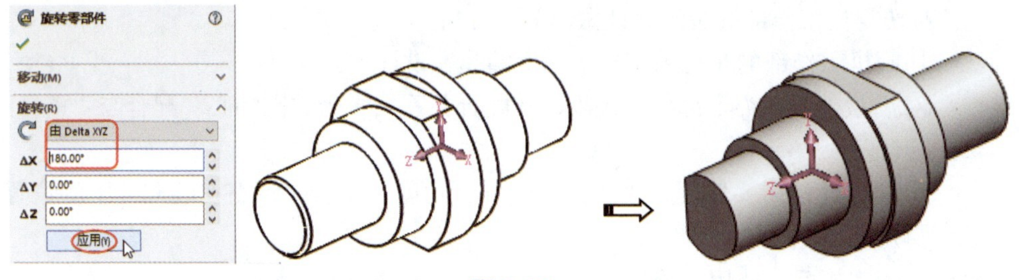

图 5-58

6. 使用【插入零部件】工具，依次从本例源文件夹中将法兰、砂轮片、垫圈和钳插入装配设计环境中并任意放置，如图 5-59 所示。

7. 装配法兰。使用【配合】工具，选择轴的边线和法兰的孔边线作为要配合的实体，法兰与轴自动完成“同轴心”配合。单击标准配合工具栏上的【添加 / 完成配合】按钮，完成“同轴心”配合，如图 5-60 所示。

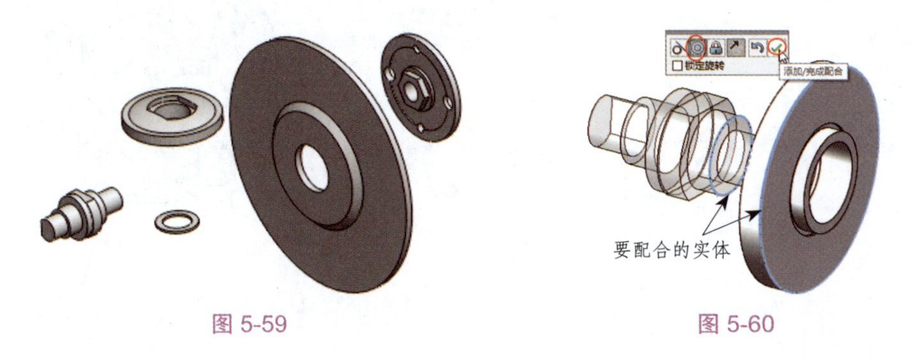

图 5-59　　　　图 5-60

8. 选择轴肩侧面与法兰端面作为要配合的实体，然后使用“重合”配合来配合轴与法兰，如图 5-61 所示。

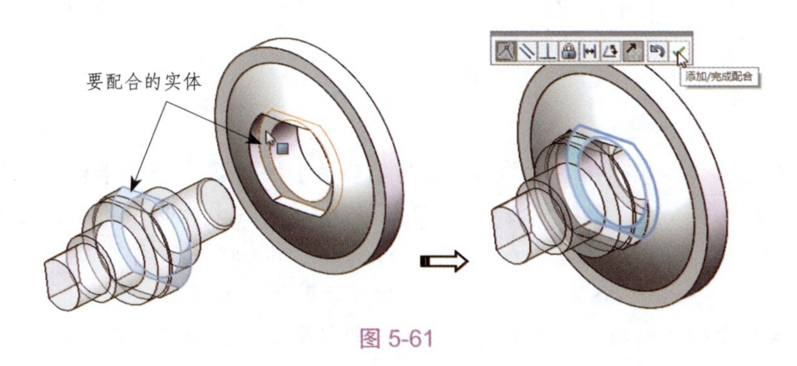

图 5-61

9. 装配砂轮片。装配砂轮片时，对砂轮片和法兰使用“同轴心”配合和“重合”配合，如图 5-62 所示。

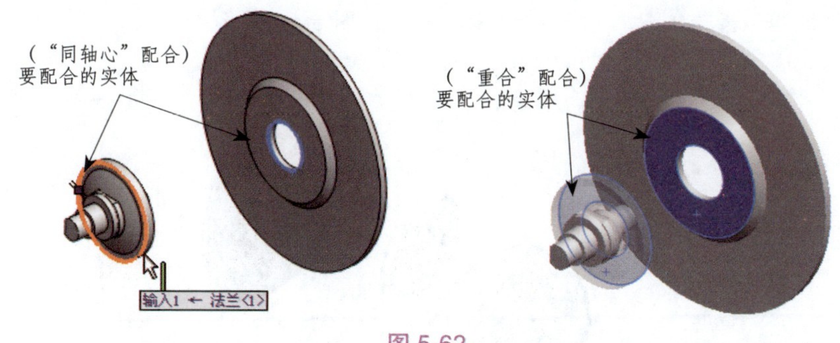

图 5-62

10. 装配垫圈。装配垫圈时，对垫圈和法兰使用"同轴心"配合和"重合"配合，如图 5-63 所示。

11. 装配钳。装配钳时，首先对其进行同"轴心"配合，如图 5-64 所示。

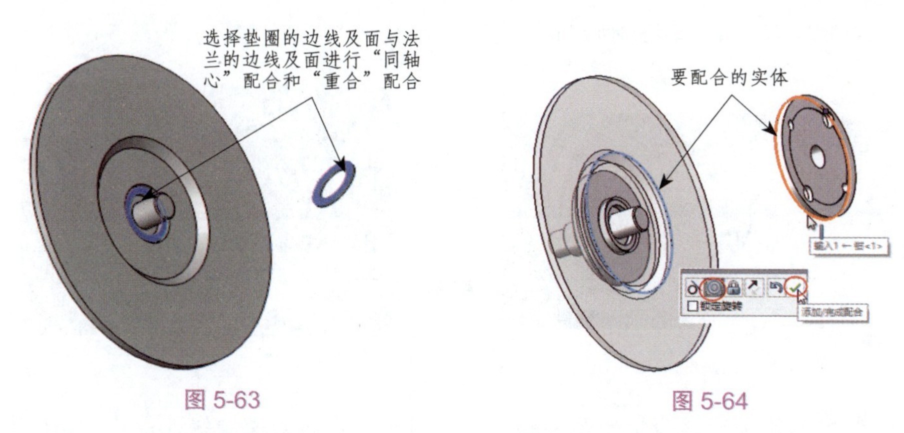

图 5-63　　图 5-64

12. 选择钳的面和砂轮片的面进行"重合"配合，然后在标准配合工具栏上单击【反转配合对齐】按钮，完成钳的装配，如图 5-65 所示。

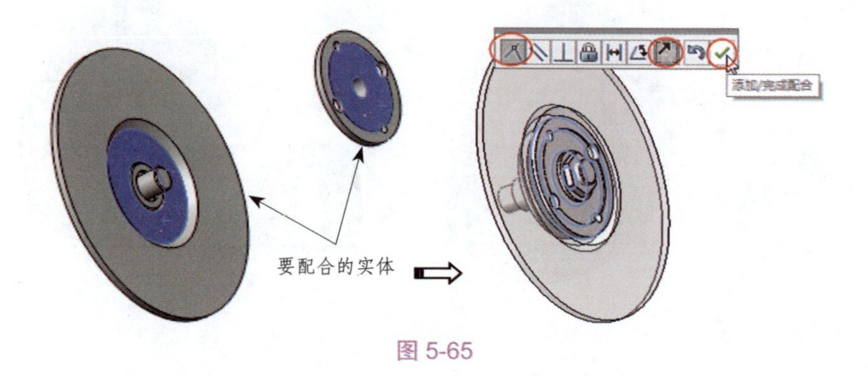

图 5-65

13. 使用【插入零部件】工具，依次将配套资源中的其余零部件（包括轴承、凸轮、防护罩和齿轮）插入装配设计环境中，如图 5-66 所示。

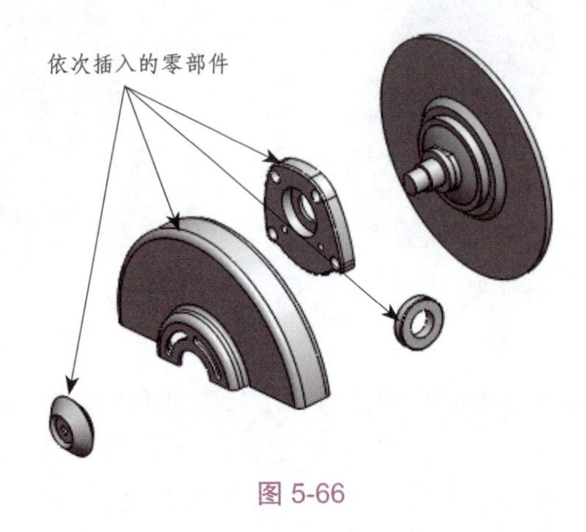

图 5-66

14. 装配轴承。装配轴承时使用“同轴心”配合和“重合”配合，如图 5-67 所示。

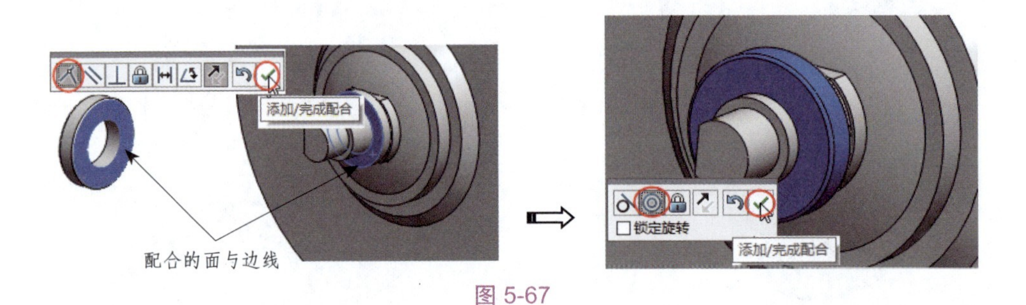

图 5-67

15. 装配凸轮。选择凸轮的面及孔边线分别与轴承的面及边线进行“重合”配合和“同轴心”配合，如图 5-68 所示。

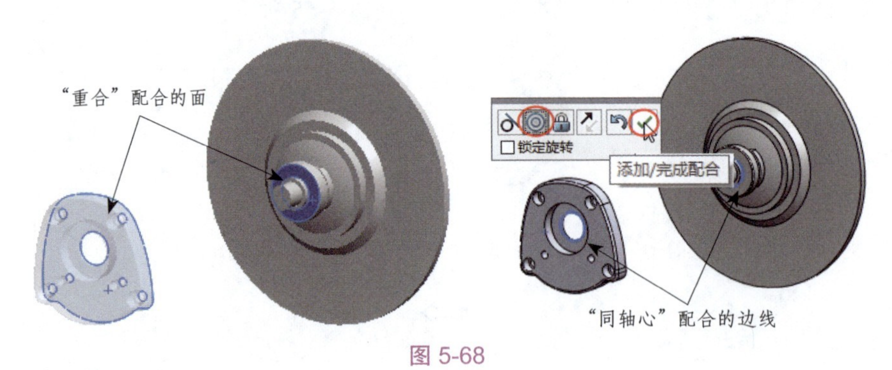

图 5-68

16. 装配防护罩。首先对防护罩和凸轮使用“同轴心”配合，然后使用“重合”配合，如图 5-69 所示。

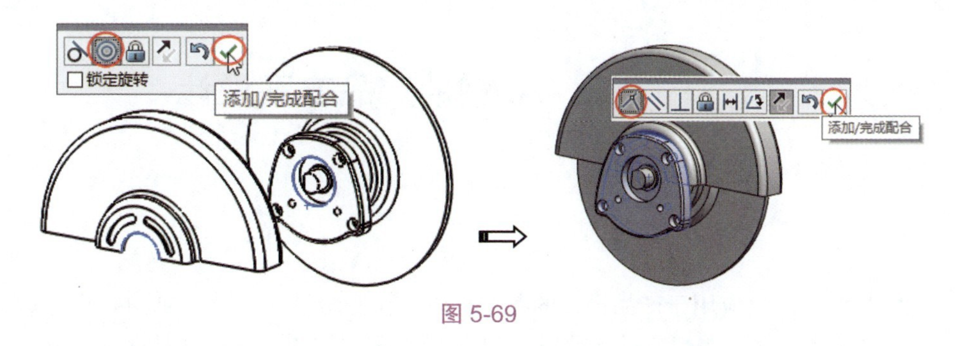

图 5-69

17. 选择轴上一侧面和防护罩上一截面作为要配合的实体，然后使用“角度”配合，如图 5-70 所示。

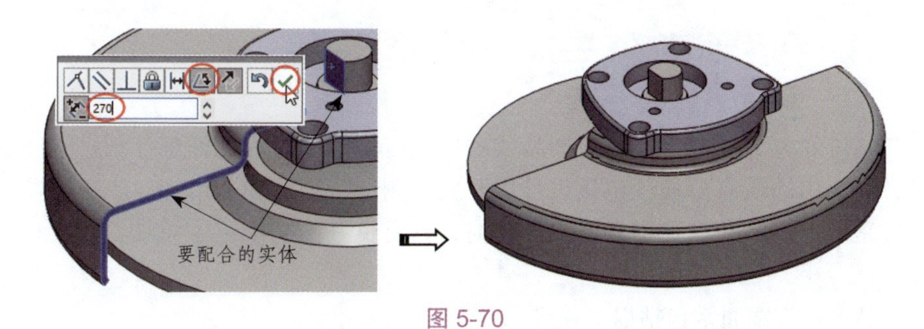

图 5-70

18. 对齿轮和凸轮使用“同轴心”配合和“重合”配合，结果如图 5-71 所示。完成所有配合并关闭【配合】属性面板。

19. 使用【爆炸视图】工具和【爆炸直线草图】工具，创建切割机的爆炸视图，如图 5-72 所示。

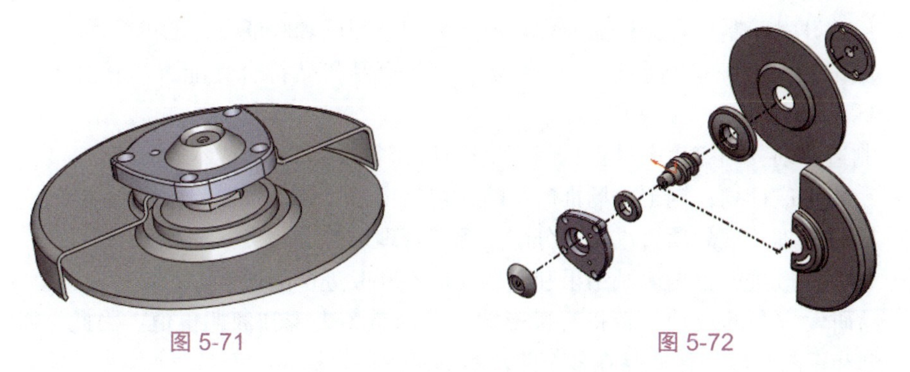

图 5-71　　图 5-72

20. 至此，切割机工作部设计完成，将装配体文件另存为“切割机 .sldasm”，然后关闭窗口。

第 6 章 AI 辅助产品方案设计

AI 技术正广泛应用于产品设计的各个阶段。在概念设计阶段，AI 可提供创意灵感，生成设计方案；在细节设计阶段，AI 可模拟用户体验，优化产品交互功能。因此，AI 技术大幅提升了产品设计的效率和创新性。

6.1 利用百度 AI 生成产品研发方案

产品研发方案是指为开发新产品或改进现有产品而制订的详细计划。它涵盖了从设计到上市的所有阶段，包括设计、开发、测试、制造和上市等。产品研发方案的目标是确保产品在满足市场需求的同时，具有良好的功能性、质量、效益和可制造性。

产品研发方案通常包括以下关键元素。

- 需求分析：明确产品的功能和性能要求，以满足目标市场的需求。
- 概念设计：生成多个初步设计方案，评估它们的优缺点，选择最有潜力的设计方案。
- 详细设计：深入设计所选方案的各个方面，包括结构、材料、制造过程和用户界面等。
- 原型开发：制作实物样品或虚拟原型，用于测试和验证设计的可行性。
- 测试和验证：进行各种测试和验证，以确保产品符合性能、质量和安全等标准。
- 制造计划：确定生产过程，制订生产计划，并估算生产成本。
- 市场推广计划：制定市场推广策略，包括定价、销售渠道和营销活动等。
- 项目管理：规划项目进度、分配资源和管理风险。
- 反馈和改进：根据测试结果和市场反馈不断改进产品设计。

产品研发方案的成功与否将直接影响产品的市场表现和商业价值。因此，需要仔细规划和跟踪，以确保产品在各个阶段都满足预期目标。

在本节中，我们将利用 AI 工具完成产品研发方案的前期部分，包括产品方案的制作、需求分析、概念设计等。

6.1.1 制作产品研发（文本）方案

文心一言是百度开发的一款基于深度学习技术的大语言模型。该模型可以生成方案，也可以按照用户要求生成产品图。下面我们就以一个人工智能语音聊天的小音响为例，详解产品研发方案设计的全流程。

【例 6-1】利用 AI 制作产品研发方案。

目前，我们对这款产品没有做任何前期准备工作，也就是对产品的定义及用途一无所知，接下来让文心一言为我们提供帮助。

1. 在百度首页的左上方选择【更多】/【查看全部百度产品】选项进入“百度产品大全”页面，再选择【文心一言】选项，如图 6-1 所示，可进入文心一言主页。

图 6-1

2. 新用户使用文心一言时，需要注册账号。账号注册成功后进入文心一言主页，如图 6-2 所示。

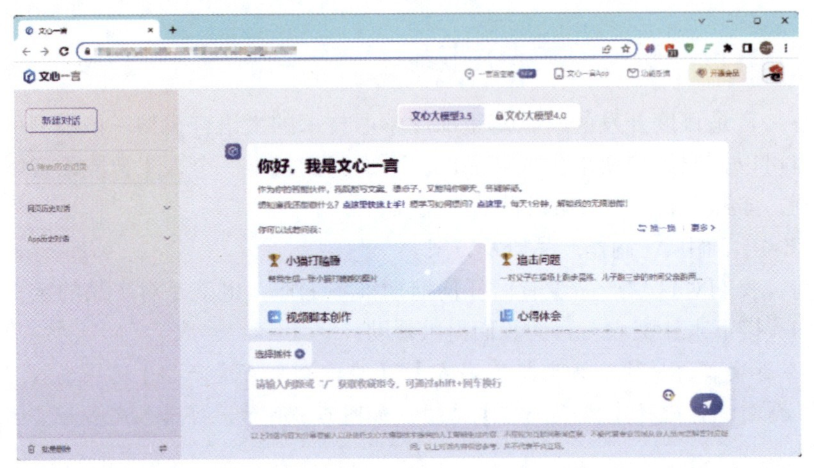

图 6-2

3. 确定市场需求（也就是市场调研）。在文心一言的聊天信息文本框中输入信息并发送后，文心一言会自动生成近千字的市场调研报告文本，如图 6-3 所示。

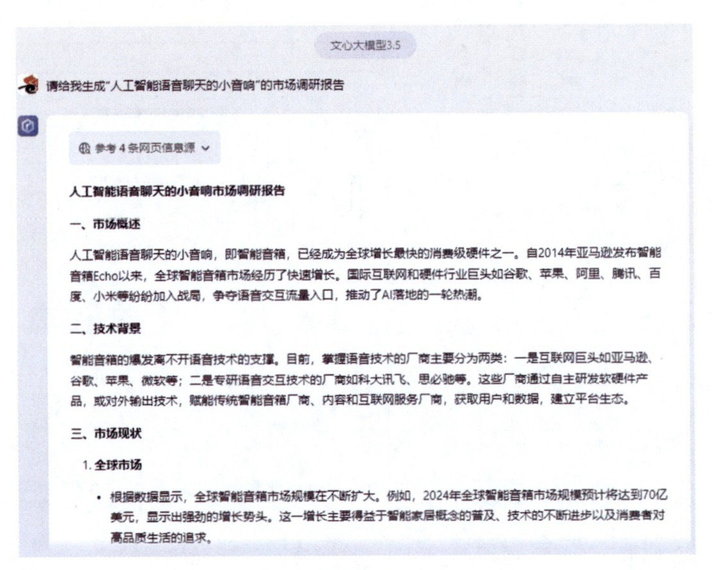

图 6-3

> **提示：** 如果用户还不会向文心一言提出相关的问题或建议（AI 中称为"提示词"），可以在顶部选择【一言百宝箱】选项（这个功能就是提示词），然后在其中找到【职业】/【产品 / 运营】标签下的【写产品方案】选项，单击【使用】按钮，即可将该提示词显示在文心一言的聊天文本框中。用户可根据自己的想法对提示词进行修改，如图 6–4 所示。

图 6-4

4. 接下来在聊天信息文本框中输入信息并发送后，文心一言会快速给出答案，如图 6-5 所示。

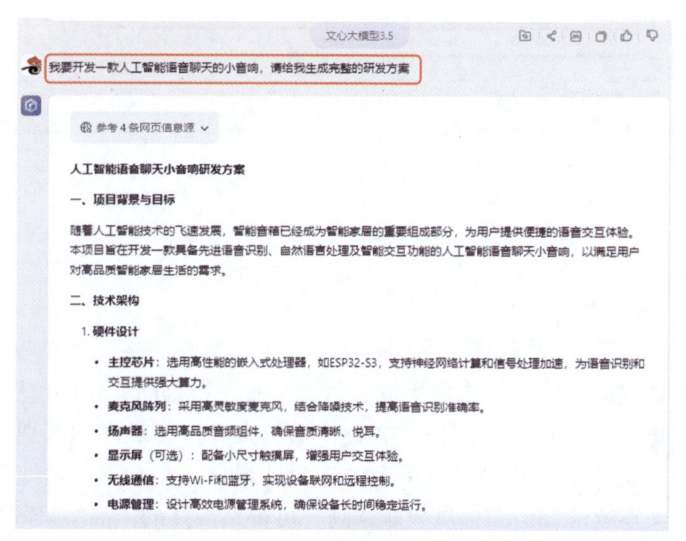

图 6-5

5. 这个答案仅给出一些比较中肯的研发思路。我们希望它进一步生成切合实际的产品设计方案，因此在底部的聊天信息文本框中再输入信息并发送，文心一言随即生成产品设计方案，如图 6-6 所示。

6. 如果对这次生成的产品设计方案不太满意，可在聊天信息底部选择问话选项，以使文心一言能给出更为全面的回答，如图 6-7 所示。

7. 将市场调研报告、产品研发方案和产品设计方案的文本一一复制，分别保存并形成文字报告。

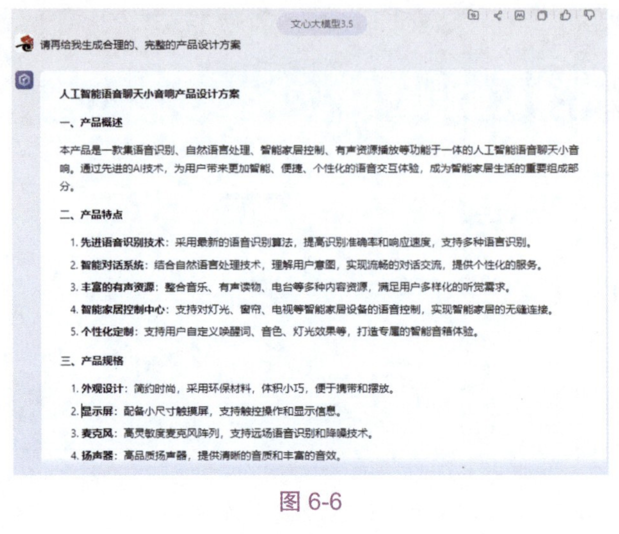

图 6-6

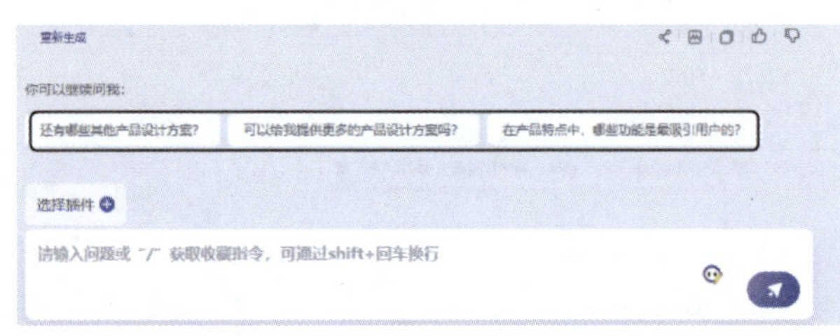

图 6-7

6.1.2　制作产品概念图

百度的 AI 工具中能够生成图像的有文心一言和文心一格。文心一言在聊天界面中直接生成对话式的图像，一次仅生成一张。文心一格是商业化的付费 AI 工具，可以生成高质量的、不同风格的图像。文心一格与文心一言最大的区别在于上下文连续性。文心一言是大语言模型，上下文的连续性很强。文心一格是纯粹的图像生成器，没有上下文连续性，但图像质量非常高，可得到最终的产品渲染效果图。

【例 6-2】利用文心一言制作初期的概念图。

本例使用文心一言进行测试，看看生成的图像效果是否能够满足我们的设计需求。

1. 根据产品设计方案让文心一言帮我们生成产品概念图。在聊天文本框输入图像生成的基本要求，如图 6-8 所示。

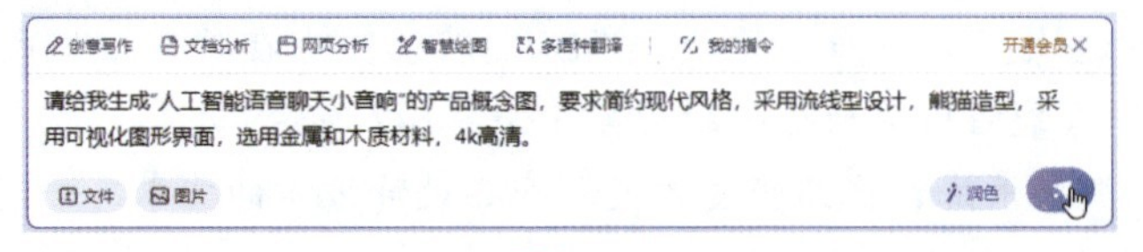

图 6-8

2. 发送信息后，文心一言自动生成一张图像，如图 6-9 所示。若对此概念图不满意，可选择下方的【重新生成】命令重新生成图像，重新生成的新概念图如图 6-10 所示。当然还可继续生成，直到我们满意为止。

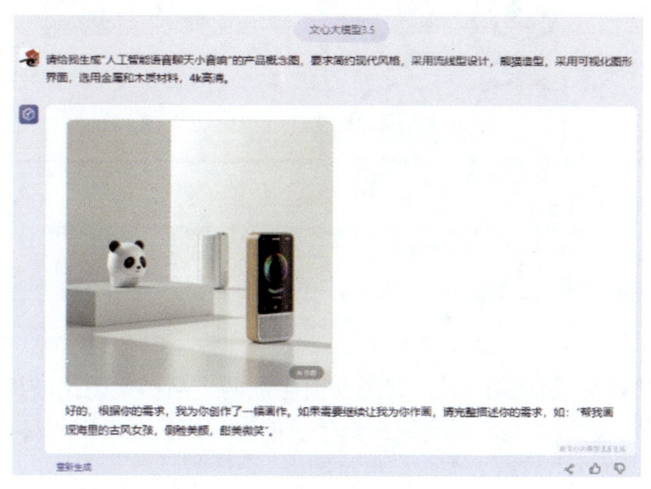

图 6-9

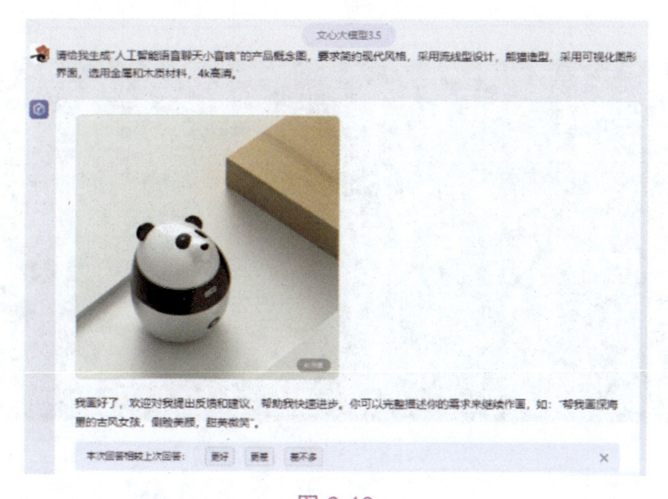

图 6-10

提示：AI 生成的文本和图像都是唯一的，所以读者在操作自己计算机时的演示结果与书中演示的结果不相同。

3. 确定好一张产品概念图后，右击图片并选择【复制图片】命令，将其保存在产品方案文档中。

4. 尝试让文心一言生成产品手绘线稿图，如图 6-11 所示。

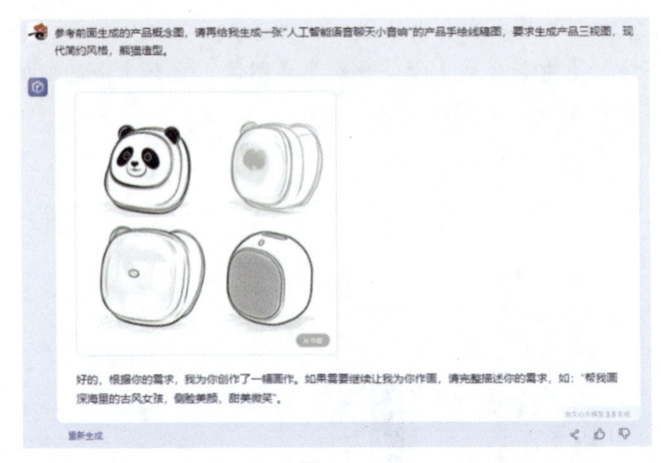

图 6-11

从生成的产品手绘线稿图看，其跟前面生成的产品概念图比较接近，但并非所需的产品三视图，这说明文心一言的图像生成能力有待提升。

【例 6-3】利用文心一格生成产品概念图。

在文心一格的首页中选择【AI 创作】选项，进入 AI 图像生成界面，如图 6-12 所示。

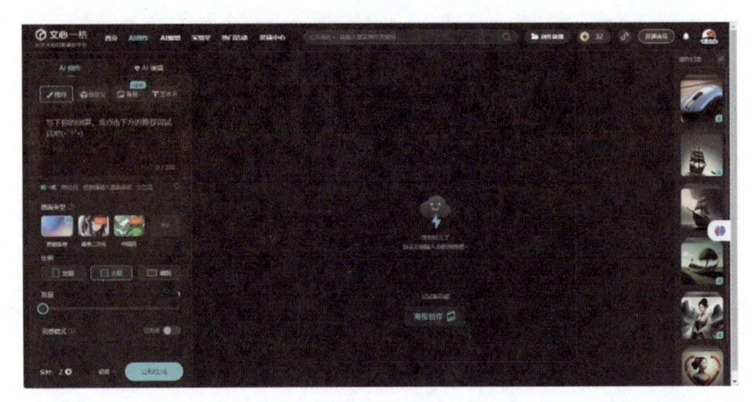

图 6-12

文心一格有两大功能：AI 创作和 AI 编辑。AI 创作相当于由文本生成图像，文言一格可以根据所输入的用户要求，自动生成所需图像。AI 编辑是指对创建的 AI 图像或用户上传的图像进行编辑。

接下来我们尝试让文心一格生成产品概念图。

1. 在文心一格的 AI 创作功能的提示词文本框中输入提示词，设置画面类型为【智能推荐】，设置比例为【方图】，设置图像数量为 2，其他选项保留默认，单击【立即生成】按钮，文心一格自动生成图像，如图 6-13 所示。

图 6-13

2. 从图像的效果来看，图像的质量非常高，有实景的渲染效果，看上去很真实。如果用户对产品的造型不满意，可以在左侧面板中开启【灵感模式】开关，再次单击【立即生成】按钮，文心一格将生成具有创意灵感的产品方案，如图 6-14 所示。

图 6-14

3. 我们测试文心一格在手绘线稿图上的表现。在提示词文本框中输入提示词，单击【立即生成】按钮，文心一格自动生成图像，如图 6-15 所示。

图 6-15

从图像的效果来看，线稿图（草图）几乎没有任何问题，但是产品的造型与之前的效果图不是同一种风格，这也验证了文心一格不具有上下文连续性的特性。

6.2 利用 Midjourney 制作产品设计方案图

Midjourney 是一款基于 AI 技术的文生图像工具，能够根据用户提供的简单文字描述生成多种风格和质量的图像。用户可以对这些图像进行评价，让 Midjourney 进一步优化和改进，直到满足要求。Midjourney 是付费使用的，新会员可以领取一天的试用权限。

6.2.1 Midjourney 中文站

国内用户可使用Midjourney中文站的AI功能。Midjourney中文站的首页如图 6-16 所示。

图 6-16

在 Midjourney 中文站中，用户可以使用 MJ 模型、MX 模型和 D3 模型来创作图像，还可以创作 AI 视频，并使用工具箱中的功能来完成作品编辑。

在首页单击【开始创作】按钮，可进入图像创作页面，如图 6-17 所示。

图 6-17

6.2.2 Midjourney 的提示词

提示词是使用 Midjourney 等文生图像工具的核心所在。提示词是用户输入的文字描述，系统会根据这些文字描述生成相应的图像。

一、提示词的基本要点

提示词的内容关乎最终生成图像的质量和效果，其要点如下。

- 首先，提示词应该尽可能具体、生动和丰富。例如“一个苹果”这样简单的描述是不够的，而“一个多汁的红色苹果，挂在果树上，被阳光照耀，散发诱人的香气”的描述不仅包含视觉元素，还包含味觉元素，可以帮助系统生成更具有感染力的图像。
- 其次，提示词中可以加入风格关键词，来指定生成图像的艺术风格，例如“一个写实主义风格的红色苹果”“一个印象派风格的红色苹果”等。这样可以让系统生成属于特定艺术流派的图像效果。
- 再次，提示词中还可以加入一些技巧性的修饰词，来微调图像的细节效果，例如“高质量的”“细节丰富的”“栩栩如生的”等。这些词可以帮助系统生成精致、生动的图像。
- 最后，提示词的长度很重要。过于简单的提示词无法充分传递创意，而过于复杂的提示词又可能会让系统难以理解。通常来说，包含 10 ~ 20 个词的提示词效果较好。

二、提示词中的关键词提炼

在 Midjourney 中，基于产品方案设计的提示词，主要涉及二维插画与三维立体两种表现形式。要生成用户所期望的图像，可从以下 3 个方面获取有效的帮助。

（1）主题描述。

在描述场景、故事或其构成要素时，需要注意物体或人物的细节和搭配。例如，动物园里有老虎、狮子、长颈鹿、大树和围栏；或者一个小女孩在森林中搭帐篷，穿着红裙子，戴着白帽子。然而，人工智能并不总能识别每个描述的元素。为了让 Midjourney 准确地理解提示词，对场景中的人物应独立进行描述，避免使用长串文字，以免 Midjourney 无法识别。

例如，描述“一辆奔驰在山巅公路的红色跑车”时，最好分开描述：一辆跑车，红色，奔驰着，山巅公路。如图 6-18 所示，左图是直接描述“一辆奔驰在山巅公路的红色跑车”所生成的图像，右图是分开描述“一辆跑车，红色，奔驰着，山巅公路”所生成的图像。前者生成的图像中并没有很准确地描述出“奔驰的跑车”主题思想，生成的小轿车属于静态表现。而后者则很好地诠释了“奔驰的跑车”主题，属于动态表现。

图 6-18

（2）设计风格。

有的设计师无法准确地表达他们所需要图像的设计风格，这时我们可以寻找一些与风格相关的关键词作为参考，或者将相关的风格图像放入其中（称为“垫图”或“喂图”），以便 Midjourney 能够结合所提供的图像风格与主题描述生成相应风格的图像，如一些涉及玻璃、透明塑料、霓虹色彩和其他透明、反射等材质的关键词。举例来说，欲使物体表面透明而不显示其内部机械结构，可能需要加入设计师风格，如输入“游戏手柄，外壳材质为透明塑料，不显示内部机械结构，霓虹色彩渐变，漫反射，阴影效果，白色背景，未来主义风格，数字化艺术风格”提示词来生成游戏手柄，效果如图 6-19 所示。

然而，若有结构存在，物体将变得复杂而失去高级感，如输入“游戏手柄，外壳材质为透明塑料，显示内部机械结构，霓虹色彩渐变，漫反射，阴影效果，白色背景，未来主义风格，数字化艺术风格”提示词来生成游戏手柄，效果如图 6-20 所示。这里涉及的关键词密集、繁杂，目前，用户可针对特定风格进行“咒语测试”。

图 6-19

图 6-20

（3）画面设定。

画面设定在三维设计中扮演着至关重要的角色。它需要考虑渲染类型和光线控制等因素，这些因素的不同会给图像带来显著的差异。关于指令使用的高级技巧也是非常重要的。读者可以通过查阅 Midjourney 官方文档来学习如何使用这些技巧。

例如，双冒号（::）是十分关键的，特别是在权重设置和信息分割时。

例如，“热狗”或“热的狗”均指向英文描述“hot dog”，也就是说两种输入仅能生成单一食品“热狗”，如图 6-21 所示。

图 6-21

若想让 Midjourney 做出正确识别，可输入英文提示词“hot:: dog”加以区别，如图 6-22 所示。在双冒号后面添加数字可以表示权重，数字越大权重就越大，也可以设定为负数。

图 6-22

> **提示：**在 Midjourney 中输入中文提示词，Midjourney 会将中文提示词翻译为英文提示词之后，再执行生成操作。

三、提示词的控图技巧

要想让 Midjourney 中的提示词帮助我们获取较完美的图像，需要使用一些控图技巧。

（1）提示词的万能公式。

掌握了 Midjourney 提示词的万能公式（见图 6-23），也就基本掌握了图像精确生成的关键。

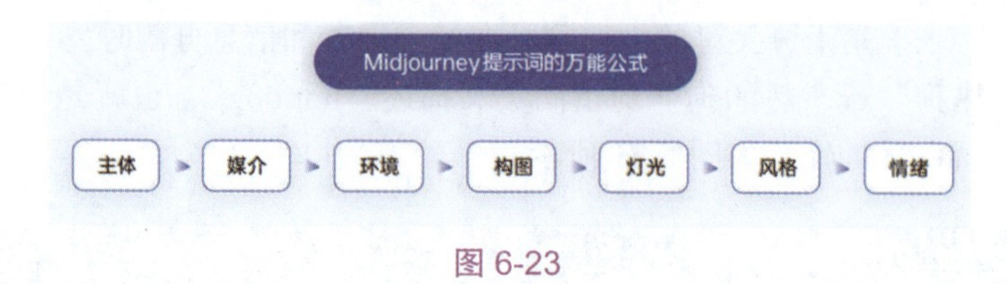

图 6-23

- 主体：图像的核心元素或焦点。它决定了图像的主要内容和视觉兴趣点。选择明确的主体可以帮助 AI 更好地理解和生成所期望的图像。例如，一只栩栩如生的老虎、一座宏伟的城堡或一位优雅的舞者，都可以作为提示词的主体。
- 媒介：图像表现的形式或材料。不同的媒介可以体现不同的质感和风格，如照片、绘画、插图、雕塑、涂鸦、拼贴等。
- 环境：环境是图像中主体所在的背景或场景。它可以是自然景观、城市风光、室内场景等。环境不仅为主体提供了背景，还可以增强图像的故事性和氛围。例如，“一只狼在雪地中”的环境与“一只狼在森林中”的环境会表现出完全不同的氛围。
- 构图：图像中各元素的排列和组织方式。良好的构图可以引导观众的视线，增强图像的视觉吸引力。常见的构图法则包括三分法、对称构图、黄金比例等。掌握构图技巧有助于创造出和谐且引人注目的图像。
- 灯光：图像中光源的设置和光线的处理。不同的灯光效果可以营造出不同的氛围，如明亮的阳光、柔和的月光、戏剧性的阴影等。灯光的运用对于突出主体和增强图像的立体感非常重要。
- 风格：图像表现的独特艺术特征。它可以是写实的、抽象的、卡通的、复古的等。选择特定的风格可以帮助传达特定的情感和个性，使图像更具辨识度和艺术性。
- 情绪：图像中主体或整体所表达的内在情感，可以是快乐、悲伤、愤怒、惊讶等。通过细节和表现手法，情绪可以在图像中得到充分体现，使观众产生共鸣。

（2）提示词的“咒语”。

“咒语”是魔法世界中能够引发超自然效果或力量的语言（包括短语、词组或符号等）。在 Midjourney 中，使用“咒语”可以得到“具有魔力”的作品。咒语是提示词的一部分，在整个提示词中扮演着非常关键的角色。

在 Midjourney 中文站中使用 MJ 模型时，用户无须考虑“咒语”的输入，只要输入想得到的精确图像的基本需求（如输入“一座宏伟的城堡”），然后打开【自动优化咒语】开关，Midjourney 就会自动提升提示词的输入质量，从而生成效果逼真、高清的图像。而关闭【自动优化咒语】开关，所生成的图像就像是童话世界里的场景，如图 6-24 所示。

图 6-24

原本提示词为“一座宏伟的城堡”，在经过【自动优化咒语】处理后，会得到较为完美的提示词和优美、逼真的图像，如图 6-25 所示。

图 6-25

6.2.3 Midjourney 辅助产品设计案例

根据不同的表现内容和表现风格，产品设计草图可分为单线表现草图、结构线表现草图、马克笔表现草图、水彩表现草图、铅笔表现草图和爆炸图式表现草图等。

Midjourney 在产品设计草图中的应用十分广泛，其核心在于提示词的输入。

【例 6-4】利用 Midjourney 制作产品设计草图。

1. 在 Midjourney 中文站主页，打开【MJ 绘画】模块，并选择【MJ6.0（真实质感）】模型作为本案例的 AI 模型。

2. 在提示词文本框中输入提示词，打开【自动化咒语】开关，单击【提交】按钮发送提示词，如图 6-26 所示。

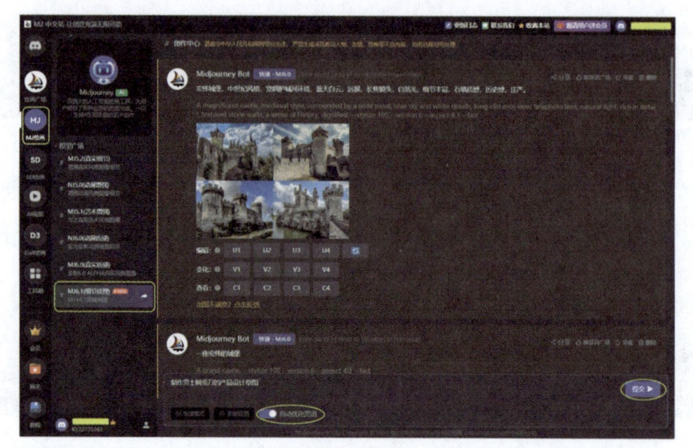

图 6-26

3. Midjourney 随后自动优化提示词，并按照优化后的提示词开始生成产品设计草图，默认生成 4 张图像，如图 6-27 所示。

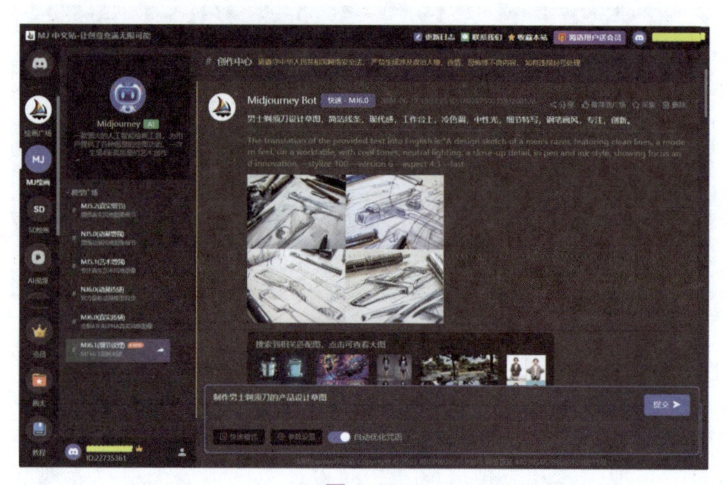

图 6-27

从生成的产品设计草图来看，效果不是很理想，如图 6-28 所示。

4. 可借助 ChatGPT 帮助我们获得比较好的提示词。在 ChatGPT 中，单击【导入】按钮，导入本例源文件夹中的“参考图 .jpg”图片文件，然后输入信息，单击【发送】按钮后，ChatGPT 自动生成提示词，如图 6-29 所示。

5. 复制英文提示词，然后粘贴到 Midjourney 中文站【MJ 绘画】模块的提示词文本框中，关闭【自动优化咒语】开关，单击【提交】按钮，开始生成产品设计草图，如图 6-30 所示。

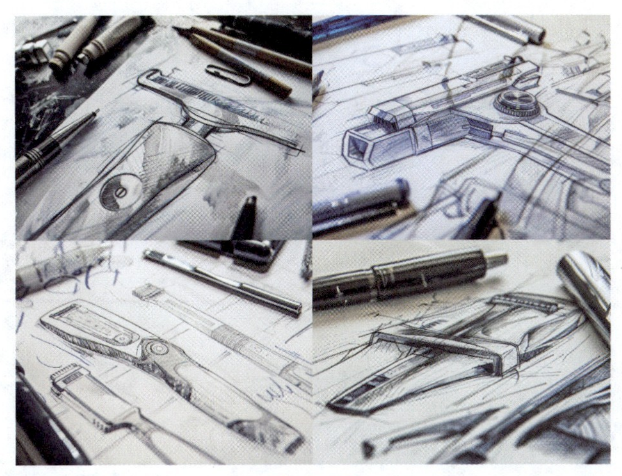

图 6-28

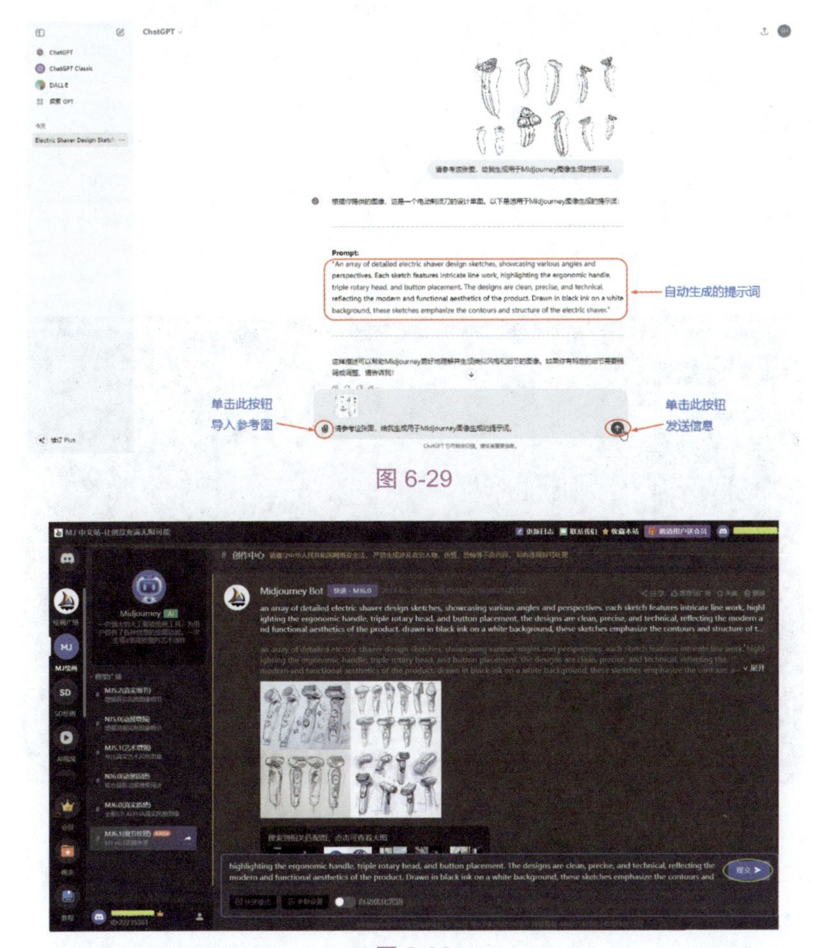

图 6-29

图 6-30

6. 放大显示产品设计草图，可见其效果较之前有较大提升，如图6-31所示。

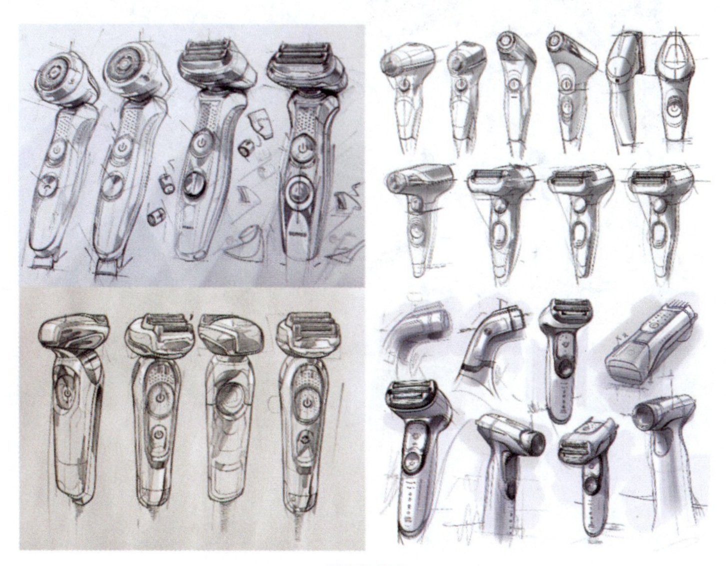

图6-31

【例6-5】利用SD模型制作产品渲染效果图。

1. 在Midjourney中文站，打开【MX绘画】模块并切换到【条件生图】选项卡，操作界面如图6-32所示。

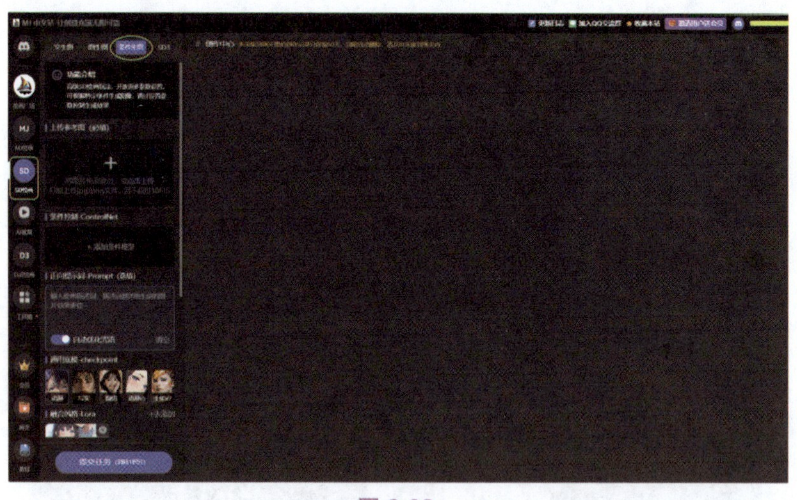

图6-32

2. 在【上传参考图】选择框中单击+按钮，从本例源文件夹中载入“剃须刀.jpg”图片文件。

3. 在【条件控制-ControlNet】选择框选择【线稿渲染Lineart权重1】条件处理器。

4. 在【正向提示词 -Prompt】文本框中输入“为剃须刀线稿图进行渲染，效果与实际产品相同”，打开【自动优化咒语】开关。

5. 在【通用底模】选项组中选中【动漫】模型。

6. 其他选项保留默认设置，单击【提交任务】按钮，开始生成产品渲染图，如图 6-33 所示。

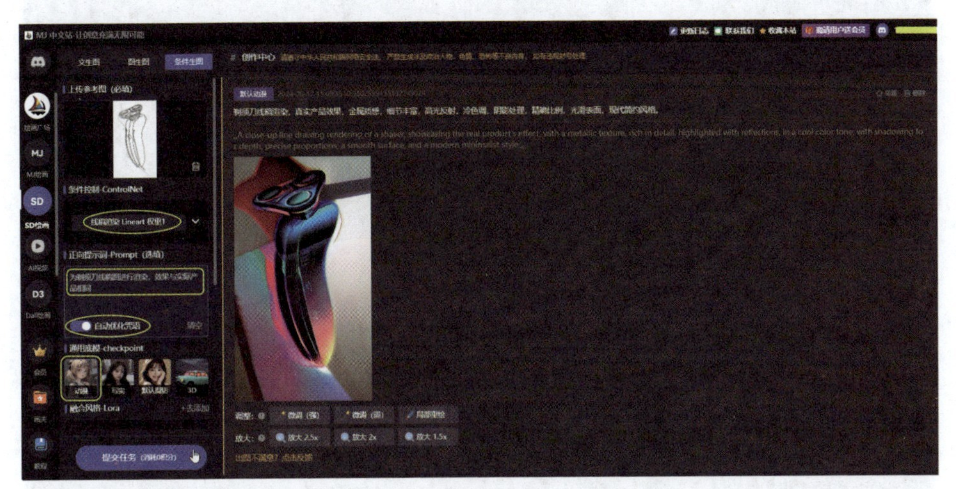

图 6-33

7. 在【通用底模】选项组中选中【写实】模型。其他选项保留默认设置，单击【提交任务】按钮，生成产品渲染图，如图 6-34 所示。

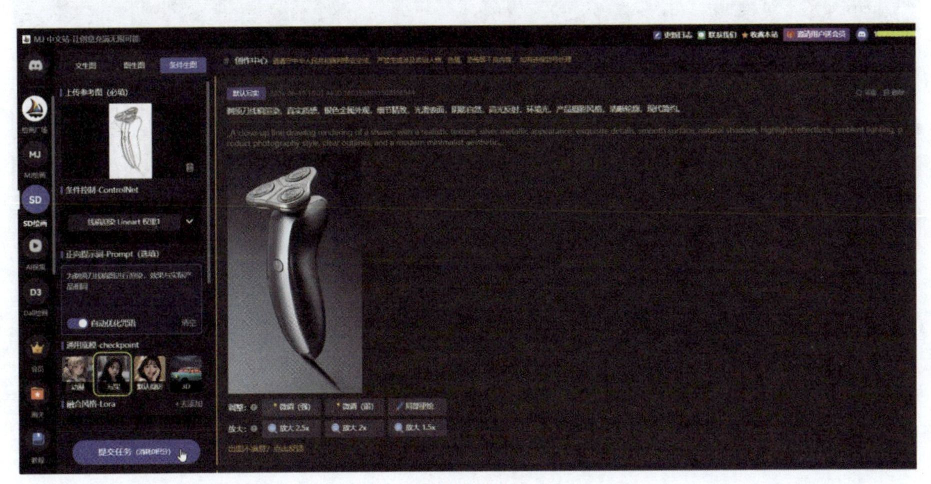

图 6-34

8. 在【通用底模】选项组中选中【默认摄影】模型。其他选项保留默认设置，单击【提交任务】按钮，生成产品渲染图，如图 6-35 所示。

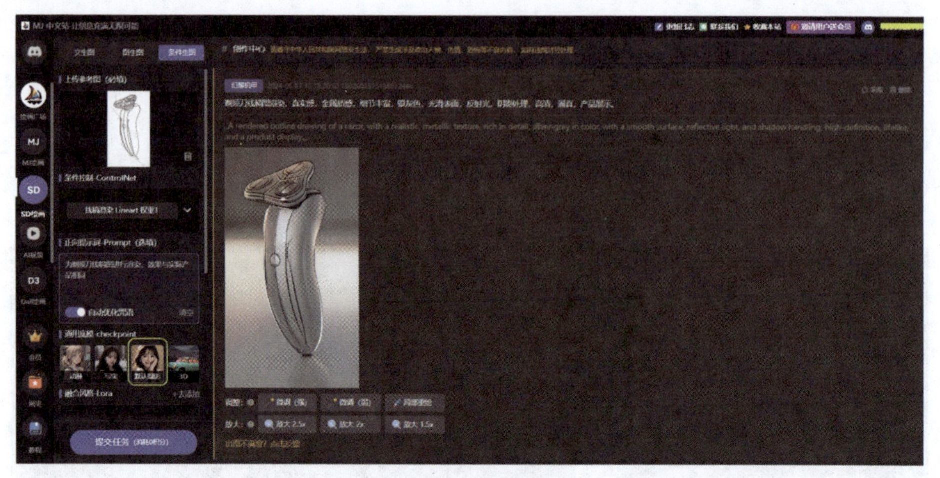

图 6-35

9. 在【通用底模】选项组中选中【3D】模型。其他选项保留默认设置，单击【提交任务】按钮，生成产品渲染图，如图 6-36 所示。

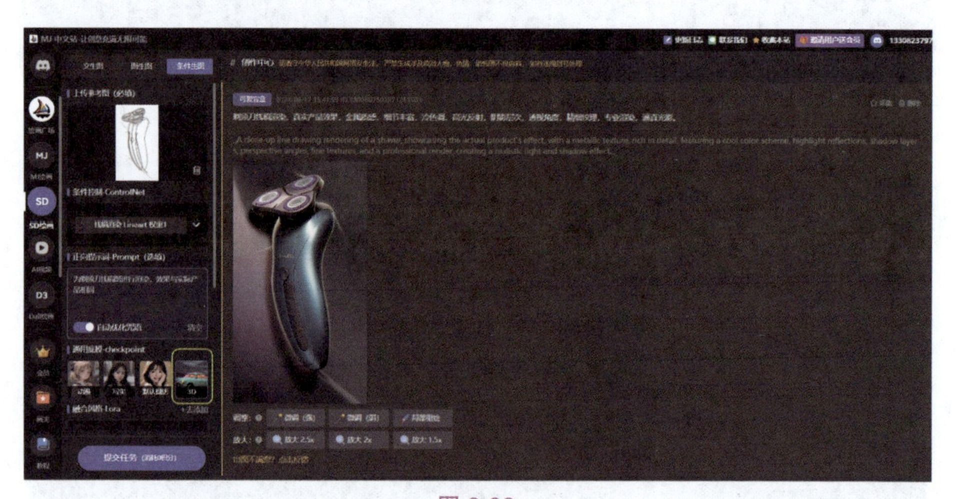

图 6-36

从根据以上几种风格所生成的渲染图来看，3D 风格的效果图最能体现产品的质感，表面光反射、产品细节等最为真实。

第 7 章 AI 辅助产品造型设计

AI 技术被广泛应用于机械设计、模具设计以及数控加工等多个领域，旨在提升创新水平、加快设计流程并提高产品质量。通过将 AI 技术融入 SolidWorks 等软件，实现了零件与工业品设计的智能化与自动化。本章将详细介绍这一结合的实际运用情况。

7.1 基于编程代码的模型生成方法

SolidWorks 中的 SWP 宏（SolidWorks Programming Macro）是一种编程工具，用于自动化、定制和扩展 SolidWorks 功能。可使用 Visual Basic for Applications（VBA）语言编写的 SWP 宏代码执行多种任务，包括创建、编辑、分析、管理 SolidWorks 文件和模型。

在 SolidWorks 中获取 SWP 宏代码有两种途径：一种是通过录制宏并转化为代码；另一种是使用 VBA 编辑器来编写宏代码。

7.1.1 录制宏与运行宏

在 SolidWorks 中，“录制宏”是一种自动化功能，可以记录用户在软件中执行的一系列操作，并将这些操作转化为宏代码。这些宏可以在以后自动执行相同的操作，从而节省时间和提高工作效率。

下面以一个直槽口凸台特征为例，录制整个建模过程并完成宏代码的自动转换。操作步骤如下。

【例 7-1】创建模型并录制宏。

1. 启动 SolidWorks，新建零件文件并进入零件设计环境。

2. 在菜单栏中执行【工具】/【宏】/【录制】命令，打开【宏】工具条。此时已经自动激活进行宏录制的开关，如图 7-1 所示。

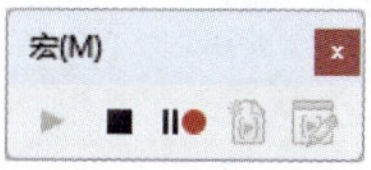

宏(M)

图 7-1

> **提示**：若要录制完整的宏，建议从 SolidWorks 的欢迎界面就开始执行【工具】/【宏】/【录制】命令，然后新建零件文件并进入零件设计环境。另外，如果要想减少代码，可以直接使用【拉伸凸台 / 基体】工具，进入草图环境绘制草图。

3. 在设计树中选中上视基准面，再单击【草图】选项卡中的【草图绘制】按钮进入草图环境，然后利用草图工具绘制一个草图，如图 7-2 所示。

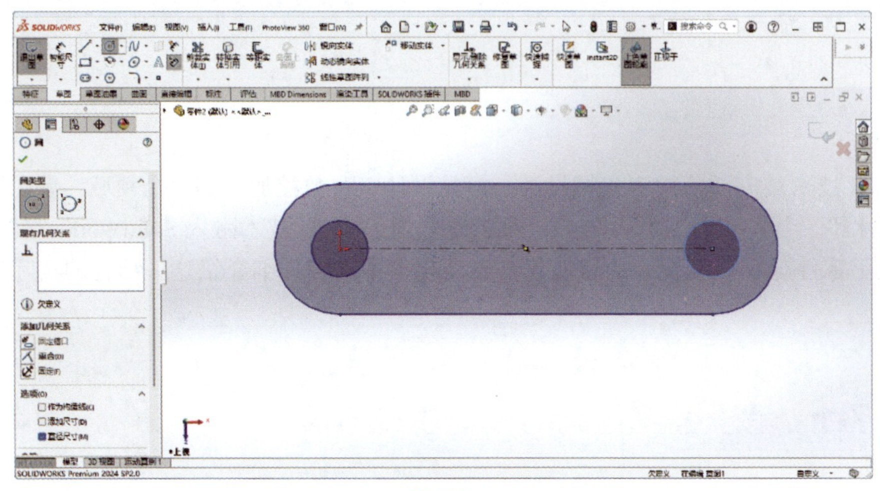

图 7-2

4. 绘制草图后单击【退出草图】按钮，退出草图环境。

5. 在【特征】选项卡中单击【拉伸凸台/基体】按钮，弹出【凸台-拉伸】属性面板。设置拉伸深度为 50，单击【确定】按钮，完成凸台特征的创建，如图 7-3 所示。

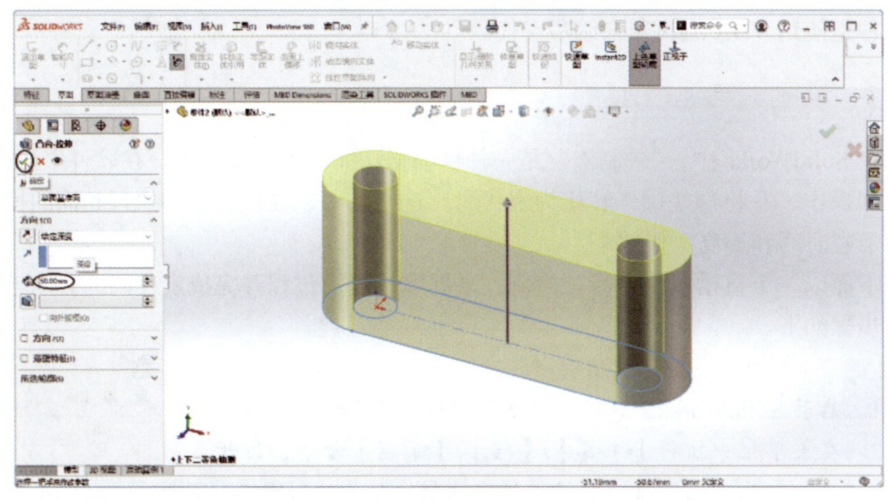

图 7-3

6. 在【宏】工具条中单击【停止宏】按钮■，完成整个宏代码的录制操作。

7. 在随后弹出的【另存为】对话框中将录制的宏文件保存到指定的路径中。文件名可以是中文的，也可以是英文的，如图 7-4 所示。

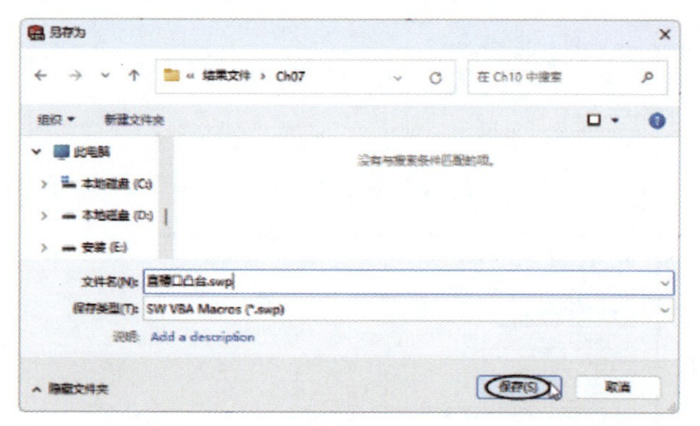

图 7-4

8. 重新建立一个零件文件（也可在当前零件设计环境中操作）。再执行【工具】/【宏】/【运行】命令，或者在【宏】工具条中单击【运行宏】按钮▶，将前面保存的宏文件打开。随后 SolidWorks 自动运行宏代码并创建直槽口凸台，如图 7-5 所示。

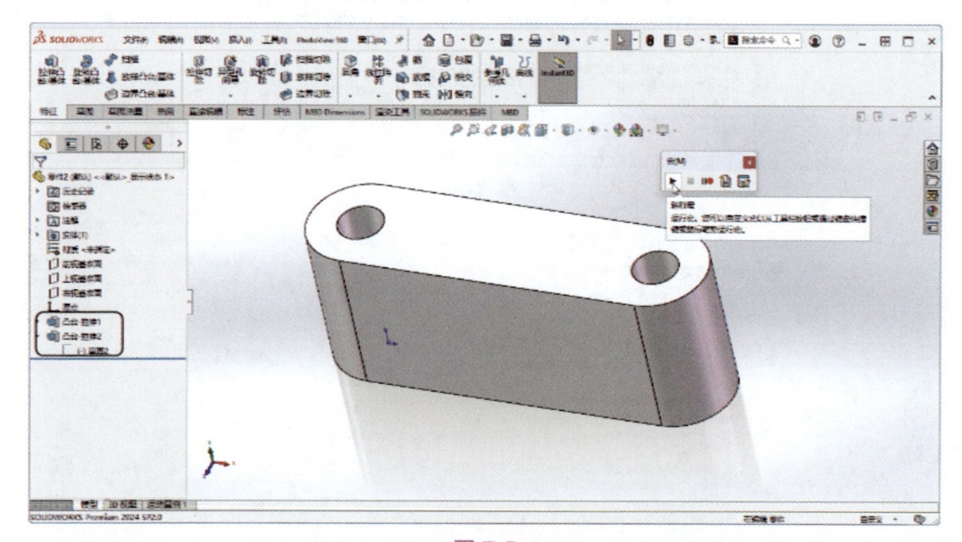

图 7-5

9. 在【宏】工具条中单击【编辑宏】按钮，单击【打开】按钮将宏文件打开，并弹出宏编辑器窗口，该窗口中显示自动创建直槽口凸台的宏代码，如图 7-6 所示。

10. 复制宏代码，让 ChatGPT 给出宏代码的中文注释，如图 7-7 所示。

> **提示：** 若要在 ChatGPT 的聊天文本框中跳行，可按 Shift+Enter 键。

有了中文注释，可以很清楚地理解宏文件中各行代码的意义，这给创建宏提供了参考，如图 7-8 所示。

图 7-6

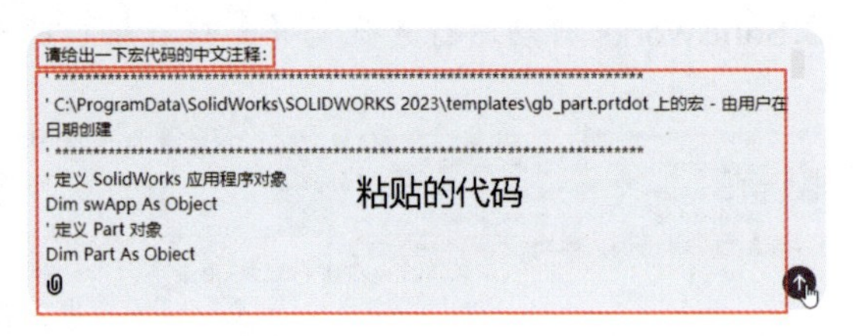

图 7-7

以下是该宏代码的中文注释：

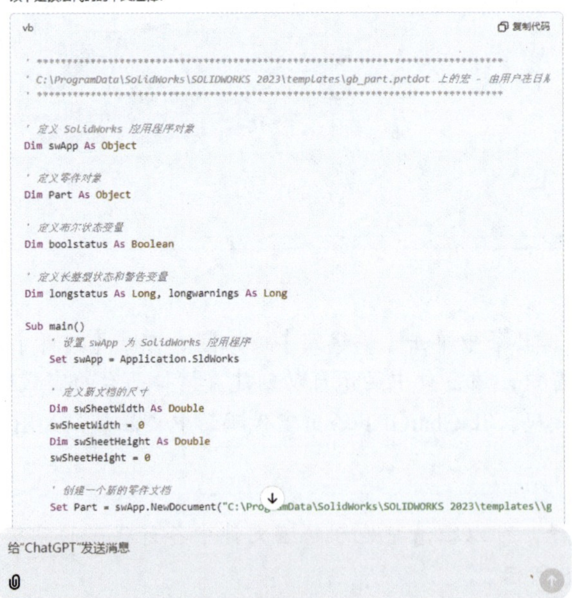

图 7-8

11. 将这些中文注释过的代码复制到宏编辑器窗口中替换原代码并保存，保存的代码将作为 ChatGPT 编写代码时的规则使用。

7.1.2 利用 ChatGPT 编写插件代码

ChatGPT 是一个 AI 大语言模型，它可以生成各种代码。尽管有时生成的代码可能无法正确运行，但 ChatGPT 在提高编程效率方面发挥了重要作用。尽管需要编程人员手动修改生成的代码，但这并不影响人们对 ChatGPT 的喜爱程度。要让 ChatGPT 生成合理的代码，关键是让它理解一些编程规则。这可以通过提示词或给出模板代码来实现。

接下来使用一个简单的标准件插件模型（垫圈）来详细介绍 ChatGPT 如何生成 VBA 插件代码，并演示如何创建带有面板和文本框的小插件。

【例 7-2】创建垫圈。

1. 按 Ctrl+C 键复制【例 7-1】中所创建的宏代码，以便在 ChatGPT 中设置提示词。

2. 在 ChatGPT 右上角单击账户名，在弹出的功能菜单中选择【自定义 ChatGPT】命令，打开【自定义 ChatGPT】对话框。

3. 在【您希望 ChatGPT 了解您的哪些方面以便提供更好的回复？】文本框内粘贴前面复制的宏代码，再在【您希望 ChatGPT 如何进行回复？】文本框内输入用户的要求，如图 7-9 所示，单击【保存】按钮完成自定义。

图 7-9

> **提示：** 提示词的字数不超过 1500 字，若字数超出了限制，可删除代码中的中文注释。对于【您希望 ChatGPT 如何进行回复？】文本框内的提示词，也称“反向提示词”，用户可输入一些不希望 ChatGPT 出现的基本问题。若不输入加以限制，ChatGPT 会输出一些无关的内容。

4. 在 ChatGPT 的消息文本框内输入提示词，如图 7-10 所示，然后单击【发送】按钮发送信息。稍后 ChatGPT 会按照输入的提示词给出 VBA 宏代码，如图 7-11 所示。

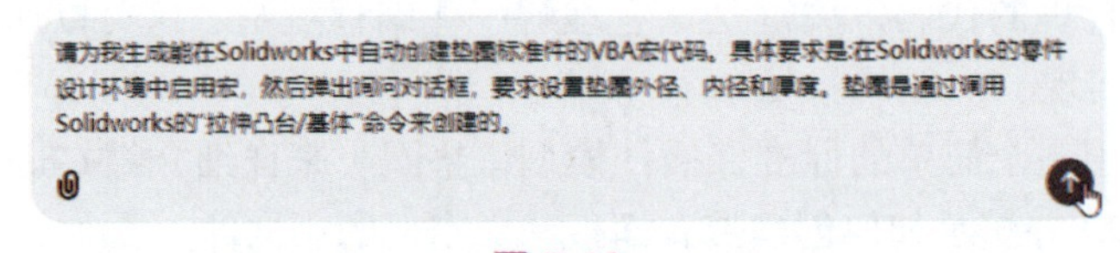

图 7-10

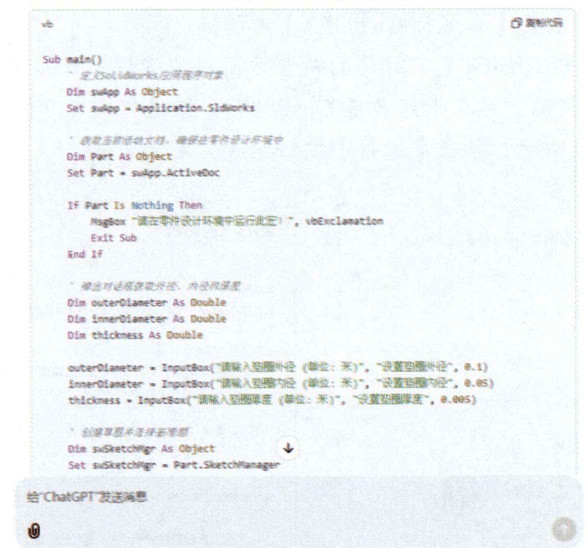

图 7-11

> **提示：** 输入的这个提示词的作用是让 ChatGPT 按照用户的基本想法去完成代码编写，提示词写得越详细，ChatGPT 给出的答案就越精准。当然不能像写小说那样长篇大作，应言简意赅，表达出基本意思就行。

给出的 VBA 代码格式与在自定义提示词中的宏代码基本相同。如果没有提示词，ChatGPT 给出的代码基本上不能用。

5. 在代码框的右上角单击【复制代码】按钮将代码复制到系统的剪贴板中。

6. 打开 SolidWorks，新建零件文件并进入零件设计环境。在菜单栏中执行【工具】/【宏】/【新建】命令，弹出【另存为】对话框。输入要保存的宏文件的名称，如图 7-12 所示，单击【保存】按钮。

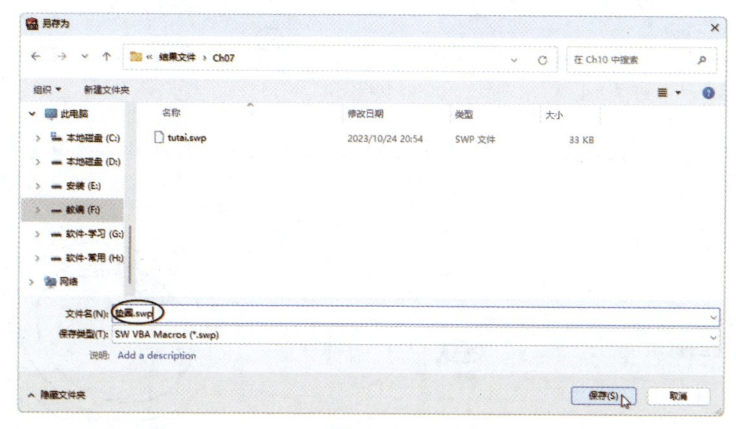

图 7-12

7. 弹出宏编辑器窗口，也就是 VBA 编辑窗口。将在 ChatGPT 中复制的代码粘贴到代码区域中，如图 7-13 所示。

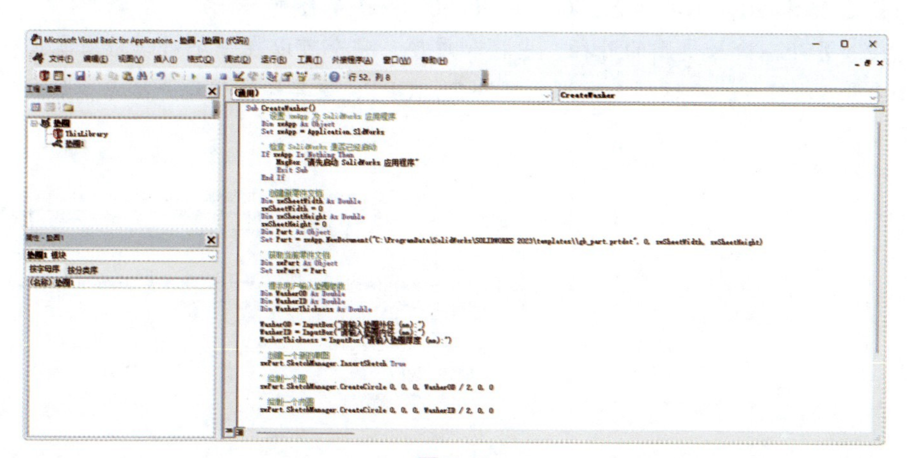

图 7-13

8. 在代码区域上方的工具栏中单击【运行子工程】按钮 ▶，运行代码。然后在 SolidWorks 零件设计环境中自动弹出【SOLIDWORKS】对话框，该对话框提示输入垫圈外径，如图 7-14 所示，输入 25 后单击【确定】按钮，或者按 Enter 键确认。

> **提示：** 运行代码后，并没有出现代码错误提示，这说明 ChatGPT 给出的代码非常可靠。如果出现错误，可以重新生成（可以多生成几次，直到得到的代码符合要求），或者把出现的问题告诉它，让它改进并重新生成代码。

9. 提示输入垫圈内径，如图 7-15 所示，输入 20 后单击【确定】按钮。

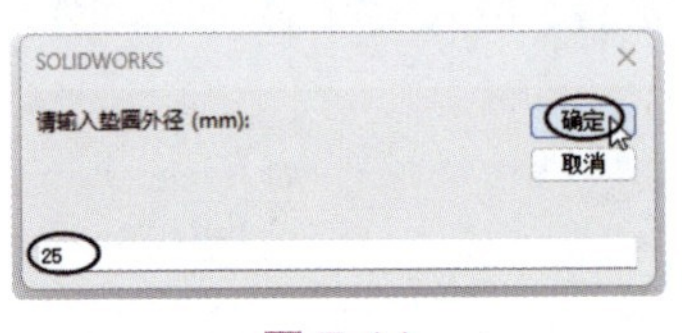

图 7-14

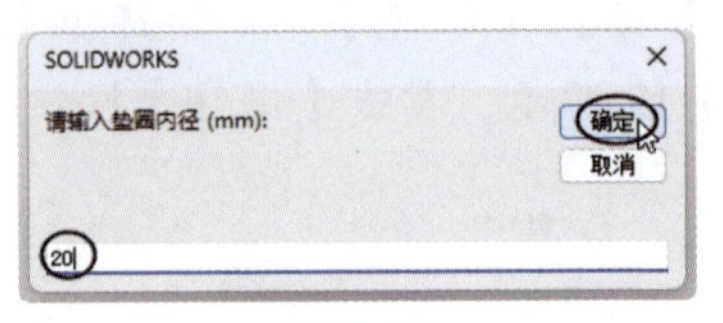

图 7-15

10. SolidWorks 提示输入垫圈厚度，如图 7-16 所示，输入 4 后单击【确定】按钮。SolidWorks 自动创建垫圈，如图 7-17 所示。

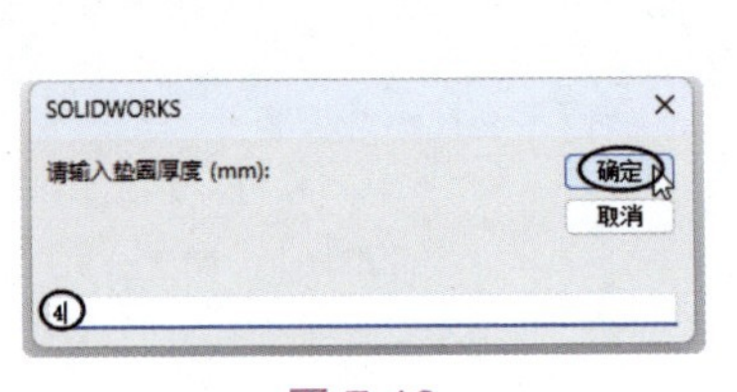

图 7-16

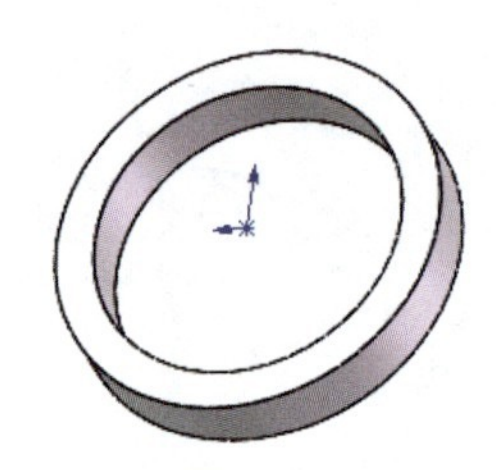
图 7-17

11. 通过检查模型的尺寸，发现模型的比例被放大了 1000 倍，也就是原本外径和内径是 25 和 20，但实际是 25000 和 20000，如图 7-18 所示。

12. 另外，输入垫圈的外径、内径和厚度，完全可以在一个对话框中实现，没有必要分 3 次输入，将这两个问题反馈给 ChatGPT，使其检查代码并修正，如图 7-19 所示。

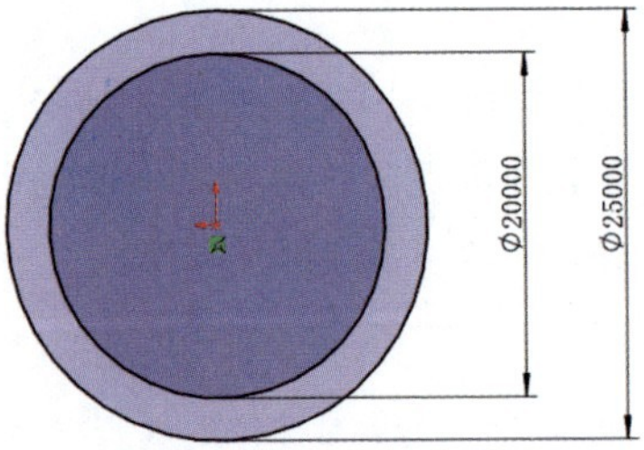

图 7-18

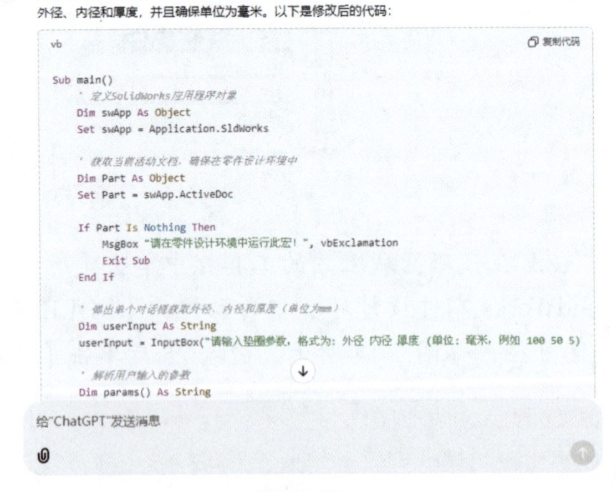

图 7-19

13. 复制新生成的代码，并在宏编辑器窗口覆盖原代码，运行代码后，弹出【SOLIDWORKS】对话框，输入外径、内径和厚度的值，单击【确定】按钮，如图 7-20 所示。3 个数字的输入按照提示以逗号隔开。

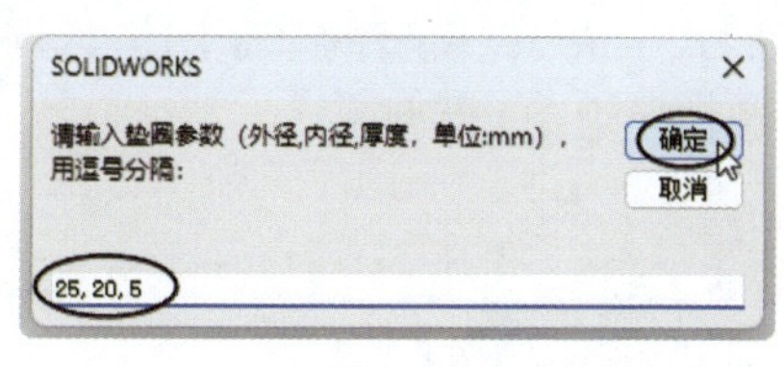

图 7-20

> **提示：** 从结果来看，ChatGPT 理解了我们的意思，将 3 个对话框合并为 1 个对话框，并告诉我们如何正确输入（见对话框中括号内的文本）。

14. 生成零件模型，再次检查模型的比例，发现没有改变，这需要进一步向 ChatGPT 提出问题，如图 7-21 所示。

15. 复制最终生成的新代码到 SolidWorks 宏编辑器窗口中覆盖原代码。重新运行代码后，SolidWorks 自动生成零件模型，进入草图环境检查草图的比例，结果令人满意，单位完全正确，如图 7-22 所示。

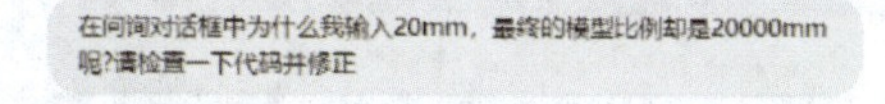

问题的根本原因是代码中的厚度处理存在单位换算错误。代码中的 thickness / 1000 把用户输入的 mm 单位进行了错误的转换，导致实际生成的模型尺寸是预期的 1000 倍。为了确保用户输入的单位为**毫米 (mm)**，我们不应该进行任何除以 1000 的操作，应该直接使用输入的数值。

修正步骤：

1. **确保用户输入的尺寸单位为毫米**，我们将直接使用用户输入的数值（不进行单位转换）。
2. **修正拉伸特征的厚度**，直接使用输入的厚度。

修改后的代码如下：

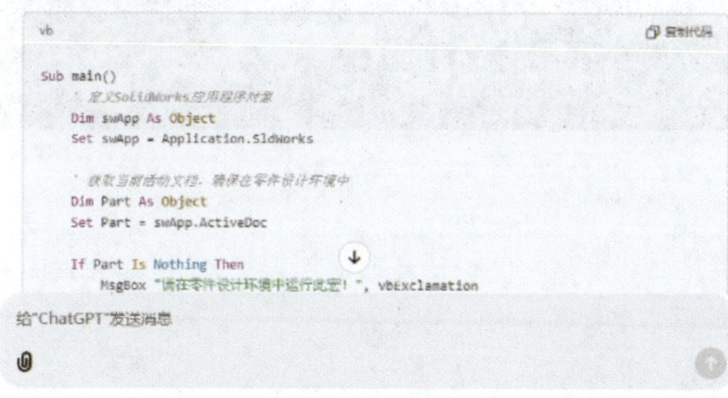

图 7-21

图 7-22

16. 在宏编辑器窗口中保存代码。在 SolidWorks 中保存零件文件。

7.2 运用 Meshy 快速生成 3D 模型

Meshy 是一款快速智能式生成 3D 模型的基于网络运行的 AI 软件平台，可让用户在短时间内将文本或图像转换为 3D 模型。

7.2.1 Meshy 工作环境介绍

在 Meshy 平台中有 4 种模型生成模式。

- 文本生成模型：根据输入的文本快速生成 3D 模型。
- 图片生成模型：根据输入的图像快速生成 3D 模型。
- AI 材质生成：根据文本描述为 3D 模型添加纹理。
- 文本生成体素：根据输入的文本生成由体积块构成的 3D 模型。

Meshy 的官网首页（也是社区首页）如图 7-23 所示。

图 7-23

> **提示：**Meshy 能感知用户所在的地区，会自动转换语言页面。首次使用 Meshy 时，用户须输入邮箱，通过邮箱验证后在邮箱中单击链接进入网页。

在官网首页将鼠标指针移至顶部菜单栏中的【资源】菜单上，会弹出资源列表菜单，初学者可以通过查看教程和文档来帮助学习，也可参与 Meshy 推出的相关计划获取赞助，还可将 Meshy 插件下载到建模软件中使用，如图 7-24 所示。

图 7-24

Meshy 每天会赠送用户 200 积分，积分用完之后要么等到第二天重新免费使用，要么在首页右上角单击【购买积分】按钮，付费购买积分，如图 7-25 所示。

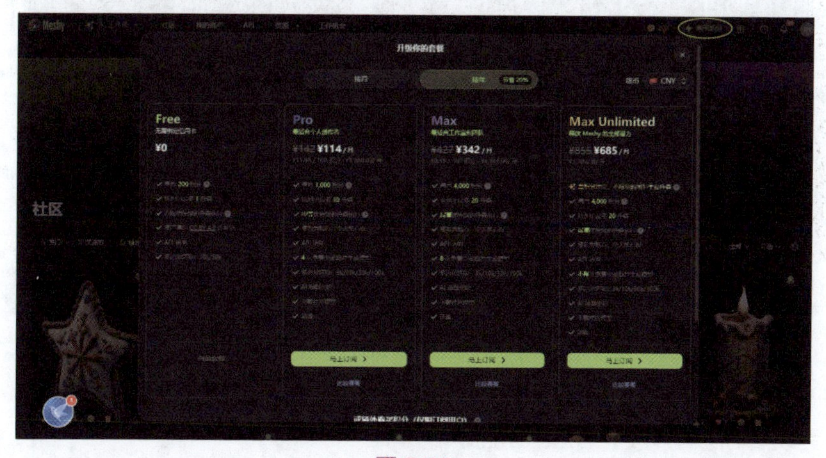

图 7-25

在 Meshy 官网首页中选择【文本生成模型】选项，或者在顶部菜单栏中选择【工作区】/【文本生成模型】命令，如图 7-26 所示，进入文本生成模型的工作区（也称“工作环境”）。

> **提示：** Meshy 更新后仍然保留了旧版工作环境界面。在图 7–26 中的【工作区】下拉菜单中，上面 3 种为更新后的工作环境，下面 4 种为旧工作环境。用户可根据操作习惯选择工作环境。

图 7-27 所示为 Meshy 的文本生成模型（旧版）的工作环境。整个工作环境界面由属性设置面板、工作记录面板和模型显示区域组成。

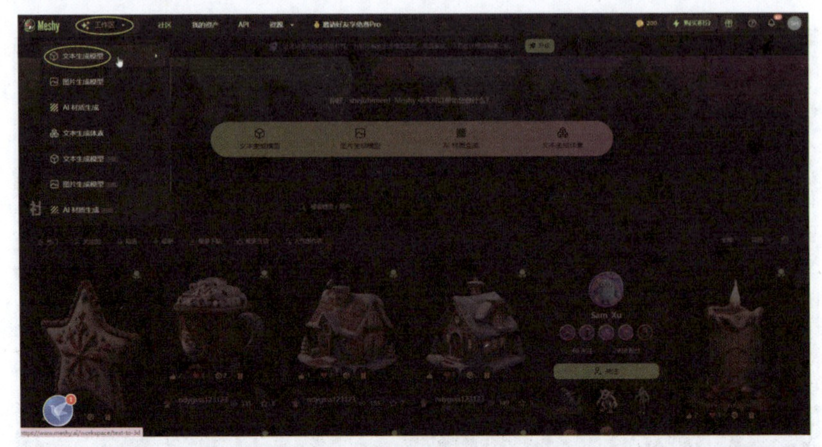

图 7-26

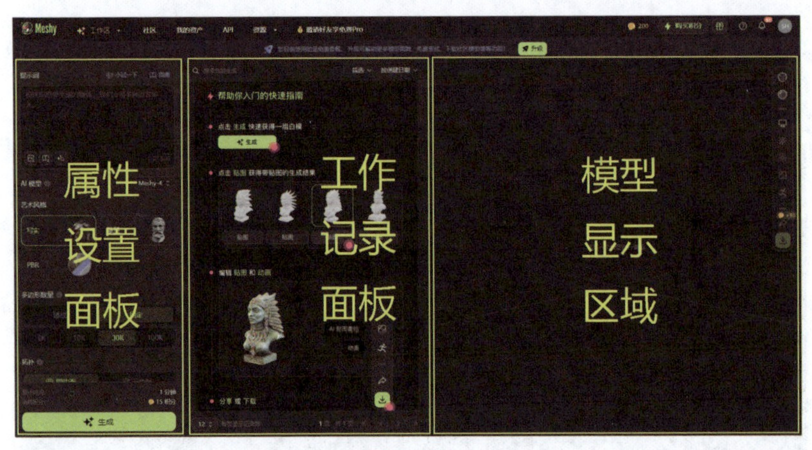

图 7-27

一、属性设置面板

属性设置面板中各选项区的功能介绍如下。

- 【提示词】选项区：在与 AI 进行交互时，为了引导或触发生成某种输出而提供的指令或关键词句。这些指令或词句相当于向 AI 提出问题或任务说明，告诉 AI 期望得到的结果。Meshy 的提示词包含对物体的数量、形状、功能、名称、风格、材质表现等的综合表述。

> **提示：** AI 对于人类语言的理解是非常深的，但也有不能理解或理解有误的时候，在这种情况下就需要用户尽可能地将要表达的思想详细表述出来，但不要赘述。Meshy 是由美国科学家研发的，对人类语言的理解程度来讲，英语肯定排第一，而对于中文的理解可能差一些，哪怕是用户用翻译软件将中文翻译为英文，Meshy 也可能会产生一定的误解。所以用户在使用过程中，一旦产生与需求不符的结果，须有耐心且反复多次修正。

- 【AI 模型】选项区：在右侧的下拉列表框中，为用户提供了 3 种 AI 模型，包括 Meshy-3、Meshy-3 Turbo 和 Meshy-4。
- 【艺术风格】选项区：使用 AI 技术来模仿和转换艺术作品的风格，或者创造出全新的、与传统艺术画风截然不同的艺术表达方式。在【艺术风格】选项区中，为用户提供了 3 种艺术风格——写实、雕塑和 PBR。
- 【多边形数量】选项区：在【多边形数量】选项区中的选项用于控制模型的精度，包括【适应】和【固定】两种精度控制模式，在精度控制模式下又支持 3K、10K、30K 和 100K 的分辨率。分辨率越高，生成模型的时间就越长，对 GPU 的要求也就越高。
- 【拓扑】选项区：【拓扑】选项区中的选项用于控制生成 3D 网格模型的网格连接和排列方式，包括【四边面】和【三角面】两种。

二、工作记录面板

工作记录面板用于记录用户的工作，当用户在 Meshy 中生成了 3D 模型和材质后，会即时显示在工作记录面板中。例如，用户输入“一个拿着手提包的男人”提示词之后生成 4 个白模（即没有贴图的模型），此操作记录会显示在工作记录面板中，如图 7-28 所示。

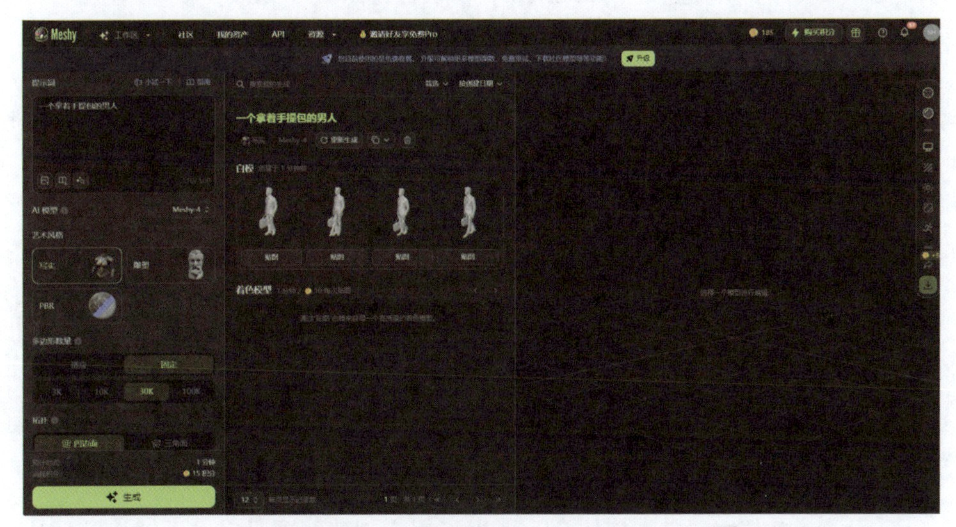

图 7-28

三、模型显示区域

在工作记录面板中选择一个白模，所选的白模将显示在模型显示区域中，如图 7-29 所示。在模型显示区域中，用户可利用相应的设置工具对白模进行编辑。

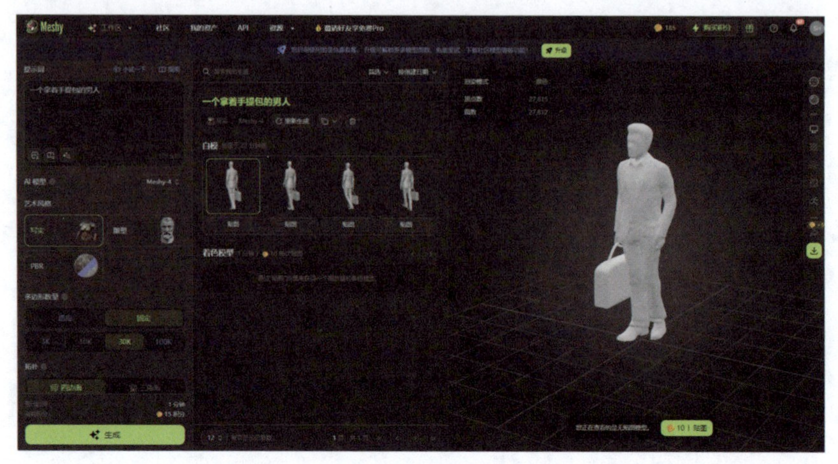

图 7-29

在模型显示区域右侧的设置面板中，有用于设置工作环境和对象的工具，包括显示设置、材质设置、环境设置、细化模型和动画等，介绍如下。

- 【线框 - 关】按钮：单击此按钮，白模将会显示为线框。
- 【材质预览】按钮：创建此按钮，白模将会变成有材质的模型。
- 【显示设置】按钮：设置工作环境中平面网格的显示和旋转。
- 【材质设置】按钮：此按钮仅当选择【PBR】艺术风格并生成 3D 模型后才可用，用于设置场景的渲染模式和渲染的质量。
- 【环境设置】按钮：此按钮仅当选择【PBR】艺术风格并生成 3D 模型后才可用，用于设置工作环境的场景，包括背景图像的显示、场景光源的强度、背景图像的旋转及 HDRI 图像的载入等。
- 【AI 贴图重绘】按钮：此按钮仅当为白模添加贴图后才可用。单击此按钮，将弹出【AI 贴图重绘】对话框，如图 7-30 所示。输入贴图的提示词后，单击该按钮，重新为白模添加贴图。
- 【动画】按钮：此按钮可为 3D 模型添加动画，比如为人物添加行走的动画、为四足动物添加奔跑的动画等。
- 【分享】按钮：单击该按钮，可以将用户创建的项目以网页链接的形式分享到其他网络平台。分享成功后可获得一定的积分奖励。
- 【下载】按钮：单击该按钮，可将生成的 3D 模型下载到本地进行保存。

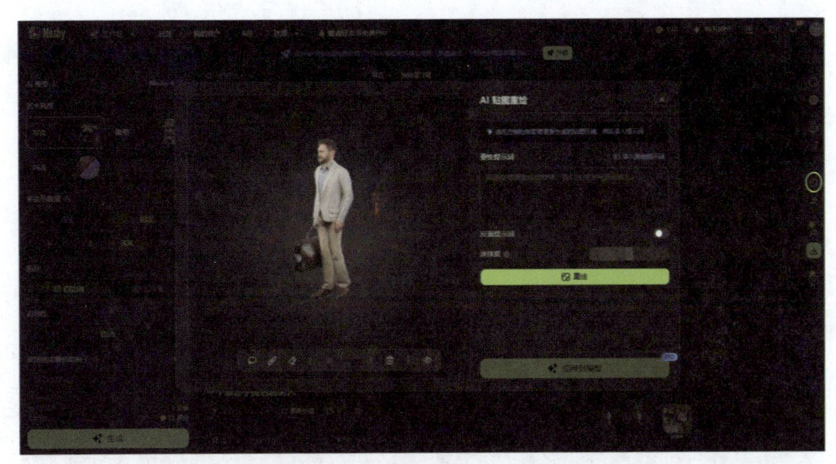

图 7-30

7.2.2 Meshy 模型生成案例

接下来分别用 Meshy 的“文本生成模型”工作环境和“图片生成模型”工作环境来生成 3D 模型，并详解如何操作 Meshy。

一、“文本生成模型”应用案例

本例在 Meshy 的“文本生成模型”工作环境中生成的 3D 模型是一个玩偶产品，如图 7-31 所示。

图 7-31

【例 7-3】在“文本生成模型”工作环境中生成 3D 模型。

1. 进入 Meshy 的“文本生成模型”工作环境。

2. 在【提示词】选项区的提示词文本框中输入提示词“一个玩偶，婚庆娃娃，毛绒玩具，可爱，害羞，美人兔，大号公仔玩偶，生日礼物，女，适用年龄 12 岁以上，25 厘米。”

> **提示：** 可以参考天猫、淘宝、拼多多、京东等商城同类产品的产品描述。若要进行创意设计，还可以加上想要的创意描述。

3. 在【AI 模型】选项区右侧的下拉列表框中选择【Meshy-4】。

4. 在【艺术风格】选项区中选择【写实】选项。其余选项保持默认设置，再单击【生成】按钮，Meshy 会自动生成 4 个 3D 白模，并显示在工作记录面板中，如图 7-32 所示。

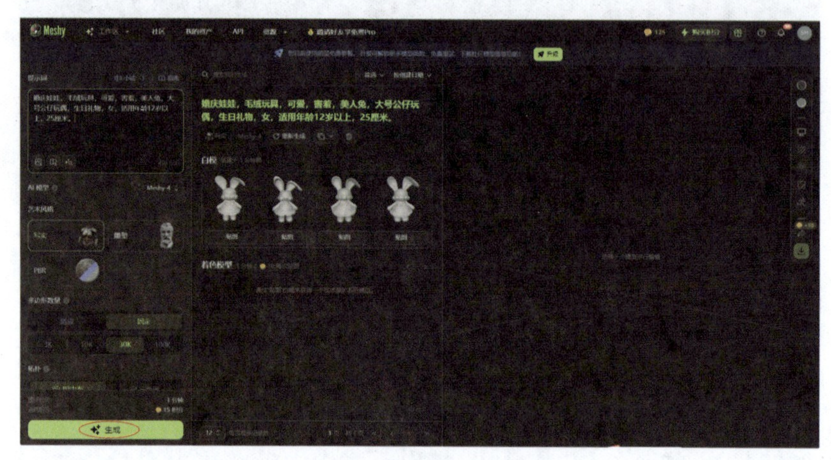

图 7-32

5. 在工作记录面板的【白模】选项区中，单击第一个白模（可选其余 3 个白模）下方的【贴图】按钮，为所选的白模添加贴图，添加贴图效果后的模型会显示在【着色模型】选项中，单击着色模型在模型显示区域中预览，如图 7-33 所示。

图 7-33

6. 可以看到生成的 3D 模型和贴图效果是非常好的，在设置面板中单击【下载】

按钮[下载图标]，将模型以 FBX、OBJ、GLB、USDZ、STL 或 BLENC 格式进行下载。

二、“图片生成模型”应用案例

在 Meshy 的“图片生成模型”工作环境中，可通过导入参考图像来辅助生成所需的 3D 模型。在 Meshy 首页顶部的菜单栏中选择【AI 工具箱】/【图片生成模型】命令，进入图片生成模型的工作环境，如图 7-34 所示。

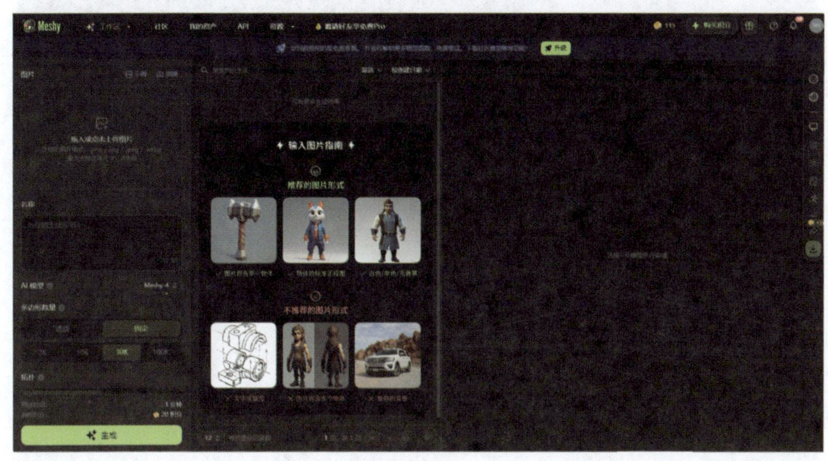

图 7-34

【例 7-4】在“图片生成模型”工作环境中生成 3D 模型。

在 Meshy 的“图片生成模型”工作环境中，用户可导入外部图像作参考，也可使用 Meshy 提供的示例图像进行操作。

1. Meshy 的“图片生成模型”工作环境中，在属性设置面板的【图片】选项区中单击【示例】选项，在弹出的【选择一个图片试试】图片列表中选择第二张图像作为建模参照图像，如图 7-35 所示。

2. 在【名称】选项区的文本框中输入模型名称“帅气男孩”或使用图像的默认名称，如图 7-36 所示。

图 7-35

图 7-36

3. 保持其余选项的默认设置，单击【生成】按钮，Meshy 自动完成 3D 模型的生成，如图 7-37 所示。

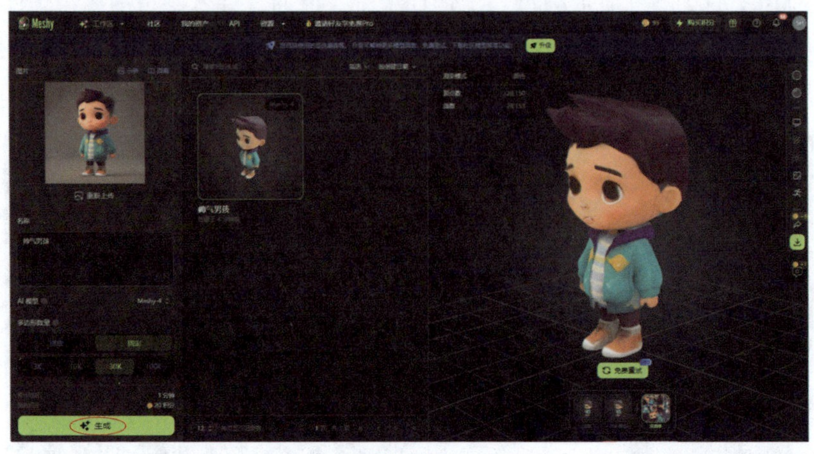

图 7-37

提示：从生成的模型来看，效果非常好，跟参照图像对比，完全复制了所有特征，模型比例和精度控制也很好。这说明图片生成模型的效果比文本生成模型的效果要好得多。

4. 在模型显示区域的设置面板中单击【下载】按钮，下载 OBJ 格式或 STL 格式的模型文件。

SolidWorks 能直接打开 OBJ、STL 等文件格式的模型，打开的模型如图 7-38 所示。

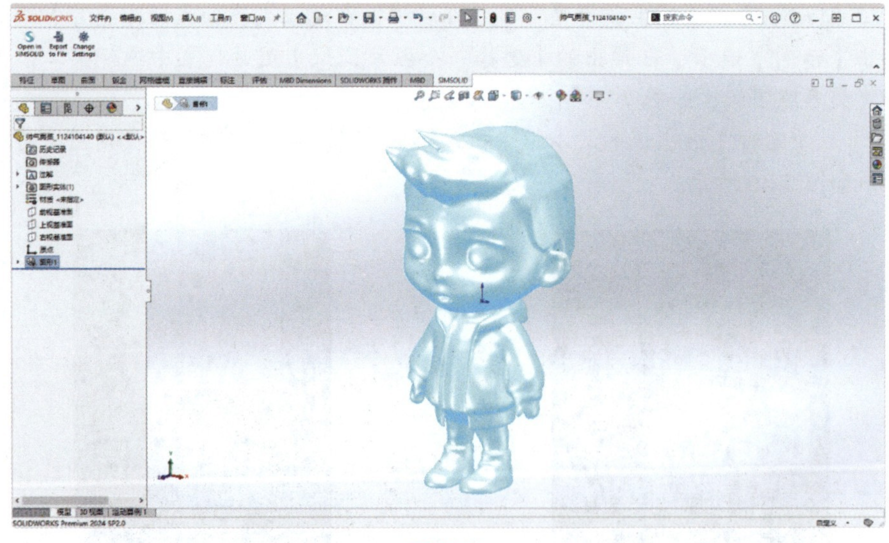

图 7-38

7.3 AI 辅助造型设计

本节详细介绍如何运用 AI 技术来完成玩具产品的造型设计，包括利用 AI 图像生成工具和三维造型软件网格编辑。

7.3.1 CSM 的 3D 模型生成

CSM 是一个强大的 AI 平台，其作用是将任何输入转换为适用于游戏引擎的 3D 资源。CSM 能够迅速而便捷地将照片和视频转化为 3D 模型。CSM 提供 Web 端、手机端和 Discord 应用，具备强大的 AI 生成功能，极大地简化了 3D 模型的创建过程，只需上传照片或视频，按照简单的流程进行 3 次单击操作，即可轻松获取高质量的 3D 模型。

CSM 有 5 个功能模式：文本转 3D、图像转 3D、AI 重构、基于部件的资产包和动画 3D 模型。CSM 首页如图 7-39 所示。接下来介绍利用图像转 3D 模式进行 3D 模型生成的操作步骤。

图 7-39

【例 7-5】在“图像转 3D”模式下生成 3D 模型。

图像转 3D 是指导入图像后，AI 参照图像进行 3D 模型生成。

1. 进入 CSM 首页。初次使用 CSM 需要用户注册账号，在首页右上角单击【立即开始】按钮，进入注册页面，按照要求进行注册即可，如图 7-40 所示。

图 7-40

> **提示：** CSM 网页为英文页面，本例通过 360 极速浏览器（或其他浏览器）的谷歌翻译插件对英文网页进行了中文翻译，便于初学者学习。

2. 注册成功后会自动进入 CSM 操作页面，如图 7-41 所示。操作页面中包括 CSM 的所有功能。

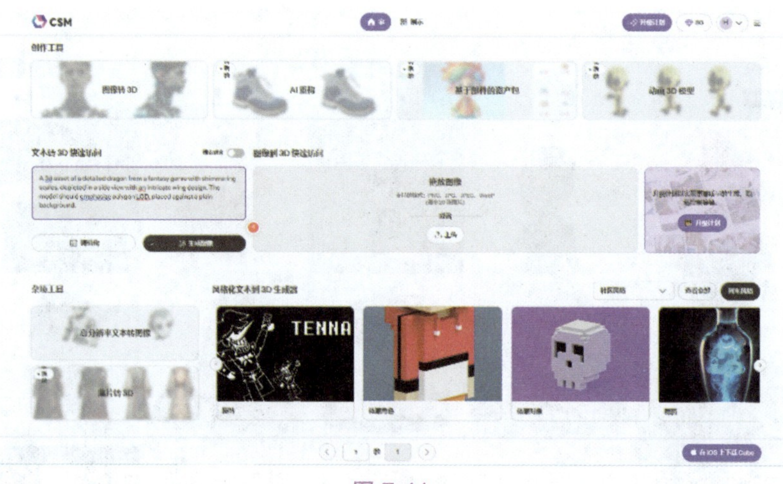

图 7-41

3. 在 CSM 操作页面中单击【图像到 3D 快速访问】选项组中的【上传】按钮，将本例的源文件夹中的“AI 智能音箱效果图 .png”图像文件上传到 CSM 中，如图 7-42 所示。

4. 在稍后弹出的【准备图像以进行 3D 设置】页面中设置选项，如图 7-43 所示，完成后单击【提交】按钮。

5. CSM 会自动参考图像并生成模型，如图 7-44 所示。这个模型比较粗糙，精度不够高，不能直接导出进行结构设计。由于是普通用户，此时需要排队等候 CSM 进行模型精细化。

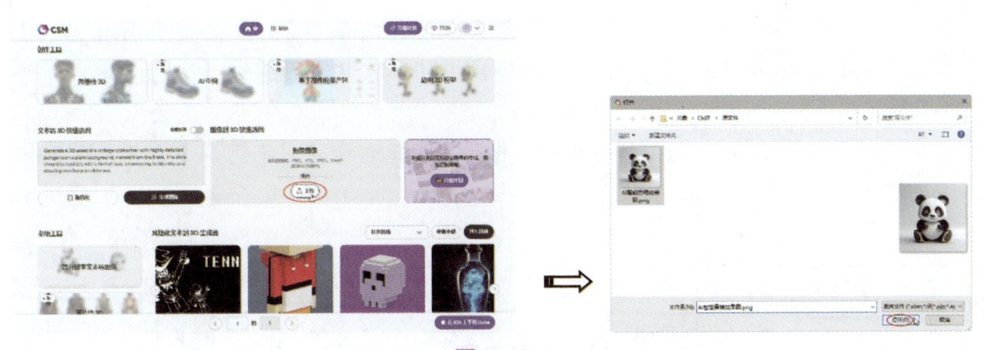

图 7-42

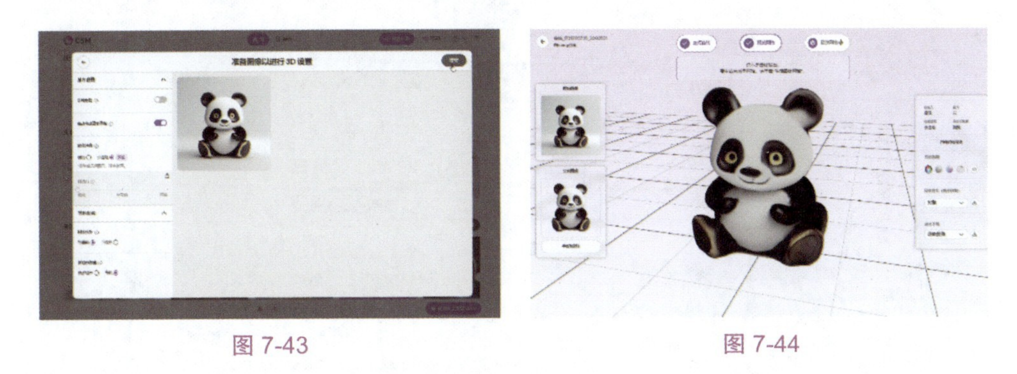

图 7-43　　图 7-44

6. 等待一段时间之后，得到表面更加精细的 3D 模型。单击【下载】按钮，选择免费下载的文件格式下载模型，如图 7-45 所示。

图 7-45

7.3.2　细化 3D 模型

能够对 3D 模型进行细化和平滑处理的软件很多，包括 Cinema 4D、Maya、Rhino、

Blender 等。从 CSM 导出的模型文件格式是 GLB，由于 Cinema 4D 软件不能直接打开 GLB 格式文件进行编辑，因此下面将使用 Rhino 软件进行编辑操作。

【例 7-6】细化模型。

1. 自行安装 Rhino 8.0。启动 Rhino 后，在菜单栏中执行【文件】/【导入】命令，导入保存的 GLB 文件，如图 7-46 所示。

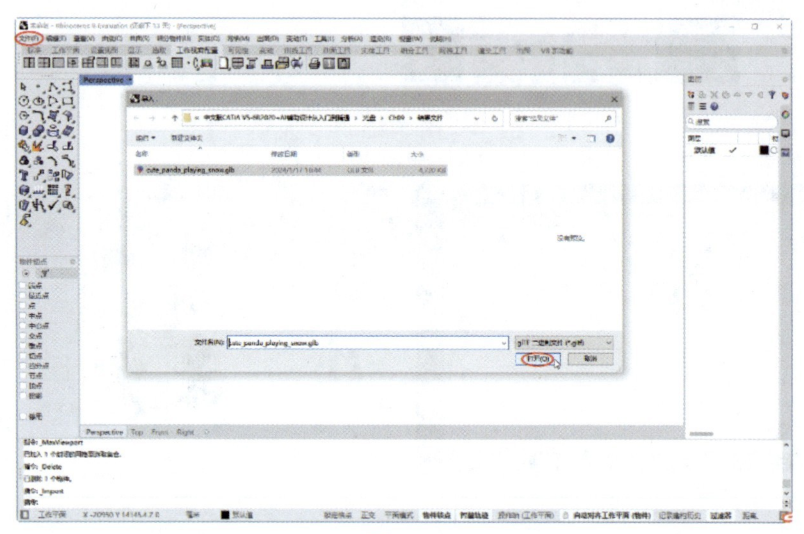

图 7-46

Rhino 的视图操控方式：按 Shift+ 鼠标右键可平移视图；滚动鼠标中键可缩放视图；按鼠标右键可旋转视图。导入的模型中带有 CSM 生成的纹理，如图 7-47 所示。

图 7-47

2. 将视图设为“线框模式”，如图 7-48 所示。

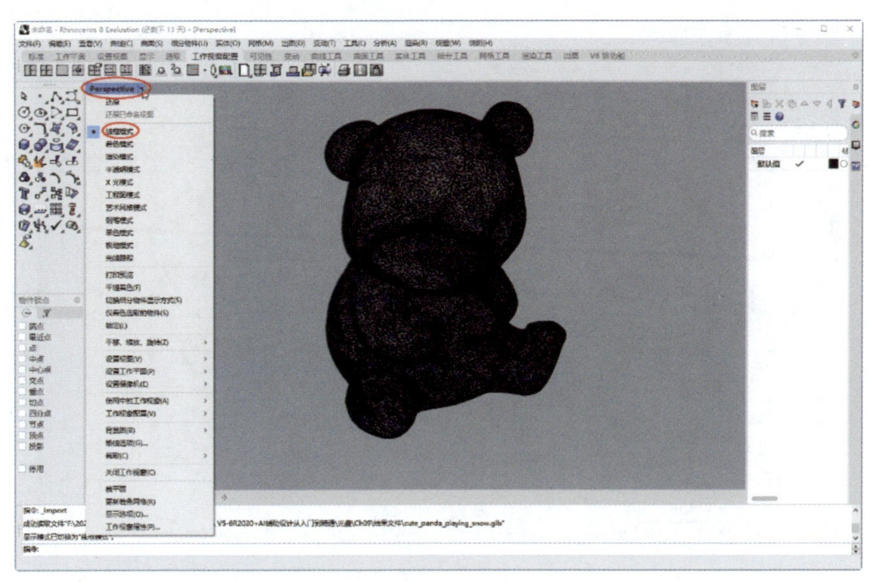

图 7-48

3. 在菜单栏中执行【细分物件】/【编辑工具】/【细分】命令，然后框选整个模型网格并按 Enter 键进行自动细分，其目的是让模型网格分得更细，便于平滑处理，结果如图 7-49 所示。

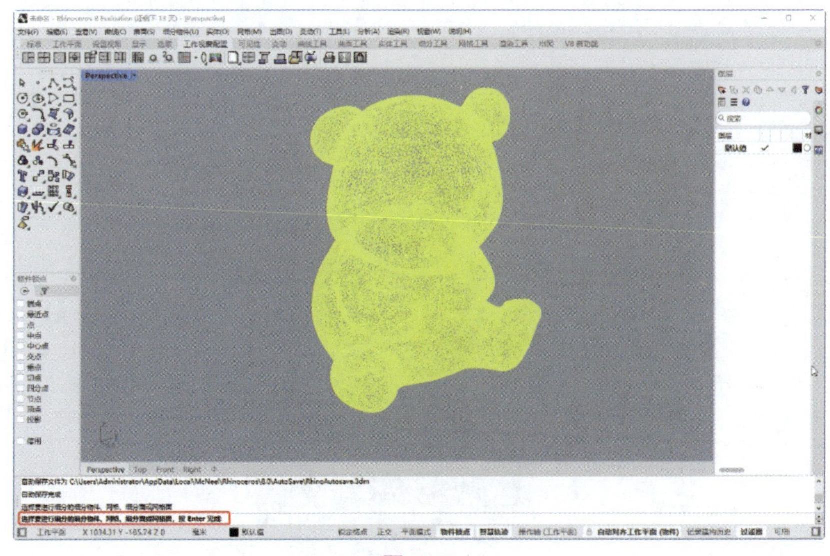

图 7-49

4. 在菜单栏中执行【细分物件】/【编辑工具】/【滑动】命令，然后选取模型的所有顶点，再按Enter键完成网格的平滑处理，结果如图7-50所示。

图7-50

提示： 当然，以上处理并不是在整个模型的外部形成光滑表面，毕竟这个模型是毛绒玩具。若要做成光滑表面，还需将模型导入Cinema 4D中进行细化处理。

5. 在命令行中输入“MeshToNurb”命令并执行，然后选取网格模型进行曲面转化。

6. 在Rhino中处理完成后，将模型导出为可在SolidWorks中打开的IGS文件。图7-51所示为在SolidWorks中打开的IGS格式的模型。

图7-51